酚醛泡沫建筑保温系统应用技术

韩喜林 盛忠章 编著

中国建筑工业出版社

图书在版编目(CIP)数据

酚醛泡沫建筑保温系统应用技术/韩喜林等编著.—北京：中国建筑工业出版社，2011.10
ISBN 978-7-112-13588-2

Ⅰ.①酚… Ⅱ.①韩… Ⅲ.①酚醛树脂-应用-建筑物保温工程 Ⅳ.①TU761.1

中国版本图书馆 CIP 数据核字(2011)第 192116 号

本书在详细介绍酚醛泡沫原料选用、合成酚醛泡沫配方与工程设计要点等内容的同时，重点介绍了酚醛泡沫在节能建筑墙体、屋面保温系统工程中，采用典型粘贴、模板内置、干挂、浇注和喷涂工法的施工技术，也适当介绍了酚醛泡沫复合板作为建筑外保温的防火隔离带、空调通风管道安装和工程项目管理等内容。

本书侧重实用，具有图文并茂、系统翔实等特点，可供生产、设计、施工、监理和科研人员参考使用。

* * *

责任编辑：刘婷婷
责任设计：董建平
责任校对：陈晶晶　姜小莲

酚醛泡沫建筑保温系统应用技术
韩喜林　盛忠章　编著

*

中国建筑工业出版社出版、发行（北京西郊百万庄）
各地新华书店、建筑书店经销
北京科地亚盟排版公司制版
北京市书林印刷有限公司印刷

*

开本：787×1092 毫米　1/16　印张：14¼　字数：355 千字
2011 年 11 月第一版　2011 年 11 月第一次印刷
定价：**32.00** 元
ISBN 978-7-112-13588-2
(21360)

版权所有　翻印必究
如有印装质量问题，可寄本社退换
（邮政编码　100037）

前　言

在节能建筑保温系统工程中，应用保温材料可简单划分为有机、无机两大类，它们单独、相互之间或与其他材料进行适当复合使用，由此构成多类建筑保温材料和建筑外保温系统。

酚醛泡沫属有机类硬泡保温材料中的一种，它兼具有机类保温材料和无机类保温材料优点。特别是近年我国建筑节能率和防火等级的逐步提高，使酚醛泡沫突出的防火、耐火焰穿透、低烟雾和耐高温等独特性能，更加适合节能建筑保温系统应用要求，无论在施工过程控制中，还是在工程验收后的正常使用中，都能对预防发生火灾事故起到重要作用。

酚醛泡沫在建筑业的保温应用技术已逐步成熟，愈来愈多应用于节能率为50%公用建筑和65%以上的民用建筑节能工程。

为使更多读者加深了解酚醛泡沫，初步掌握其现有生产和施工基本技术，充分利用该产（制）品技术特征，继续对该产品合成技术深入研究，扩大酚醛泡沫在节能建筑业应用技术，作者尽微薄之力，编写本书。

酚醛泡沫板类施工方法与常规聚苯乙烯泡沫板（XPS、EPS）、聚氨酯硬泡板施工法基本相似，而它的喷涂法、浇注法与聚氨酯硬泡喷涂和浇注施工法相似。因此，所编酚醛泡沫外保温系统性能和施工技术等，主要参照现行国家、行业有关同类产品的相应规范、规程和技术标准要求，同时也参照酚醛泡沫相关地方标准，并借鉴沈阳美好新型材料（集团）有限公司等单位有关技术文件，结合实际经验将所编内容具体化，使其更加实用、通俗易掌握。

另外，《建筑材料燃烧性能分级法》GB 8624—2006 已修订，但为了能与公安部、住房和城乡建设部《民用建筑外保温系统及外墙装饰防火暂行规定》公通字［2009］46 号文件、《绝热用硬质酚醛泡沫制品》GB/T 20947—2007 内容中涉及燃烧性能分级相符，又便于本书中涉及保温材料分级相互对比直观，所以在本书有关内容中，除含有两个标准的燃烧等级对照内容外，主要引用原《建筑内部装修设计防火规范》GB 50222 中相对简单、概括划分的建筑材料燃烧性能分级法。

在编写本书过程中，辽宁省住房和城乡建设厅建筑节能与建设科技发展中心、辽宁省保温材料协会和辽宁省建筑节能环保协会给予了大力支持，同时得到行业领导、专家赵亚明、陈德龙、刘策、包淑兰、张玉书、宋怀亮、许琳等同志热情帮助，并邀请王全、张伶俐、陈哲和李春参加部分内容编写，在此谨向有关单位、专家和相关人员一并表示衷心感谢。

由于我们施工经验和生产技术水平有限，加之酚醛泡沫类建筑保温材料的生产和应用技术，仍在不断积极完善、发展当中，因此本书所编内容存在错误和不足在所难免，敬请读者批评指正，以资改进。

2011 年 4 月

目 录

概述 ··· 1

第1章 基本知识 ·· 4

1.1 酚醛泡沫 ·· 4
1.1.1 酚醛泡沫原料选用及化学反应 ··· 4
1.1.2 酚醛泡沫、复合面材类型及板材生产 ································· 14
1.1.3 酚醛泡沫特点及适用范围 ··· 18

1.2 工程常用术语与发泡机 ·· 24
1.2.1 工程常用术语 ··· 24
1.2.2 酚醛泡沫发泡机 ·· 26

第2章 基本规定 ·· 28

2.1 外保温系统性能与工程设计要点 ··· 28
2.1.1 酚醛泡沫外保温系统性能 ··· 28
2.1.2 外保温工程设计要点 ··· 29

2.2 施工一般规定与施工方案编制 ··· 33
2.2.1 施工一般规定 ··· 33
2.2.2 施工方案编制 ··· 34

第3章 酚醛泡沫外墙外保温系统施工 ··· 38

3.1 外墙外保温系统基本优点与常用工法 ······································ 38
3.1.1 酚醛泡沫外墙外保温系统基本优点 ··································· 38
3.1.2 酚醛泡沫施工常用工法 ··· 39

3.2 粘贴法施工 ·· 40
3.2.1 粘贴酚醛泡沫板涂料饰面系统 ··· 40
3.2.2 粘贴酚醛泡沫水泥层复合板系统 ······································ 57
3.2.3 粘锚酚醛泡沫水泥层装饰复合板系统 ······························· 73
3.2.4 粘锚酚醛泡沫装饰复合板系统 ··· 79
3.2.5 酚醛树脂发泡粘贴酚醛泡沫装饰复合板系统 ···················· 87
3.2.6 粘贴酚醛泡沫板幕墙保温系统 ··· 89

3.3 模板内置板材法施工 ·· 89
3.3.1 酚醛泡沫无网板现浇混凝土系统 ······································ 90

3.3.2　酚醛泡沫钢丝网架板现浇混凝土系统 …………………………… 100
3.4　喷涂法施工 …………………………………………………………………… 103
　　3.4.1　喷涂酚醛泡沫保温系统 …………………………………………… 103
　　3.4.2　喷涂酚醛泡沫与外挂板饰面系统 ………………………………… 117
3.5　模浇法施工 …………………………………………………………………… 119
　　3.5.1　可拆模浇酚醛泡沫系统 …………………………………………… 119
　　3.5.2　免拆模浇酚醛泡沫系统 …………………………………………… 128
3.6　干挂板材法施工 ……………………………………………………………… 131
　　3.6.1　有龙骨干挂系统 …………………………………………………… 132
　　3.6.2　无龙骨干挂系统 …………………………………………………… 138

第4章　夹芯酚醛泡沫复合墙体保温系统施工 ……………………………… 144

4.1　砌体夹芯酚醛泡沫板复合墙体系统 ………………………………………… 144
　　4.1.1　夹芯复合墙体特点及适用范围 …………………………………… 144
　　4.1.2　材料要求与设计要点 ……………………………………………… 144
　　4.1.3　砖砌体夹芯复合墙体系统 ………………………………………… 147
　　4.1.4　混凝土空心砌块夹芯复合墙体系统 ……………………………… 150
4.2　空心墙体浇注酚醛泡沫复合墙体系统 ……………………………………… 151
　　4.2.1　空心浇注保温墙体特点及适用范围 ……………………………… 152
　　4.2.2　空心墙体浇注酚醛泡沫施工 ……………………………………… 152

第5章　酚醛泡沫围护结构内保温（冷）系统施工 ………………………… 155

5.1　喷涂酚醛泡沫内保温（冷）隔热系统 ……………………………………… 156
5.2　酚醛泡沫板材安装冷库系统 ………………………………………………… 158

第6章　屋面防水保温系统施工 ………………………………………………… 160

6.1　屋面保温工程施工 …………………………………………………………… 160
　　6.1.1　酚醛泡沫保温设计要点 …………………………………………… 160
　　6.1.2　酚醛泡沫保温工程施工 …………………………………………… 164
6.2　保温屋面防水工程施工 ……………………………………………………… 176
　　6.2.1　防水材料性能 ……………………………………………………… 177
　　6.2.2　屋面防水工程设计要点 …………………………………………… 180
　　6.2.3　屋面防水工程施工 ………………………………………………… 183

第7章　酚醛泡沫防火隔离带施工 ……………………………………………… 192

7.1　防火隔离带设计要点 ………………………………………………………… 192
7.2　防火隔离带施工要点 ………………………………………………………… 194
7.3　质量要求 ……………………………………………………………………… 195

第 8 章　铝箔复合酚醛泡沫板空调风管安装 ··· 196
　8.1　空调风管特性及应用范围 ·· 196
　8.2　空调风管制作安装要点 ·· 198
　8.3　安装质量要求 ··· 199

第 9 章　工程项目管理 ·· 200
　9.1　工程质量管理 ··· 200
　　9.1.1　工程材料检验项目 ·· 200
　　9.1.2　工程出现质量缺陷及防治 ··· 201
　9.2　施工管理 ··· 208
　　9.2.1　施工技术管理 ·· 208
　　9.2.2　工程质量验收管理 ·· 210
　9.3　安全技术管理 ··· 211
　　9.3.1　施工安全管理 ·· 211
　　9.3.2　文明施工措施 ·· 213

主要参考文献 ··· 221

概　述

中国是世界上建筑业发展最快的国家之一，全国到处都是建筑工地。据市场调查报告称，全球保温材料将以5％的速度增长，到2014年预计中国将占到全球保温材料市场的29％，目前中国是世界上保温材料需求最多的国家。

建筑应用保温材料可简单划分为有机型、无机型和复合型，我国近15年保温材料生产和应用获得高速发展，不少产品从单一到多样化、功能化。材料合成技术、生产设备达到先进，使产品质量、防火等级普遍从低到高，已成为品种比较齐全的产业。

根据建筑构造特点、节能率和安全防火等要求，各类建筑保温材料采用不同技术措施，在节能建筑保温系统中被广泛选择使用。

目前，常用的无机类轻体、复合膏（浆）状外墙外保温材料，有建筑保温砂浆、发泡水泥（混凝土）、膨胀珍珠岩（蛭石）板、矿（岩）棉板、聚苯颗粒水泥复合板、泡沫玻璃板（块）、喷涂岩棉、珍珠岩、无机轻质（硅藻土、珍珠岩、玻化微珠）保温材料、胶粉聚苯颗粒复合保温浆料，以及氨尿素泡沫、脲甲醛泡沫等。

常用的有机类外墙外保温材料，有聚氨酯硬质泡沫（喷涂、浇注和板材）、聚苯乙烯泡沫板（XPS板、EPS板）、酚醛泡沫板等。

常用的金属压型夹芯保温复合板，如矿（岩）棉夹芯板、聚氨酯（或聚异氰脲酸酯）硬泡夹芯板、聚苯乙烯泡沫夹芯板、酚醛泡沫夹芯板，以及保温板与其他饰面复合保温板、钢丝网架水泥聚苯乙烯夹芯板等。

各类保温材料性能和应用各有利弊，单从保温材料防火性能比较，无机类轻体状保温材（浆）料，虽然有很好防火性能（燃烧等级为A级），但因导热系数偏高，应用厚度必然加大，施工中多数需多次涂抹才能达到设计厚度，也增加建筑荷载。因此，如不在建筑保温的构造上采取措施，在我国南方地区可使用无机类轻体状保温材（浆）料作为外墙外保温外，而按北方地区现有65％建筑节能率和防火要求，无机类轻体浆（膏）状保温材料仅适用于不采暖楼梯间、分户间隔墙、地下室顶棚保温或个别外保温、热桥等部位修补。其中，氨尿素泡沫和脲甲醛泡沫制品具有很好防火性能和其他优点，但有些制品强度较低，特别适用于夹芯复合墙体保温系统施工。

无机纤维类保温板（如玻璃棉、岩棉等）燃烧等级为A级（不燃），虽有憎水性能，但施工涉及保护层处理和与基层固定等技术问题，主要用于公共节能建筑的填塞式施工较多，较少在民用节能建筑应用。

有机类保温材料具有密度小、导热系数低和施工方便等优点，聚苯乙烯泡沫（XPS、EPS）板燃烧等级普遍达到B2级（可燃），改性后可达到B1级（难燃）。但聚苯乙烯泡沫受热（≥80℃）后易出现软化、收缩，形成空腔。聚氨酯硬泡的性能和应用方法具有很多优点，且施工技术非常成熟，硬泡燃烧后无熔滴现象，燃烧等级多数为B2级，改性后可达到B1级，与聚氨酯硬泡同类的聚异氰脲酸酯（PIR）硬泡燃烧等级可达B1级。

在有机类酚醛泡沫性能和应用技术上，酚醛泡沫本身具备有机类保温材料基本优点的同时，还具备无机类保温材料突出的防火性能，最普通酚醛泡沫燃烧等级为B1级，它在高温明火直接接触下，只在其表面产生炭化而无融熔滴落物，具有耐火焰穿透性能，能有效在建筑外保温施工过程中或工程验收后，减少火灾事故发生、控制火势蔓延。

为提高建筑防火等级，常采用无机材料与有机材料复合使用。酚醛泡沫与无机抹面材料，或与燃烧性能为A级的无机（保温）材料包裹（面层）复合后，或通过其他防火保温构造设计（如防火分仓、三明治等）后，更加体现其独特优势，使外保温系统的整体燃烧等级可等效达到A级（不燃），即在达到最好保温效果同时，又具有使用范围广、施工方便和安全防火等特点。

历史上，酚醛泡沫的研制技术虽在聚氨酯硬泡之后，但早在1940年，德国首先将其应用在飞机上作为保温隔热层。

在1970年前，几乎各国对酚醛泡沫研制和应用都没有太大进展，主要是经济原因和没能有效地利用酚醛泡沫的最大特点：耐温性、难燃性、低发烟性、耐火焰穿透性。

之后，北美、西欧一些国家对其进行深入研究后，原联邦德国、前苏联、美国以及日本等国，将酚醛泡沫作为建筑隔热保温的主体材料。

20世纪80年代英国（HP chemical）、美国（koppers）、原联邦德国（dynamite Nobel）、前苏联、日本和韩国等国，已经具有连续层压酚醛泡沫保温板材生产技术，其中前苏联还开发了现场喷涂酚醛泡沫的施工技术。

我国从20世纪90年代初开始，酚醛泡沫技术研究发展较快。早期生产的酚醛泡沫存在酸性大（与金属接触会有一定腐蚀性）、脆性过大（运输、应用不便）、残存甲醛味大（尤其生产中，或室内应用保温对人体健康有害）和闭孔率低（导热系数高）等普遍缺点，现酚醛泡沫生产技术逐步提高，酚醛泡沫性能也逐渐得到改善。

目前酚醛泡沫板的生产技术已达到工业化生产水平，无论是间歇式生产技术，还是连续式生产技术都比较成熟，各项技术性能指标达到或接近国际先进水平。但使酚醛泡沫体本身燃烧性能达到A级，还应长期努力研究。酚醛树脂生产批次量、贮存稳定性和质量稳定性还应继续提高。

特别是近年，我国建筑业的节能率和建筑保温防火等级逐渐提高后，酚醛泡沫在建筑业应用得到高度重视，而且在建筑业应用市场逐渐扩大，已广泛应用于公共、民用等节能建筑。

根据建筑节能率、防火安全提高和施工经验积累，酚醛泡沫成套系统施工技术逐渐向规范化发展，只是其中酚醛泡沫喷涂施工技术还没达到十分普及，有待继续完善和提高。

在新标准未发布前，酚醛泡沫外墙外保温施工技术仍执行现行国家行业《外墙外保温工程技术规程》JGJ 144标准，屋面保温防水工程施工技术可参照现行国家《硬泡聚氨酯保温防水工程技术规范》GB 50404标准，外保温施工质量验收执行现行国家《建筑节能工程施工质量验收规范》GB 50411标准。

为有效防止建筑外保温系统火灾事故发生，2009年9月，公安部和住房和城乡建设部联合发布了《民用建筑外保温系统及外墙装饰防火暂行规定》[2009]46号文件。

2011年3月，公安部消防局下发65号文件通知，对建筑防火提出更严格规定，明确将民用建筑外保温材料纳入建筑工程消防设计审核、消防验收和备案抽查范围，并要求各地公安消防部门加强对民用建筑外保温材料的监督管理。各地受理的建设工程消防设计审核和消防验收申报项目，要求严格执行通知要求。

国家现行标准、规范和有关规定的发布，体现我国节能建筑保温、防火与时俱进的发展和节能建筑工程质量的提高，使酚醛泡沫在建筑业节能的施工、应用更加规范化，使设计、施工和验收有正确依据。

酚醛泡沫所构成施工的工法，适用于全国不同温度区域的各类新建、既有民用建筑和公共建筑。在我国寒冷地区、严寒地区和夏热冬冷地区大面积推广应用，已取得可喜节能效果。

我国建筑年竣工面积超过所有发达国家之和，在既有建筑中，超过95％以上是高耗能建筑，至少有1/3既有建筑需要进行节能改造。从全国范围看，酚醛泡沫建筑保温已诞生很大的市场，同时相关酚醛泡沫产业链的生产企业也将迎来更好的发展良机。

酚醛泡沫从建筑防火安全、节能保温效果、施工技术、泡沫制品（工程）单价和使用寿命等全方位综合分析，相对具有很大优势，是未来很有发展的建筑保温材料，必然会在节能建筑保温系统中继续扩大使用。

第1章 基本知识

1.1 酚醛泡沫

酚醛泡沫（Phenolic Foam，PF）是以酚醛树脂为主体原料，在发泡剂、表面活性剂以及增韧剂和添加剂等组分存在下，通过加入酸性硬（固）化剂，将各组分充分混合均匀后，发泡混合料在室温或在板材连续生产线上，控制在40~80℃范围的某恒定温度时，在组分间共同反应后，发生交联、发泡、固化而成的热固型硬质酚醛树脂泡沫塑料，简称酚醛泡沫，俗称酚泡，因酚醛泡沫外观呈粉色而又称"粉"泡。

1.1.1 酚醛泡沫原料选用及化学反应

1.1.1.1 酚醛泡沫原料选用

1. 酚醛树脂

酚醛树脂是酚类和醛类经缩合反应生成的高分子材料。1910年由美国的贝克兰德（L. H，Backeland）发明并使之工业化生产。通过不同的生产工艺条件，可分别生产不同技术性能的粉状和液状酚醛树脂，它们主要用于耐火材料、铸造、砂轮、电子、胶合板和建筑防火、保温等行业。

酚醛树脂是制备酚醛泡沫的主体核心原料，制备酚醛泡沫所用酚醛树脂，包括线性酚醛树脂和可溶酚醛树脂两种类型。线性酚醛树脂生产工艺非常成熟，而且质量易于控制，但生产周期长、效率低、能耗大、不易连续化生产，目前主要使用可溶酚醛树脂。

在可溶酚醛树脂生产时，有两种生产工艺，其中一种是在苯酚/甲醛摩尔比通常在1∶1.5~1∶2.5范围，以碱作催化剂，在90℃以下的水溶液中，对苯酚与甲醛摩尔比、反应时间和温度控制等因素下进行化学反应，当物料缩合反应完成后，再经酸中和、脱水后，便可得到低分子量的液体可溶酚醛树脂，树脂中含有活泼的羟甲基，具有不同支链度和交联度。根据支链度和交联度的不同，酚醛树脂在水、碱、醇中有不同的溶解度。

可溶酚醛树脂属于热固性液态低分子量的酚醛树脂，或称甲阶酚醛树脂。在生产可溶酚醛树脂时，应根据所选择酚醛泡沫技术方案，相应调整生产可溶酚醛树脂工艺条件、原料配合比，以适应酚醛泡沫使用。典型可溶酚醛树脂性能参见表1-1。

酚醛树脂性能指标 表1-1

项 目	指 标
含固量（%）	≥78
黏度（Pa·s，25℃）	250~500

续表

项　目	指　标
pH 值	6.5～7.0
游离醛（%）	<2.0
游离酚（%）	<6.0
水分（%）	≤8
密度（g/cm³）	1.26～1.27
凝胶时间（130℃）（min）	7～8
贮存稳定性（20℃）（周）	≥4

2. 表面活性剂

表面活性剂主要有两个作用，首先在发泡固化反应中减少、降低物料的表面张力和增加液膜的强度，保持泡沫的稳定性，直到酚醛树脂矩阵凝胶。同时使发泡剂在酚醛树脂中分布更加均匀，达到调节泡孔的大小、均匀，可显著调节泡孔结构，有利于促进形成泡沫，防止泡孔破裂和塌陷（收缩）。

通常使用的表面活性剂能溶于水、不分解，而且是在酸性介质中稳定的非离子型表面活性剂，如山梨糖醇酐、脂肪酸酯类、硅氧烷基环氧杂环共聚物、蓖麻油乙烯氧化物和烷基苯酚聚氧化乙烯醚，以及聚氧化乙烯甲基硅油等，还可适当使用乳化剂（如 OP-7、OP-10；吐温-20、吐温-40、吐温-60、吐温-80 等）。

国外道化学公司生产表面活性剂的牌号有 DC-193、DC-190、DC-19，联合碳化物公司生产的牌号有 L-530、L-5310、L-5430、L-5420、L-5340 等。

3. 发泡剂

酚醛泡沫的发泡混合料在酸性催化剂作用下，聚合反应产生热量或外加热量汽化发泡剂，发泡剂受热挥发，促使发泡混合料膨胀发泡。

发泡剂不仅有混合原料膨胀发泡主要作用，而且具有溶解、稀释发泡混合原料作用，增加发泡混合原料流动性。在生产酚醛泡沫板材或现场喷涂施工时，有利于在短时间内将发泡料充分混合均匀。在发泡中，可选用物理发泡剂、化学发泡剂或它们的混合发泡剂。

1) 物理发泡剂

物理发泡剂可分为三大类：惰性气体（如氮气、二氧化碳）、低沸点液体和固态空心球等。目前使用较多的是低沸点液体物理发泡剂，其突出优点是发气量大、发泡剂利用彻底、残留物少或没有。如环（正）戊烷体系、氢氯氟烃（HCFC）141b 体系（暂时替代品），甚至有具备发泡作用又兼有阻燃功能的辅助产品等。

在氢氯氟烃类发泡剂的分子中含有氯成分，它对臭氧层有一定破坏作用。因此，1992年在哥本哈根举行的国际保护臭氧层会议，提出对氢氯氟烃生产和使用限制要求：在 2010 年减少到 35%，2015 年减少到 10%，2020 年减少到 0.5%，2030 年完全禁用。

选用物理发泡剂应注意以下几方面要求：

(1) 无臭气、无毒、无腐蚀性、符合环保要求；

(2) 不可燃；

(3) 不影响聚合物本身的物理和化学性能；

(4) 具有对热和化学药品的稳定性;
(5) 在室温下,蒸汽压力低,呈液态,以便贮存、输送和操作;
(6) 低比热容和低潜热,以利于快速气化;
(7) 分子量低,相对密度高;
(8) 通过聚合物膜壁的渗透速度应比空气小;
(9) 来源广,价廉。

2) 化学发泡剂

化学发泡剂包括有机化学发泡剂和无机化学发泡剂两大类。化学发泡剂在发泡过程中,本身发生化学变化,分解放出气体使聚合物发泡。

(1) 有机化学发泡剂

有机化学发泡剂是目前塑料化学发泡中用的主要发泡剂,根据酚醛树脂性能和发泡成型工艺,可使用偶氮甲酰胺、P-甲苯磺酰和苯磺酰肼等。

(2) 无机化学发泡剂

无机化学发泡剂有碳酸氢钠和碳酸铵等。这类发泡剂价格低,碳酸氢钠和碳酸铵在聚合物中的分散性较差,不易分散均匀,产生的 CO_2 气体渗透力强,容易透过膜壁散逸。分解放出气体的温度范围比较广,不易控制,常被用作辅助发泡剂,分解时属于吸热反应。无机化学发泡剂的发泡性能如表 1-2 所示。

无机化学发泡剂的发泡性能　　　　表 1-2

发泡剂	分解温度 (℃)	发气量 (mL/g)	放出的气体	备注
碳酸铵	60~100	>500	氨气,CO_2	贮存性差
碳酸氢钠	100~140	267	CO_2,水蒸气	贮存性好

选用化学发泡剂应注意以下几方面要求:

① 发气量大而迅速,分解放出气体的温度范围不宜太宽,应稳定,能调节;

② 发泡剂分解放出的气体和残余物应无毒、无味、无色、无腐蚀性,符合环保要求,对聚合物及其他添加剂无不良影响;

③ 在聚合物中有良好分散性,且发泡剂分解时的放热量不能太大,不影响聚合物本身的物理和化学性能;

④ 化学性能稳定,在贮存过程中不会分解;

⑤ 在发泡成型过程中能充分分解放出气体;

⑥ 来源广,价廉。

4. 酸类硬化剂

酸类硬化剂能够加速促使酚醛树脂发泡固化的助剂,或称酚醛泡沫固化剂。

酸类硬化剂是合成酚醛泡沫的重要助剂之一,酸类硬化剂引发酚醛树脂加快缩聚反应、调节聚合速率(促进聚合物链增长)和发气速率,能使泡沫壁具有足够的强度包住气体,保持起泡速度与扩链速度的平衡。

酸类硬化剂是控制喷涂法施工的发泡速度固化时间、模浇流动时间、连续(间歇)生产板材速度和固化时间,是保证泡沫制品质量的关键助剂,准确地选择催化剂的类型、浓度(或有效含量)和加入量是发泡工艺过程中很重要的技术条件。

在制备酚醛泡沫中选用酸类硬化剂，有机酸和无机酸均可采用。有机酸包括：甲苯磺酸、对甲苯磺酸、苯酚磺酸、甲烷磺酸、乙烷磺酸、二甲苯磺酸、草酸、醋酸和萘磺酸；无机酸包括：磷酸、硼酸、氢溴酸、硫酸、盐酸，包括在混合物料加热时能放出酸的化合物。

盐酸作为硬化剂，可使泡沫孔很细，但它与醛生成毒性较大的双—氯乙醚，加之很强的无机酸在可溶树脂里溶解比较困难，使用时常将盐酸或磷酸溶解在甘油或乙二醇中使用。

硫酸在可溶酚醛树脂里分散比较困难，为防止在局部出现凝胶化现象，在发泡前，需预先稀释后再使用，可用丙醇、丁醇、乙二醇、丙二醇、聚乙二醇、多元醇等为稀释剂，通过对强无机酸催化剂稀释后，以达到减蚀，缓解强无机酸作用。

按制备酚醛泡沫配方和发泡工艺要求，经常采用无机酸与有机酸按一定比例混合使用，通过复合使用酸固化体系后，一方面是调节发泡和凝胶反应速度，另一方面可以使用最少量的催化剂而达到最佳催化效果。

为提高酚醛泡沫发泡、固化速度，特别避免过量加入酸硬化剂，防止泡沫显示酸性。

另外，利用糠醇聚合物和4,4′-二苯基甲烷二异氰酸酯（MDI）对酚醛树脂进行技术改性时，为促进酚醛树脂缩聚，以及糠醇聚合物与4,4′-二苯基甲烷二异氰酸酯（MDI）的聚合作用、酚醛树脂与糠醇聚合物反应、MDI与酚醛树脂游离苯酚反应，可使用与聚氨酯硬泡相同的催化剂，如2,4,6-三（二甲胺基）苯酚（俗称：三聚催化剂、DMP-30）、二月桂酸二丁基锡，或其他与其相似的固（催）化剂。

典型磺酸类硬化剂技术性能见表1-3。

磺酸类固化剂技术性能指标　　　　　　　　　　　　表1-3

项　目	指　标		
	苯磺酸	对甲苯磺酸	苯酚磺酸
外观	灰色结晶	白色片状结晶	—
纯度（%）	≥98	≥90（以甲苯磺酸计）	65%～66%
凝固点（℃）	≥62	—	—
HCl含量（%）	≤0.1	—	—
水分（%）	≤0.1	≤14（包括结晶水）	—
pH（水溶液）	≤2	—	—
游离酸（以H_2SO_4计）（%）	—	≤3	≤0.6
总酸度（%）	—	—	19～20
密度（kg/m^3）	—	—	1.315～1.320

5. 附加阻燃剂

为提高普通酚醛泡沫燃烧性能，在生产酚醛树脂过程中，或在配制发泡混合料时，还应添加阻燃剂或进行其他适当化学改性。

任何物质燃烧时，必须具备可燃物质、温度和空气中氧气的条件，减少其中一个条件，火就会熄灭。通过切断氧气、降低系统温度或降低燃烧浓度可防止燃烧。

1) 选用阻燃剂条件

选用阻燃剂时,应具备下列条件:

添加量少而效果好,即应有高效作用;

添加型应与酚醛树脂泡沫原料混溶性好,不应有分层;

对泡沫的其他物理性能影响小;

无毒或毒性甚小,以保安全使用;

价格相对低廉;

防火效果不随时间推移而降低;

液态阻燃剂的黏度不能过大;

无腐蚀性。

有些阻燃剂加入后,通过隔绝氧气作用而防火,如:当酚醛树脂中含有磷类阻燃剂时,由于燃烧使磷化合物发生分解生成较稳定的多聚磷酸,覆盖在燃烧层,隔绝空气而起到阻燃作用。

膨胀石墨微粒为近年保温材料中广泛应用的阻燃剂,它在遇热后产生数倍膨胀,形成类似蠕虫状膨胀体(片),致使占据在泡沫表面,从而达到覆盖燃烧区域、隔绝泡体与外部燃烧的火焰,有效阻止泡体燃烧、降解和减少烟密度。

另外,酚醛树脂等碳氢化合物,在一定热量作用下会引起化学键的断裂,受热分解后,往往会生成分子量大小不等的许多物质,其中有在氧作用下而产生活泼的自由基,而加入的阻燃剂受热分解产生离子,当活泼的自由基与受热分解产生离子反应后,消耗自由基后,火焰就会熄灭。

2) 常用附加阻燃材料

通常选用的阻燃材料有硼酸类、磷酸、氯化铵、尿素、氢氧化铝、炭黑、三氧化二锑、聚磷酸铵和可膨胀石墨等。

硼酸类阻燃材料具有很好的阻燃和低发烟效果。有时加入两种阻燃剂可起到协同效应。

如果使用有阻燃性的液体固化剂(如磷酸酯类、芳香磺酸类等),可防止酚醛树脂变质,又可避免搅拌过程中出现增黏现象。

磷酸氯化铵缩合体,在可溶酚醛树脂中稳定、阻火性也很好,特别在燃烧时起路易斯酸的作用,对改进酚醛树脂聚合物的炭化有很大作用。

6. 改性(填充)剂

为使酚醛泡沫保持燃烧性能为 A 级,提高抗压强度、增加韧性而减少脆性和酸性,保持低导热值系数长期稳定性等,或为降低材料成本等目的,均可在酚醛树脂生产工艺中或在调试发泡配方时,进行适当改性处理。

1) 填充型

珍珠岩、石墨(炭黑)、浮石、石膏、硅藻土等无机轻质材料,在液体中加入固体填料导致黏度上升、发泡困难,应综合全面适当使用。

2) 尿素改性树脂

该类树脂较受欢迎,不仅能降低原料成本,而且使泡沫制品固化快、易于成型、稳定性好、耐水性优异、富于可挠性、闭孔率高、热导值低;

尿素和间苯二酚改性型，能减少泡沫脆性、腐蚀性，提高压缩强度。邻甲酚改性型，泡沫制品韧性好，成本低；

尿素不仅有一定阻燃效果，且对降低甲醛水溶液的味道有一定效果。

用尿素和甲醛缩合反应后的酚醛树脂来改性酚醛泡沫后，可使酚醛泡沫泡孔减小、均匀，减少游离酚、甲醛量，并增加泡沫可挠性。

3) 糠醇（糠醛树脂）改性型，泡孔结构好，使用发泡设备方便。

4) 利用三聚氰酰胺或相似胺类反应物与酚醛树脂里游离醛反应，可减少泡沫燃烧形成烟雾量。

5) 提高泡沫韧性，减少脆性。

为提高泡沫韧性，降低粉化现象，可在发泡混合料中预先加入适量的增韧剂进行改性，如作为改性的增韧剂有：丙醇、丁醇、乙二醇、聚乙二醇、聚丙三醇、矿物油、聚乙烯醇、聚乙烯醋酸酯、聚丙烯酸酯、聚异氰酸酯、聚氨酯预聚体、糠醇聚合物、聚酯、橡胶、木质素、蔗糖改性，以及线性酚醛树脂和可溶性酚醛树脂联合使用改性等。

6) 氟硅酸钠加入（最佳量是3%）后，不但增加泡沫防火性能，而且不降低强度，又有利于发泡时产生放热反应，为发泡提供一定温度条件。

另外，还有苯胺、双酚A和环氧树脂等。

1.1.1.2 酚醛泡沫基本配方

调配酚醛泡沫配方时，在保证泡沫物理性能合格的条件下，还应重点考虑发泡速度和固化时间。

酚醛泡沫的发泡成型温度，有加温发泡（一般在工厂自动化生产线上连续生产板材，使泡沫发泡时间短、固化快，生产速度快，且减少催化剂加入量）、常温浇注发泡和喷涂发泡（要求发泡时间短、泡沫固化快，相对酸类硬化剂用量大）。

根据制品的性能、工厂生产（间歇法或连续法生产板材的浇注法）泡沫板材环境温度和采用喷涂法施工等具体因素综合后，在保证酚醛泡沫各项技能性能指标时，无论在工厂的板材生产过程中，还是现场喷涂、浇注施工，在具备施工条件（如机械、环境温度等方面因素）的情况下，酚醛泡沫配方都应有很好操作性。

浇注法（除现场施工外，包括在工厂间断、连续生产板材用浇注发泡法）常在工厂采用层压机设备，选用一定规格尺寸的模具（或饰面层），注入酚醛泡沫发泡混合料发泡。在工厂生产酚醛泡沫板材工艺条件基本恒定，加温发泡的条件容易保证，不但可减少催化剂加入量，而且加温有利于促进泡沫板材发泡时间短、固化快，有利于保证板材质量。

根据施工要求，也可将酚醛泡沫发泡混合料注入块状箱模具，由于该混合原料的化学反应历程所放出热量缓慢，有利于发泡而不会造成硬泡烧芯，泡沫固化后，拆模切割成所需规格、形状的板材保温材料，或通过电脑控制仿形线切割机切割成管壳等。

在施工现场向模具内浇注常（室）温发泡混合料发泡保温，或在工厂浇注成各种形状的保温预制件（板），在施工现场安装在门窗洞口、阴阳角等特殊部位。

发泡混合料在常（室）温浇注发泡施工时，固化时间决定发泡混合料流动性（试验配料时，常测流动指数），发泡混合料流动性受模浇泡沫施工和生产板材的模具壁的摩擦阻力和环境温度等因素影响，在发泡过程中，凝胶时物料黏度迅速提高。出现凝胶前，物料黏度低、流动性好，要求在模具内固化的硬泡能完全充满空间，酚醛泡沫发泡混合料浇注法的发泡时间与其流动性的两者间，控制在最佳范围内。

反之，发泡混合料流动性差，在物料没完全充满发泡模具情况下，而提前发泡、固化，且造成泡沫密度分布不均匀，局部有较大泡沫密度。

为了对酚醛泡沫性能改进，在发泡配方中加入固体阻燃剂、改性（填充）剂，使发泡混合料的液体黏度上升，过量加入易导致发泡困难，要全面考虑，适当使用。

在调配发泡原料配方时，酸类硬化剂的用量与气温关系甚大，环境温度低时施工，相对催化剂用量大，反之施工用量少，泡体应在设置时间内固化而不迟缓。

喷涂法用于现场施工时，与喷涂油漆方法相似，是将流动性好的发泡混合料，经空气或高压作用，喷涂在被施工的表面发泡成型。

喷涂法不仅对喷涂机械（采用高压或低压发泡机）性能要求苛刻，而且对物料发泡速度、黏度有严格要求，尤其应保证加入发泡混合料中的填料有足够的细度，防止堵塞喷枪。

喷涂发泡混合料黏度尽可能小，流动性好而且相互间的互溶性要强。因为喷涂发泡混合料是借助高压或空气的作用在喷枪体外雾化混合的，接触时间短，所以只有喷涂发泡混合料黏度小、流动性好的情况下，才能充分分散雾化混合。

酚醛泡沫喷涂法施工时，喷涂泡沫不是在一定形状的模具内发泡，而是直接在喷涂的物体表面发泡，这样就要求发泡混合料喷出后，在常（室）温（或现场环境温度）能达到快速发泡、固化要求。

尤其对垂直于顶部施工的表面，要求喷涂发泡混合料未流失之前（一般在3～7s内）已开始发泡，固化速度适中。防止喷到工作面不固化而发生流淌、挂料、滴落，或出现固化后的泡体与工作面粘合不牢，甚至泡体出现脱落，或对连续喷涂不利，易导致前一层泡沫被后一层喷涂吹动、脱落等不良现象，应使用高活性催化剂且应适当增加有效含量，同时还应适当降低物料相对黏度。

在喷涂发泡施工配方中，酸类硬化剂用量受环境气温和基层温度影响，施工的基层温度低，不仅在配方中应增加酸类硬化剂用量，而且需要适当加热发泡料温度。低温基层（尤其金属结构物体传热速度大）吸收发泡热量，进行喷涂发泡时，底层泡沫因散热而使发泡剂汽化能力降低，导致底层泡沫密度较大。在泡沫中残存过量酸类硬化剂时，泡沫与金属（如钢结构、夹芯板）接触使用后，容易引起金属腐蚀现象。喷涂发泡施工对发泡原料和喷涂机械性能要求相对比较严格。

现场施工（浇注、喷涂）常有环境温度高低变化或基层湿度影响等因素，在调配酚醛泡沫原料配方时，应根据不同用途、采用施工工法、施工环境温度和技术性能要求等条件，模拟现场环境条件，在化学发泡配方反复调试、测试基础上，最终设定。尤其喷涂发泡的物理性能必须符合施工要求，以满足多种用途和各种环境变化的需要。

根据酚醛泡沫具体用途和施工法，要求酚醛泡沫合成技术通过各种技术措施，能在较宽范围内调整，酚醛泡沫传统基本配方参见表1-4～表1-8。

1.1 酚醛泡沫

配方一　　　　　　　　　　　　　　　表 1-4

原料名称	质量（份）
酚醛树脂	100
发泡剂（或有机与无机混合）	12
匀泡剂（硅油）(DC-193)	1.5～2.5
改性剂	5～20
对甲苯磺酸（70%）	30

酚醛树脂与聚氨酯硬泡用聚醚树脂混合，在发泡助剂的作用下，与聚异氰酸酯反应后所形成的泡沫，综合具备酚醛泡沫和聚氨酯硬泡各自优点的同时，并克服了两种硬泡各自的缺点，主要适合浇注法（或生产保温板材）施工。

配方二　　　　　　　　　　　　　　　表 1-5

原料名称	质量（份）	
酚醛树脂	50～100	100
糠醇树脂	—	25
聚醚	50～100	—
硅油	2.0～5.0	2
复合催化剂	1～3	—
三聚氰酰胺	—	150
发泡剂（可有机与无机混合）	30～70	25～30
异氰酸酯指数	1.05～1.10	—
二苯基甲烷二异氰酸酯（MDI）	—	125

配方三　　　　　　　　　　　　　　　表 1-6

原料名称	酚醛树脂泡沫密度（kg/m³）			
	40	50	60	70
酚醛树脂	54	65	80	95
发泡剂（n-戊烷）（或有机与无机混合）	3.4	3.0	1.7	13
硅油	1.5	1.5	1.5	15
固化剂[盐酸/乙二醇（1:1）]	5.0	5.8	9.3	11
其他（改性剂）	适量	适量	适量	适量

配方四　　　　　　　　　　　　　　　表 1-7

原料名称	质量（份）		
	配方1	配方2	配方3
酚醛树脂	100	100	100
聚氧化乙烯甲基硅油	1.5～2.5	—	—
吐温	—	0.2	2
发泡剂（液体）	10～20	—	20
发泡剂（碳酸钠）	—	0.7	—
50%硫酸	8	—	25（对甲苯磺酸/磷酸 1:1）
30%苯磺酸水溶液	—	5～10	—
其他	5～10	—	5～10

配　方　五　　　　　　　　　　　　　　　　　　　表 1-8

原料名称	酚醛树脂泡沫密度（kg/m³）			
	40	60	80	120
酚醛树脂	75	75	75	75
脲醛树脂	15	15	15	15
OP-7 或 OP-10	4	4	4	4
发泡剂（铝粉）（或有机与无机混合）	1.00	0.75	0.60	0.50
苯酚磺酸	15	15	15	15
磷酸（乙二醇溶液）	3.30	2.60	2.00	1.66
其他	5～10	5～10	5～10	5～10

1.1.1.3　化学反应原理

可溶酚醛树脂合成反应，称为曼尼斯（Lederer-Manasser）反应。可溶酚醛树脂合成后，再进一步缩合交联，同时发泡剂气化发泡、固化，即形成酚醛泡沫。

可溶酚醛树脂合成反应是在水溶液中进行的，甲醛水溶液在苯酚邻位、对位反应，很难在间位反应。生成的羟甲基酚进行脱水缩合形成复核体，普通酚醛泡沫用的可溶酚醛树脂苯核数大约在 10 以下。

酚类有苯酚，还有甲酚、二甲酚、间苯二酚、对苯二酚、邻甲酚及其粗产品。

醛类有甲醛，还有多聚甲醛、仲甲醛、乙醛、糠醛等。

甲醛与苯酚的加成反应历程与所用催化剂有关，使用不同的催化剂所合成的树脂有不同性能，常用催化剂有 $NaOH$（氢氧化钠）、$Ba(OH)_2$（氢氧化钡）、NH_4OH（氢氧化铵）、Na_2CO_3（碳酸钠）和六次甲基四胺等。

氢氧化钡碱性较弱，属于温和催化剂，需适当采用较高浓度（1%～1.5%），或与其他的催化剂混合使用。由于氢氧化钡具有温和催化效果，所以缩聚反应易于控制，树脂中残留的碱性也易于中和，只要通入二氧化碳使之形成碳酸钡沉淀下来，最终产品最好过滤。

氢氧化胺为弱碱，易于控制树脂缩聚过程，不易发生凝胶，同时残留的易于除去。

氢氧化钠是极强的催化剂，可适当采用较低的浓度，由于它对加成反应有很强的催化效应，可保证初级缩聚产物在反应介质中有极大溶解性，这样溶解性可阻止树脂进一步缩合和凝聚。

用氢氧化钠催化时，树脂中游离碱含量很高，一般用弱的有机酸（乳酸、草酸、苯甲酸、醋酸、柠檬酸、氨基磺酸等）或磷酸进行中和。

为了减少生产酚醛树脂中的残余酸，也可加入抗腐剂，如氧化钙、氧化铁、硅酸钙、硅酸镁、硅酸钠、四硼酸钠、无水硼砂、白云石、碱金属、碱土金属和碳酸盐及锌、铝等。

酚醛树脂中保留少量酸性，可在发泡时有利于产生闭孔泡沫，也可作为发泡时的酸性固化剂，但保留少量酸性会影响酚醛树脂贮存期，即"釜中寿命"缩短（图 1-1）。酚醛树脂在低温贮存可延长使用时间，而在相对高温下贮存，酚醛树脂可用时间急剧下降，过早发生胶凝化（图 1-2）而报废。

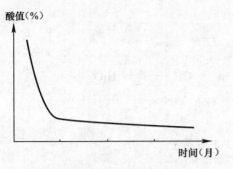
图1-1 酸值对贮存时间影响

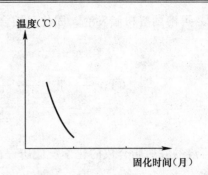
图1-2 温度对贮存时间影响

相反,在酚醛树脂产品中,因未完全中和而残存过量的碱或碱金属(钾)离子,因酸性减小而贮存期延长,但在发泡时会增大酸性催化剂用量和其他不利因素,因此,应根据应用具体情况而控制质量标准,每个酚醛树脂生产批次应相对稳定,否则给发泡代来不稳定因素。

1. 可溶酚醛树脂发泡形成

可溶酚醛树脂发泡形成过程,即热固性酚醛树脂泡沫塑料的固化定型过程。酚醛泡沫的发泡成型与缩聚反应是同时并进的,随着缩聚反应的进行,增长的分子链逐步网状化,反应液体的黏弹性逐渐增加,逐渐失去流动性,最后反应完成,达到固化定型。

泡体的固化是分子结构发生变化的结果,如要提高酚醛泡沫的固化速度,应加速缩聚反应,加速使分子结构网状化的速度。

加速酚醛泡沫的固化过程,一般采取提高发泡混合料温度和增加酸性固化剂用量的途径。气泡的膨胀和固化必须与聚合物缩聚反应的程度相适应,热固性酚醛泡沫的黏弹性和流动性是取决于分子结构的交联强度。

酚醛树脂用酸固化时反应激烈、放出热量,酚醛发泡形成过程是非常复杂的化学反应历程,组分间通过复杂的化学反应和物理变化,生成酚醛树脂主链,以及分子链增长、交链、气体膨胀产生泡沫体等反应,几种化学反应同时发生。

在反应过程中是多种化学反应在一定时间内同时平衡发生,力的平衡在整个时间内被用来维持气体在乳液中分散的稳定性。

酚醛泡沫密度是重要物理性能之一,常规酚醛泡沫形成后,其分子中网状结构多,即交链点多且稠密,泡沫密度大,所得泡体压缩强度高、尺寸稳定性及耐温性也较好。反之,当泡沫密度小时,压缩强度小,泡体易显示脆性。

酚醛泡沫质量涉及原料选择和各组分间合理组合配制、原料质量合格与否等因素,直接影响现场喷涂、浇注和生产板材的外观质量和产品技术性能。

2. 强碱(NaOH)催化条件下可溶酚醛树脂合成及酚醛泡沫生成反应原理

1)可溶酚醛树脂合成时(加成、缩合):

$$\text{C}_6\text{H}_5\text{OH} + \text{HCHO} \longrightarrow \underset{(\text{I})}{\text{C}_6\text{H}_3(\text{OH})(\text{CH}_2\text{OH})_x} + (\text{HOCH}_2)_y \left[\underset{(\text{II})}{\text{C}_6\text{H}_3(\text{OH})\text{CH}_2\text{C}_6\text{H}_3(\text{OH})(\text{CH}_2\text{OH})_z} \right]_n + \text{H}_2\text{O}$$

式中: $x=1\sim3$; $y=0\sim2$; $z=0\sim2$; $n=1\sim5$

2) 可溶酚醛树脂发泡、固化（缩合）：

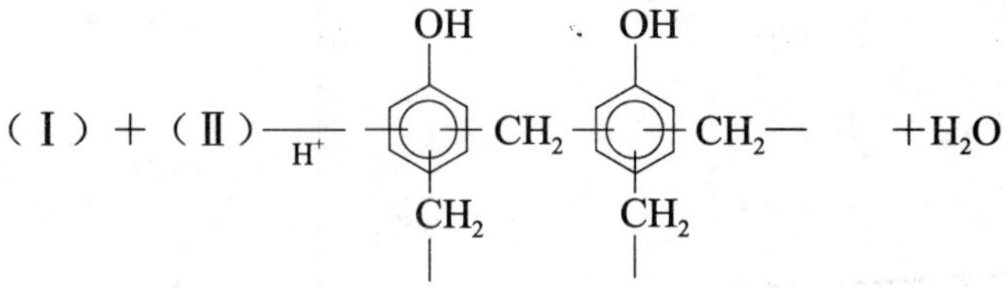

$$(Ⅰ)+(Ⅱ)\xrightarrow{H^+} \text{[酚环结构]} +H_2O$$

可溶酚醛树脂合成的化学反应历程也可用图1-3所示。

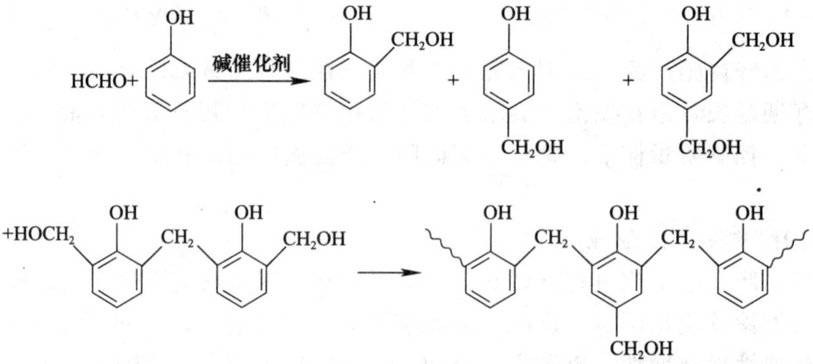

图1-3 可溶酚醛树脂合成的化学反应

1.1.2 酚醛泡沫、复合面材类型及板材生产

1.1.2.1 酚醛泡沫类型

酚醛泡沫按选用模具的规格、形状，可浇注制成任意形状、不同密度、不同厚度的普通酚醛泡沫板材、保温管材，并能与面（背）材复合成各种类型的酚醛泡沫复合板（酚醛泡沫保温装饰复合板、增强型酚醛泡沫复合板）。或现场机械喷涂任意形状、不同厚度的酚醛泡沫保温层。

酚醛泡沫复合板可由多种面材的面板、侧板（边板、边框加强材料）和背板（背复材料）之间利用酚醛泡沫自粘结性能（或采用胶粘剂）经特殊技术复合、切割等工序而成，经复合后的酚醛泡沫板，不仅增强保温板强度，有利于安装与运输，而且大大提高保温材料防火等级。

酚醛泡沫复合板的背面板可为耐碱玻璃纤维网格布混合胶浆层、或高强界面板、或水泥板、或聚合物水泥纤维增强卷材、或涂抹聚合物水泥材料复合等构成，而饰面面材类型更多。

根据安装工艺具体要求所决定，不但使酚醛泡沫复合板有各自特有安装的板型和构造，还可采用"分仓"安装构造、复合构造、在板材内或板材边缘（框）设置预埋件、合金增强板，以及安装用的附件锚固措施等。

普通酚醛泡沫板（防火等级为B1级，即B级、C级）不与任何面材复合，而在工程安装后再另作涂料饰面或面砖饰面。当酚醛泡沫板与无机材料复合后，燃烧性能达到A2

级，可称为酚醛泡沫防火板。酚醛泡沫常见类型如图 1-4 所示。

PF类型
- 酚醛泡沫保温装饰复合板（酚醛泡沫与有装饰作用的不燃饰面材料复合，防火等级达到A2级）
- 酚醛泡沫保温增强复合板（酚醛泡沫与无装饰作用的不燃材料复合，防火等级达到A2级）
- 酚醛泡沫与无机材料面层复合板（防火等级达到A2级）
- 普通酚醛泡沫板（毛面裸板，或生产大块后切割的板，防火等级为B1级）
- 金属夹芯酚醛泡沫板
- 喷涂酚醛泡沫（防火等级为B1级，与聚合物砂浆等不燃材料覆盖后防火等级达到A2级）
- 浇注酚醛泡沫（防火等级为B1级，与聚合物砂浆等不燃材料覆盖后防火等级达到A2级）
- 管道、罐体保温（预制瓦、块）（防火等级为B1级，与不燃材包裹覆盖后防火等级达到A2级）
- 胶粉与酚泡颗粒复合保温（砂）浆料（防火等级高于B1级）
- 酚醛泡沫装饰异型构件、文化石等（用于建筑装饰的各类异型艺术构件）（防火等级为B1级，与聚合物砂浆等不燃材料复合后，防火等级达到A2级）

图 1-4　PF 常见类型

1.1.2.2　酚醛泡沫复合用面材类型

在粘锚或干挂施工中，为施工（或运输）方便，增加酚醛泡沫板材强度、板材装饰性、提高使用功能，或为使酚醛泡沫达到 A 级燃烧性能等要求，将酚醛泡沫板与无机面材（层）面材复合。

酚醛泡沫复合板是以酚醛泡沫为保温隔热层，在泡沫表面采用单面或双面的面材（软质或硬质）复合，按施工的规格、面材材质、泡沫厚度等技术要求，通过机械浇注酚醛泡沫发泡原料，在层压机（或模具）的（必要时可适当加温，且保持温度恒定）作用下，一次生产成型，或先生产出毛面酚醛泡沫板材后，再与面材粘合为一整体。

酚醛泡沫复合板所用面材，如图 1-5 所示。

PF复合板面材
- 软(柔)质面材：如聚合物水泥纤维增强卷材、耐碱玻纤维（网）、聚酯纤维无纺布（PF板保护膜）、铝箔、石棉纸、隔离纸（PF板增强、保护膜）及其他柔性装饰面材等
- 硬质层面材：如氟碳无机树脂板（氟碳板）、石膏板、玻璃（木）纤维水泥板、粒子板、陶粒板、人造大理石板、硅酸钙板、超薄天然石材板、铝塑板、金属彩板、纤陶板、混凝土板、砖纹面板（无机砖纹面板或金属砖纹面板，陶瓷砖、玻化砖、陶土砖、劈离砖和干混砖等机制面砖）、清水水泥板、仿石（真石）漆带饰面等各种装饰板，还有在板面预涂的聚合物水泥砂浆层，以及在施工中采用分仓法处理的其他无机材料等

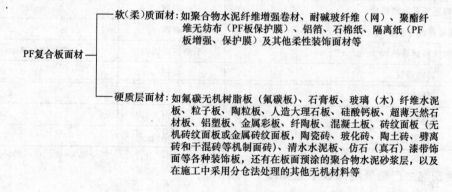

图 1-5　PF 复合板面材类型

1.1.2.3 酚醛泡沫板材生产

酚醛泡沫板材生产法,有连续发泡生产法和间歇发泡生产法。

1. 连续层压发泡生产法

连续发泡生产酚醛泡沫板是在专用自动生产线上,将各个原料(可将多组分原料预先配成2~3个组分)用计量泵定量输送到浇注发泡机(具备无级变速功能)。

发泡原料在混合头内进行高速混合后,由混合头扫描浇注出的发泡料,从上部往复注入配有自动传送滚动装置,且有上、下控制高低板输送带上的模腔(盘)内,必要时在设有双联输送带熟化炉或发泡箱内,将发泡料、饰面材料同时加热在40~80℃范围内的某恒定温度,可缩短发泡、固化时间,有利于保证发泡质量和连续生产速度,并能提高泡沫与饰面间的粘结强度。

在模腔内混合料从液面到发泡泡沫顶部形成一个坡度,经双滚加压固化到一定时间后,板材从模(箱)内脱出,再根据需要规格切割成所需尺寸。

根据实际应用目的,可制成平面的普通毛面表皮层酚醛泡沫板,也在泡沫单面、或双面(泡沫板上下面)加饰面或增强层,与固化的泡沫一次成型为整体的酚醛泡沫保温装饰(增强)复合保温板。连续发泡主要生产设备参见表1-9。

连续发泡主要生产设备　　　　　　表1-9

设备名称	容积(L)	材质结构	备注
酚醛树脂中间储罐	1000	碳钢	内有环氧涂层
酸固化剂加料罐	300	不锈钢	—
发泡剂加料罐	500	碳钢	—
表面活性剂加料罐	300	碳钢	—
改性剂加料罐	300	碳钢	—
酚醛树脂储罐	70000	碳钢	内有环氧涂层
发泡料混合器	165kg/min	不锈钢	五组分比例泵液压传动
横转机构(浇注扫描系统)	可调	不锈钢	液压操作摆动混合头
发泡混合料浇注盘	—	不锈钢	
三辊送纸及卷绕机构	—	碳钢	
双辊浮动平顶系统	—	碳钢	
泡沫板运输机构	—	不锈钢或碳钢	长度约为90m
切割带锯		碳钢	
修边锯		碳钢	
垂直切割锯		碳钢	
裁割锯		碳钢	

连续发泡生产酚醛泡沫板示意如图1-6所示。

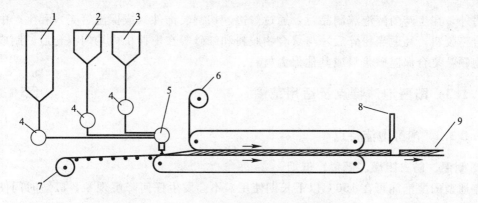

图 1-6 PF 板连续层压生产示意简图

1—酚醛树脂等组分加料罐；2—酸硬化剂加料罐；3—发泡剂加料罐；4—计量泵；
5—发泡混合料（混合头，扫描浇注系统）；6—上面送面材或隔离纸（保护膜）卷绕机构；
7—下面送面材或隔离纸（保护膜）卷绕机构；8—裁断机；9—制品（酚醛泡沫板）

2. 间歇发泡生产法

间歇发泡有两种生产法。一种间歇发泡生产法是将发泡混合料准确定量后，分别注入层压机内（可设有加温系统）含有若干个发泡模具的模腔中，发泡混合料按模具长度、宽度和厚度应一次注满模腔，静止等待一定时间后，模具内发泡混合料按生产板材具体规格或类型固化成毛面表皮层酚醛泡沫板、保温装饰复合板，或特殊外形的燕尾槽板、矩形板等类型保温板。

将层压机内固化成的酚醛泡沫板依次逐块从模具中全部取出后，再注料生产下批，分批发泡成型，分批生产，一般每批可生产 1～10 块酚醛泡沫板。

另一种间歇发泡法生产酚醛泡沫板时，在混合桶内，依次定量加入酚醛树脂、表面活化剂、改性添加剂、发泡剂等，最后加入酸性硬化剂，再以 2000～3000r/min 高速混合均匀后，迅速将发泡混合料倒入模具内（如：长 1m×宽 1m，或长 1.2m×宽 60cm 的模具）。可以用开模或浮动盖控制泡沫上升表面（必要时，可将模具推入 40～70℃ 烘箱内发泡），泡沫固化后脱模，制得大模块泡沫，再使用电脑程序控制的仿形线切割机，切割成各种规格的保温板材、装饰件或保温管壳。该间歇发泡主要生产设备参见表 1-10。

间歇发泡主要生产设备   表 1-10

设备名称	规　格	材　质
加料计量泵	3～7 台	不锈钢
酚醛树脂储罐	500L	碳钢（内有环氧涂层）
酸固化剂储罐	100L	不锈钢
发泡剂储罐	300L	碳钢
搅拌桨	2000～3000r/min	—
控制操作台	—	—
发泡混合器		不锈钢
模具	1m³	
恒温固化箱		

另外，在生产酚醛泡沫制品时，通过修边、切割装饰件（或保温管壳）和生产中产生的不合格废料，经适当粉碎后，与聚合物胶粉和细砂等在搅拌机内均匀混合后，制成胶粉与酚泡颗粒复合保温砂浆料或其他保温材料。

1.1.3 酚醛泡沫特点及适用范围

1.1.3.1 酚醛泡沫特点

1. 耐温、防火阻燃、低毒、低烟

普通型酚醛泡沫可在150℃以下长期使用，不会发生任何降解现象，极短时间使用温度可达210℃，且泡沫体积与强度无明显变化。

目前常用几种有机类泡沫保温材料中，酚醛泡沫是使用温度最高、稳定性最好的一种硬质泡沫塑料。它在高温下形成炭化骨架，其变化过程如下：

1) 在250~400℃下酚醛泡沫进一步缩合放出水和甲醛；
2) 在400~600℃逐步氧化环化放出 CO、CO_2；
3) 在600~750℃逐步炭化，形成炭化层而隔热，并阻止泡沫进一步燃烧。

普通酚醛泡沫燃烧性能为B1级（难燃），酚醛泡沫在高温火焰作用下，不燃烧、不延燃（只局部燃烧，不蔓延）、不融熔、不变形、不收缩、无滴落、低烟雾。

酚醛泡沫火焰危害性小，耐火焰穿透。当用焊枪射出1300℃的火焰，对50mm厚度酚醛泡沫板喷烧10min后，接触火焰的表面只产生炭化层，在酚醛泡沫板的背面未发现有明显的热传现象，更不会散发浓烟和毒气。

酚醛泡沫与其他常用有机泡沫塑料燃烧时所产生气体比较，酚醛泡沫燃烧发烟速度最慢、发烟量（生成CO等有害气体）低。几种泡沫塑料燃烧产生气体比较分别如表1-11、图1-7所示。

泡沫塑料燃烧产生气体比较　　　　　表1-11

构成元素	塑料名称	燃烧时产生气体量			
		CO_2（体积%）	CO（体积%）	HCN (mg/g)	HCl (mg/g)
C, H	聚乙烯	0.210	0.0191	—	
	聚丙烯	0.204	0.0092		
	聚苯乙烯（发泡体）	0.156	0.0277		
	聚苯乙烯（难燃型）	0.064	0.0522		
C, H, O	酚醛树脂（泡沫）	0.093	0.0039		
	2-甲基丙烯树脂	0.145	0.0060		
C, H, O, N	ABS树脂	0.149	0.0284	14.2	
	聚酰胺	0.157	0.0174	53.5	
	聚氨酯泡沫	0.026	0.0013	3.0	
	聚氨酯泡沫（难燃型）	0.026	0.0026	3.6	微量
C, H, Cl	氯乙烯树脂	0.027	0.0253	—	252.0
	氯乙烯树脂（难燃型）	0.018	0.0219	微量	175.0

2. 独立封闭结构，导热系数低，绝热保温效果优良

酚醛泡沫固化成独立的微发泡体，导热系数较低，设计厚度较薄，减轻建筑荷载。

根据热工理论计算表明，在同等环境条件下，当达到相同保温效果时，酚醛泡沫与常见保温材料厚度对比结果是：40～50mm 厚度酚醛泡沫约相当于40mm厚度聚氨酯硬泡、60mm厚度挤塑聚苯乙烯泡沫板（XPS）、80mm厚度模塑膨胀聚苯乙烯泡沫板（EPS）、90mm厚度矿物纤维、120mm厚度胶粉聚苯颗粒保温层、130mm厚度复合木材、200mm厚度软质木材、760mm厚度轻质混凝土、1720mm厚度普通砖块的保温效果。

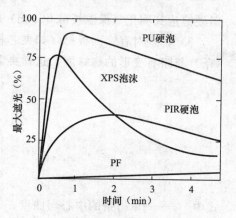

图 1-7 酚醛泡沫与其他泡沫放出烟量比较
PU硬泡—聚氨酯硬泡；XPS—挤塑聚苯泡沫板；
PIR硬泡—聚异氰脲酸酯硬泡；PF—酚醛泡沫

酚醛泡沫在建筑业实际应用中，都是将酚醛泡沫表面涂有或复合非渗透性饰面材料，加之高闭孔率的泡孔内气体不易扩散，因而泡体的导热系数变化较小。

但随着酚醛泡沫密度的下降（开孔率也会增加）、环境温度增加，泡沫有效导热系数上升，泡沫的导热系数是温度的函数。

泡沫含有气体，正是这些含有发泡剂的泡孔，提供了一个物理栅栏，使空气得以通入，发泡剂可以渗出。假设在泡沫外露情况下，随着时间的延续，周围的空气向泡孔内扩散，泡孔内发泡气体也会向外渗透，最终导致泡沫有效导热系数越来越大。

酚醛泡沫导热系数极大程度上依赖泡孔里充填气体的性质、组成以及气体的渗透率。泡沫闭孔率、平均孔体积，也是影响酚醛泡沫导热系数的重要因素。闭孔率越高，泡沫导热系数就越小。垂直发泡方向的导热系数略小于平行发泡方向上的数值。

3. 尺寸稳定性好

发泡后细腻的酚醛泡沫孔结构，决定了低密度、硬度、闭孔，酚醛泡沫强度是各向异性的。各向异性的产生由发泡时流动物质沿着它们发泡的方向排列的泡孔直径所致。采用加压发泡的泡孔的直径几乎相等，这样各向异性有所减少，高密度泡沫各向异性差异非常小。

酚醛泡沫力学强度随密度的增加而加大，相反，酚醛泡沫随密度的减小而开孔率加大、增加吸水率、压缩强度下降，目前在建筑保温系统宜采用相对高密度泡沫。

酚醛泡沫相互间力学关系近似聚氨酯硬泡试验的结论。

1) 强度与密度的相互关系：

$$s = kD^n$$

式中　s——强度参数；
　　　k——常数；
　　　D——密度；
　　　n——功率指数（一般接近2）。

2) 在垂直发泡方向上的相对线胀和平均线性膨胀系数均大于平行发泡方向上的数值，

但硬泡达到固化（保温板陈化 28d）时间后，酚醛泡沫整体性能稳定、不易变形。

3）特别对有饰面板材（如夹芯板材）硬度而言，形容硬度时可把它们看作一束桁架（条）与略有变形的蜘蛛网，这样夹芯板材的弯曲性可用下面方程式表示：

$$\sigma = \frac{PL^3}{48D} + \frac{PL}{4GA}$$

$$D = \frac{E_f b}{12}(h^3 - c^3)$$

$$A = \frac{2hb(h^3 - c^3)}{3c(h^2 - c^2)}$$

式中　σ——单桁条的中心弯曲度；
　　　P——桁条中心的负荷；
　　　L——桁条之间的跨距；
　　　c——芯子厚度；
　　　E_f——面料的张力模数；
　　　b——桁条的宽度；
　　　h——桁条或梁的厚度；
　　　G——芯子的剪切模数。

4. 不发霉、密封性好

保温隔热用酚醛泡沫为闭孔的泡体结构，无论喷涂成型还是浇注成型保温层，泡孔均呈独立状态，互不连通。酚醛泡沫经覆盖或封闭表面后，使用寿命长。

喷涂酚醛泡沫在施工中采用多遍喷涂，每遍喷涂都形成光滑表皮，多遍构成一个无层整体，且泡体表皮也有一定防水作用，从根本上杜绝水分渗入的可能性。

酚醛泡沫发泡混合料可直接喷涂或浇注在有空隙基层上，对基层起到密封作用。如在干燥基层有微小裂缝时，采用喷涂法施工时，喷出雾料受发泡机的高压作用，进入裂缝后雾料随即自身发泡膨胀，起到密封效果。

5. 耐老化性能

酚醛泡沫在强烈阳光直接照射下，泡体出现氧化而导致老化。酚醛泡沫在任何情况下，都不得直接外露做保温层使用，更不得单独作为防水层使用。

6. 弹性模量

经改性后生产的酚醛泡沫有较好弹性模量，在外墙外保温系统中采用浇注、喷涂和干挂板等系统施工方式，当主体结构受振动时，可对减缓饰面层脱落有一定作用。但未经改性而生产的酚醛泡沫有脆性，甚至手指摩擦切割后酚醛泡沫的表面有脱粉现象。

酚醛泡沫弹性模量强度依赖其密度大小，且平行发泡方向的弹性模量大于垂直发泡方向的数值。

7. 与多种基面材质粘结性好

1）采用喷涂或浇注发泡施工，所用发泡混合料的化学极性较强，用于现场发泡时，只需清除基层表面灰尘、浮动砂土杂物、无油渍、无脱模剂，基面牢固、干燥的条件，对混凝土基层、水泥砂浆基层、砖石砌体基层、防水材料表面，以及木材和金属等很多材质的基层表面都有很强的自粘结能力，都可达到很牢固的粘结强度，且大于酚醛泡沫本身强度。

喷涂法施工时，除发泡混合料自身具有一定粘结性外，还可借助机械喷射压力和泡体膨胀压力的作用来增强对基层粘结性。喷涂法施工使液状发泡混合料发泡固化时，对混凝土（含砌体）结构，以及各类材质的复合板材、多种材质的基层能牢固结合，同时泡沫本身的表面无接缝、整体性好。

浇注法施工或生产保温装饰复合板材时，发泡混合料具有流动性，随模具成型、无空隙。反应物料在空腔内发泡产生一定压力作用而有利于粘合。

酚醛泡沫与基层成为一体，不易发生脱层，有效防止产生热桥、雨水沿缝隙向室内渗漏。固化后的酚醛泡沫被粘结性较差，尤其在进行外墙外保温保护层等后续施工时，必须在酚醛泡沫表面涂刷界面材料来增加被粘结性能。

2）在生产酚醛泡沫饰面复合保温板时，酚醛泡沫可与多种材质的饰面板、增强板等，制成直接安装或具有增强板材作用的复合保温板。甚至利用浇注发泡混合料发泡的粘结性能，作为复合保温板与墙体基层两者之间的弹性连接作用。

8. 耐化学品及溶剂性能

酚醛泡沫中存在大量芳烃化学结构，具有耐化学腐蚀和耐多种有机溶剂稳定性。

根据表 1-12 中所体现酚醛泡沫耐化学试剂的现象，假设在墙体保温工程采用溶剂性涂料为饰面时，不会因渗透、接触微量弱酸而腐蚀酚醛泡沫。即便采用有些含溶剂型涂料为饰面层，溶剂通过保护层渗透到酚醛泡沫的表面，或假设在酚醛泡沫保层直接采用涂料饰面层，也不会导致涂料中过量的溶剂使酚醛泡沫出现溶解、溶蚀现象。

酚醛泡沫耐化学品及溶剂性能　　　　　表 1-12

化学试剂名称	性能	化学试剂名称	性能
稀盐酸（10%）	好	石灰水（20%）	好（变色）
稀硫酸（20%）	好	氨水（20%）	好（变色）
氢氟酸	好	苯、汽油类	好
浓醋酸	好	增塑剂类	好
浓硫酸	差	醇类	稍溶胀干燥后恢复
浓硝酸	差	酮类	稍溶胀干燥后恢复
浓碱	差	—	—

9. 施工方式灵活、无污染

在工厂预制成各类型板到现场安装施工，又可在现场选择机械喷涂法或浇注法施工。

喷涂法，能够在任何复杂的构造垂直向上、向下和各个角度进行施工作业，特别对于任何复杂形状、异型结构等喷涂施工，更具有独特优势。施工效率高，施工速度快，使保温层整体性好，无接缝，不产生热桥，且大大减轻劳动强度。

在保温板、模板（或饰面板）支护下浇注成型的酚醛泡沫平整度好，无接缝、无热桥，泡体表面不须任何找平处理。

现场采用预制成各类型、多种饰面保温复合板施工，受自然环境影响相对小，在现场组装一次成型、快速。

现场喷涂或浇注酚醛泡沫，避免在工厂预制轻体泡沫材料经数次往返运到现场而增加运输费用。

酚醛泡沫固化成型后，酚醛泡沫显示粉色，且为无臭（醛）的闭孔结构热固性硬泡，对环境没有污染、无害。

10. 酚醛泡沫成品可机械加工、隔声吸声

酚醛泡沫很容易锯割、车、铣、钻、刨等机械切削加工成所需的形状，且可适用多种结构胶粘剂。

另外，酚醛泡沫有很好的隔声效果，其隔声和吸声性能高于其他任何泡沫。

11. 综合兼备有机、无机保温材料各自优点，解决保温与防火兼顾问题

建筑外保温用的保温材料及其制品，按其发烟量、热值、燃烧速度、燃点等指标对燃烧性能分级，燃烧性能分级及其对照关系和示例见表1-13。

保温材料及其制品的燃烧性能分级、对照关系及示例　　　　　表1-13

类　型	燃烧性能分级		保温材料示例
	GB 50222—95	GB 8624—2006	
不燃材料	A级	A1和A2级	酚醛泡沫（PF）面层与无机材料复合、泡沫玻璃、岩（矿）棉板、玻璃棉板、膨胀珍珠岩板、微孔硅酸钙板、加气混凝土板及砌块、玻化微珠制品、膨胀蛭石制品、轻集料（发泡）混凝土保温板及砌块及其他无机轻质保温材料制品等
难燃材料	B1	B级和C级	普通型酚醛泡沫（PF）及其板、脲醛树脂泡沫（UF）及其板、高阻燃型聚氨酯（PU）硬泡及其板、高阻燃型聚苯乙烯泡沫板、全水基发泡软质聚氨酯泡沫塑料、胶粉聚苯颗粒复合无机保温材料等
可燃材料	B2	D级和E级	一般阻燃型模塑聚苯乙烯泡沫塑料（EPS）板、阻燃型挤塑聚苯乙烯泡沫塑料（XPS）板、阻燃型聚氨酯（PU）硬泡板等

注：1. 燃烧性能为B2级的保温材料不得用于建筑外保温工程。
　　2. 表中列入燃烧性能分级的两个标准GB 8624—2006、GB 50222—95，以供过渡期采用新、老标准对照。

酚醛泡沫具备有机保温材料密度小、导热系数相对小和施工方便等优点，而且具备无机保温材料防火等级高（最普通型PF燃烧性能达到B1级，与无机材料复合后，只要无机面层遇高温火不脱落，其燃烧性能应达到A级）的优点，能有效提高在施工中或工程验收后避免发生火灾事故的保险系数。

酚醛泡沫不具有无机保温材料导热系数高（有的酚醛泡沫导热系数≤0.025）、密度大和施工不便等缺点，也避免了其他有机保温材料的缺点，但酚醛泡沫本身的吸水率相对高于聚氨酯泡沫和聚苯乙烯泡沫。

酚醛泡沫板与常见的有机、无机保温材料间几项技术性能指标比较如表1-14所示。

酚醛泡沫（板）与其他保温材料技术性能指标比较　　　　　表1-14

保温材料名称	燃烧等级（最高燃烧等级）	导热系数[W/(m·K)]	表观密度(kg/m³)	耐化学性耐老化性	最高使用温度（℃）	吸水率（%）
酚醛泡沫板[①]	B1（与无机材料面层复合后达到A2级）	≤0.035	≥55	（好）差	150（极限210）	≤7.5
聚氨酯硬泡[②]	B2（最高达到B1级）	≤0.024	35～55	（好）差	100（极限120）	≤3

续表

保温材料名称	燃烧等级（最高燃烧等级）	导热系数 [W/(m·K)]	表观密度 (kg/m³)	(耐化学性) 耐老化性	最高使用（极限）温度（℃）	吸水率（%）
挤塑聚苯泡沫板（XPS）[3]	B2（最高达到B1级）	≤0.030	22～32	（差）差	70（极限80）	≤1.5
模塑聚苯泡沫板（EPS）[4]	B2（最高达到B1级）	≤0.041	20	（差）差	70（极限80）	≤4
胶粉聚苯颗粒复合保温制品[5]	B1（与无机面层复合后达到A级）	≤0.070	180～250	—	—	—
矿（岩）棉板[6]	A	≤0.044	150	（好）好	400～600	—
建筑保温砂浆[7]	A	≤0.070	≤300	（好）好	400～600	—
无机轻质保温材料[8]	A	≤0.055	≤260	（好）好	400～600	≤4
泡沫玻璃板（块）[9]	A	≤0.050	150	（好）好	500	≤0.5

① 摘录《绝热用硬质酚醛泡沫制品》GB/T 20974—2007 产品性能指标，表中燃烧等级按 GB 50222—95 划分；
② 摘录《建筑绝热用硬质聚氨酯泡沫》GB/T 21558—2008 产品性能指标；
③ 摘录《绝热用挤塑聚苯乙烯泡沫》GB/T 10801.2—2002 产品性能指标；
④ 摘录《绝热用模塑聚苯乙烯泡沫》GB/T 10801.1—2003 产品性能指标；
⑤ 摘录《外墙外保温建筑构造》06J121—3 产品硬化后的物理力学性能；
⑥ 摘录《绝热用岩棉、矿渣棉及制品》GB/T 11835—2007 产品性能指标；
⑦ 摘录《建筑保温砂浆》GB/T 20473—2006 产品硬化后的物理力学性能；
⑧ 摘录沈阳美好新型材料公司《无机轻质保温材料》产品性能指标；
⑨ 摘录《泡沫玻璃绝热制品》JC/T 647—2005 产品性能指标。

1.1.3.2 酚醛泡沫适用范围

酚醛泡沫工法在现有节能建筑系统应用中，它涉及酚醛泡沫的质量、类型，以及地区建筑构造及热工设计、经济性、施工经验和管理等因素。

酚醛泡沫广泛用于防火、保温要求严格的建筑业、石油化工业，航空、舰船行业，以及食品业和农业水产等行业。

1. 用于新建工业、民用新建节能建筑的外墙外（内）防火保温、幕墙防火保温、夹芯墙体防火保温，以及既有建筑改造工程等节能建筑防火保温工程

1）适用于混凝土结构（砌体结构、砖结构）、金属（钢）结构、木质等多种材质的结构工程。

2）夹芯墙体结构采用酚醛泡沫板或浇注酚醛泡沫的保温。

3）酚醛泡沫与多种饰面材料、增强材料等复合的保温板材或普通裸板（现场施工外加保护层），用于工业建筑、公共建筑、民用建筑的外围护节能建筑工程。

4）外墙内防火保温、冷库保冷和公共设施的内保温。

2. 用于工业建筑、民用建筑的新建工程和既有建筑改造的屋面节能建筑工程

1）适用于工业建筑与民用建筑的平屋面（上人屋面、非上人平屋面）、坡屋面。

2）大跨度的金属网架结构屋面、异形屋面（如拱形、圆形等）、隔热吊顶。

3）金属夹芯酚醛泡沫保温板用于钢结构工业厂房、活动房。

4）用在建筑上出现缝隙（保温板材间缝隙、窗口、勒脚、挂板连接件等节点等部位）等热桥部位密封。

3. 其他方面

1) 燃烧性能为 A2 级（普通酚醛泡沫板，与无机材料复合后预制保温板）的酚醛泡沫，可用于燃烧性能为 B1 级（B 级、C 级）类保温材料的外墙外保温或屋面保温层中设置的防火隔离带。

2) 用于太阳能、吊顶棚、防火要求较高的中央空调通风管道、防火门内保温隔热层，防火墙、防火板以及吸声材料。

3) 石油化工容器、设备、管道保温，以及煤矿、油井、隧道防护防火或保温。

4) 航空、舰船（远洋集装箱、客轮）和机车车辆防火、绝热、保温。

5) 用于（含开孔 PF）食品工业（如果类烘箱、牛奶杀菌室、熏蒸室）、渔船、水产物干燥机、培养室、木材干燥室、养殖和插花泥等。

另外，据文献介绍，酚醛树脂与无机填料（如玻璃纤维）混合生产的复合酚醛泡沫，可长期用于 500℃ 以上环境的隔热保温。

1.2 工程常用术语与发泡机

1.2.1 工程常用术语

1. 发泡混合料

由酚醛树脂、发泡剂、表面活性剂、填充剂和酸类硬化剂等助剂经充分混合而成的发泡组合原（物）料。

2. 外墙外保温系统

由保温层（酚醛泡沫、酚醛泡沫板或酚醛泡沫复合板）、抹面层和固定材料（胶粘剂、锚固件等）和饰面层构成，并固定在外墙外表面（或内表面）的非承重保温构造总称。

3. 酚醛泡沫保温外墙外保温工程

将酚醛泡沫保温系统通过组合、组装、施工或安装，固定在外墙外表面上（或内表面）所形成的建筑物实体。

4. 外保温复合墙体

由基层墙体和保温体系组合而成的复合墙体。

5. 基层

保温层或防水层所依附的外墙、屋面的结构层。

6. 抹面层

抹在酚醛泡沫上的抹面胶浆（或聚合物水泥抗裂砂浆），中间夹铺增强网，保护保温层并起防裂、防水、抗冲击和防火作用的构造层。

抹面层可分为薄抹面层和厚抹面层，用于耐碱玻纤网格布增强的涂料饰面为薄抹（灰）面层，用于热镀锌网增强的面砖饰面为厚抹（灰）面层。

7. 聚合物水泥抗裂砂浆（抹面胶浆）

由聚合物、增强纤维、水泥、细砂及添加剂等按一定比例混合，固化后具有抗裂性能的韧性砂浆，简称抗裂砂浆。

8. 饰面层

附着于酚醛泡沫表面，直接暴露在空气中，对保温层和抹面层有防止风化、提高抗裂性和起外装饰作用构造层。饰面层包括涂料（如真石漆饰面层或其他装饰涂料）饰面、面砖饰面、饰面砂浆和块材幕墙饰面和其他装饰板饰面。

9. 保护层

抹面层和饰面层的总称。

10. 喷涂法

使用专用的喷涂发泡设备，喷涂在外围护结构基层表面的发泡混合原料迅速发泡，通过连续多遍喷涂形成无接缝的酚醛泡沫体。该种施工方法称为喷涂法。

11. 浇注法

使用专用的浇注发泡设备，将发泡混合原料注入空腔（或已安装模板）中，在空腔中形成饱满连续的酚醛泡沫体。该种施工方法称为浇注法（或称模浇法）。

12. 干挂法

酚醛泡沫保温装饰复合板以专用挂件（连接件、锚固件等）为主要固定（或以粘贴为辅）安装的方式，该种施工方法称为干挂法。

13. 粘贴法

酚醛泡沫板或保温装饰复合板，以粘贴为主要固定（或以锚固为辅）安装的方式，该种施工方法称为粘贴法。

14. 模板内置板材法

在外墙内、外两侧，用模板固定模板内两侧酚醛泡沫板或固定外墙外侧（单侧）酚醛泡沫板，在墙体两侧（或单侧）设置酚醛泡沫空腔处预置绑扎钢筋，用浇注免振混凝土将钢筋与酚醛泡沫板构成保温墙体，该种施工方法称为模板内置板材法。

15. 酚醛泡沫保温板

板材带有槽，或表面带有预喷涂刷界面剂（界面砂浆）、或带有隔离纸的普通酚醛泡沫板。

16. 保温增强复合板

以酚醛泡沫板为芯材，两面（或单面）覆以无装饰性能面材（含酚醛泡沫板与聚合物水泥抗裂砂浆中间夹有网格布）复合而成。

17. 保温装饰复合板

以酚醛泡沫板为芯材，在其两面（或单面）覆以某种有装饰性能面材复合而成。

18. 挂件

将酚醛泡沫保温板或装饰复合板材以足够的承载力固定于龙骨上的机械固定件，称为挂件。

19. 免拆模板

在模板内浇注酚醛泡沫后，模板与酚醛泡沫结合成整体，作为外保温系统的组成部分，这种模板称为免拆模板。

20. 板面界面剂

用于增加抹面层与酚醛泡沫粘结性能的处理剂（或称界面砂浆）。

21. 墙体基层界面剂

由高分子乳液及各种助剂、粉料配制而成，用于密封墙体基层潮气、增加喷涂酚醛泡沫与基层的粘结强度。俗称防潮底漆。

22. 镀锌金属组合挂件

用于干挂酚醛泡沫保温装饰复合板或饰面板的连接件。

23. 柔性装饰面砖

是以聚合物水泥片材为胎基，与无机骨料加聚合物组成的基研材料复合，在自动化生产线加工而成片（块）状装饰材料，简称柔性面砖。

24. 耐碱涂塑玻纤网格布

采用耐碱玻璃纤维纺识，面层涂以耐碱防水高分子材料制成，分普通型和加强型，统称耐碱玻纤网格布。

25. 塑料膨胀锚栓

用于将热镀锌电焊网或保温板材固定于基层墙体的专用机械连接固定件。通常由螺钉（塑料钉或具有防腐性能的金属钉）和带圆盘的塑料膨胀套管两部分组成。简称锚栓。

26. 柔性耐水腻子

由弹性乳液、助剂和粉料等制成的具有一定柔韧性和耐水性的腻子。简称柔性腻子。

27. 酚醛泡沫预制件

在工厂预制成角形、条形或其他各种形状的酚醛泡沫保温板或块。主要用于防火隔离带、喷涂施工法的门窗洞口或阴阳角或其他不易喷涂部位的保温处理。

28. 过渡粘合层

用于在含有界面剂酚醛泡沫表面，具有找平、保温或防火功能的无机类浆体材料。

29. 压折比

同一种材料的抗压强度与抗折强度之比，称为压折比。

30. 粘结胶浆

用于酚醛泡沫保温板（酚醛泡沫保温装饰复合板）与基层墙体之间粘结的材料，称为粘结胶浆。

31. 防火隔离带

在外保温材料层的适当位置处，采用不燃材料设置连续交圈的能有效阻止火灾蔓延的防火构造带。

32. 热桥

保温层不连续之处，即在此处易有由高温向低温方向扩散热量的薄弱部位，称为热桥。

33. 围护结构传热系数的修正系数

不同地区、不同朝向的围护结构，因受太阳辐射和天空辐射的影响，使得其在两侧空气温差同样为1K情况下，在单位时间内通过单位面积围护结构的传热量要改变。这个改变后的热量与未受太阳辐射和天空辐射影响的原有传热量的比值，即为围护结构传热系数的修正系数。

34. 节能建筑

指遵循气候设计和节能的基本方法，对规划分区、群体和单体、建筑朝向、间距、太阳辐射、风向以及外部空间环境进行研究后，设计出的低耗建筑。

1.2.2 酚醛泡沫发泡机

酚醛泡沫发泡机是浇注和喷涂发泡的专用设备。酚醛泡沫发泡机虽然技术参数、性能、特点各异，但其原理大同小异。酚醛泡沫发泡机与常规聚氨酯硬泡发泡设备很相似，但有些设备技术参数要求相对比较苛刻，要求计量严格，发泡混合头是优质不锈钢或硬质塑料构成，防止酚醛泡沫原料中酸性硬化剂对混合头产生腐蚀影响。

酚醛泡沫通过专用发泡机械设备来完成，以便能够均匀混合发物料和准确控制出料量。

酚醛泡沫的各单体料在发泡前，预先分成两个组分（或三个组分），各组分通过严格计量后，在混合头内充分混合成发泡混合料后，进行浇注或喷涂施工。

酚醛树脂黏度比聚氨酯树脂大，相对吐出量大，应使用大容量、强力计量泵来输送，防止在发泡过程中出现物料堵塞。相反酸性硬化剂、发泡剂等为低黏度、吐出量小，应采用低吐出量、高性能小型泵来输送。

1. 浇注发泡机

浇注发泡机主要用于酚醛泡沫板材生产、制作泡沫大块、在保温管道分段注料一次浇注成型，以及浇注保温管壳等。发泡混合料在浇注发泡机浇注出料时，比喷涂发泡机稳定、压力小，采用浇注法施工所用的设备，习惯称为浇注发泡机。

2. 喷涂发泡机

喷涂发泡机主要用于现场保温层喷涂施工，采用喷涂法的喷枪（混合头），有圆形喷枪、扁平形喷枪等，有些喷枪采用自清洗技术（如气自清洗、机械式自清洗），具有不堵枪、重心平衡、重量轻、操作轻便自如、零件更换少和维修方便等特点。酚醛泡沫发泡机习惯分为高压发泡机和低压发泡机。

根据工程具体情况综合考虑后，选用适合发泡机类型。如以高压发泡机为例，设备主要技术参数包括：工作使用最大工作压力（MPa）、最大输出流量（kg/min）、加热功率（W）、加热器加热范围（℃）、标准料管长度（m）、发泡枪软管长度（m）、标准原料混合比、设备使用电源要求及使用压缩机要求、定时定量控制范围和准确性、混合头（有内部真空混料、外混料方式）清洗方式和喷枪类型等，根据各项技术参数综合比较后最终确定。

有空气喷涂是借助空压机的压缩空气把发泡混合料喷出，并在发生化学反应的同时发泡的方法。有空气喷涂最大的缺点在于空气易带走反应液细雾，造成原材料损耗并污染环境，并影响泡沫的质量和外观平整度。

无空气喷涂高压发泡机是当具有一定压力的原料被送到混合室时，在压力突然降低时，发泡混合料分散喷出。无空气高压发泡机喷涂发泡最大的优点是原料损失少，可比有空气喷涂发泡节省原料 15%～20%，对环境污染大为减少，高压无空气发泡机喷涂发泡的泡沫制品性能、产出泡体数量和泡体表面平整度控制都较好。

第2章 基本规定

2.1 外保温系统性能与工程设计要点

2.1.1 酚醛泡沫外保温系统性能

酚醛泡沫外保温系统整体性能，是采用酚醛泡沫、配套材料（构件）、设计，以及通过相应施工技术所必须达到的性能。

2.1.1.1 酚醛泡沫外墙外保温系统性能要求

酚醛泡沫保温外墙外保温系统应能适应基层墙体正常变形，经耐候试验后，不得出现饰面层起泡、空鼓和开裂，应长期承受自重、风荷和室外气候的长期反复作用而不产生有害的变形和破坏。

酚醛泡沫外墙外保温工程与基层墙体有可靠连接，避免在地震时脱落，具有防水渗透能力。

酚醛泡沫外墙外保温工程各组成组分应具有物理-化学稳定性，所组成材料应彼此相容并应具有防腐性。

酚醛泡沫保温装饰复合板（如粘贴锚固、干挂、喷涂酚醛泡沫和外挂石材等）构成外墙外保温系统等，由于饰面层与酚醛泡沫保温层相对彼此独立，故系统的抗冲击性能试验仅针对饰面层进行，耐冻融性能、吸水量、水蒸气渗透阻、燃烧性能等试验分别针对酚醛泡沫保温层和饰面层单独进行。

酚醛泡沫保温装饰复合板、饰面板（面材）与酚醛泡沫现场施工，构成复合外墙外保温系统，因不做抹面层，故对该系统不进行抹面层的不透水性试验。抗风荷载性能、系统热阻及系统耐候性等试验均针对整个外保温系统进行。

饰面层粘结于保温层表面的酚醛泡沫外墙外保温系统即薄抹灰系统料，应对系统的抗风荷载性，防、抗冲击性能、吸水量、耐冻融性能、系统热阻、抹面层不透水性、水蒸气渗透阻及系统耐候性等进行试验。

酚醛泡沫外墙外保温系统性能应达到表2-1要求。

酚醛泡沫外墙外保温系统性能要求　　　　　　　　表2-1

序号	项目	指标要求		测试方法
1	抗风荷载性能	系统抗风压值 R_d 不小于风荷设计值		JGJ 144—2004 附录 A.3 节
		对于饰面层粘结于保温层的外保温系统	系统的安全系数 K 应不小于1.5	
		对于饰面层干挂的外保温系统	系统的安全系数 K 应不小于2	

续表

序号	项目		指标要求		测试方法
2	抗冲击性（J）	普通型	3J级，适用于建筑物二层及以上墙面等不易碰撞部位	≥3.0	JGJ 144—2004 附录A.5节
		加强型	10J级，适用于建筑物首层墙面以及门窗口等易受碰撞部位	≥10	
3	吸水量（kg/m^2）		水中浸泡1h，系统的吸水量小于1.0 kg/m^2	<1.0	JGJ 144—2004 附录A.6节
4	耐冻融性		对于饰面层粘结于保温层的外保温系统，30次冻融循环后，保护层无空鼓、脱落，无渗水裂缝；保护层与保温层的拉伸粘结强度不小于0.1MPa，破坏部位应位于保温层。对于饰面层干挂的外保温系统，30次冻融循环后，系统各部分外观无明显变化	无空鼓、脱落、渗水、裂缝；与保温层的拉伸粘结强度≥0.1MPa	JGJ 144—2004 附录A.4节
5	热阻		系统热阻应符合设计要求	≥设计值	GB/T 13475
6	抹面层不透水性		浸水2h	不透水	JGJ 144—2004 附录A.10节
7	水蒸气渗透阻		水蒸气湿流密度≥0.85$g/(m^2·h)$ 符合设计要求		JGJ 144-2004 附录A.11节, GB/T 17146
8	燃烧性能		A级（不低于A2级）		GB/T 16172
9	系统耐候性		对于饰面层粘结于保温层表面的外保温系统，经过耐候性试验后，系统不得出现饰面层起泡或剥落、保护层空鼓或脱落等破坏，不得产生渗水裂缝；具有抹面层的系统，抹面层与保温层的拉伸粘结强度不得小于0.1MPa，且破坏部位应位于保温层。对于饰面层干挂的外保温系统，经过耐候性试验后，系统外观不得出现明显变化		JGJ 144—2004 附录A.2节

注：1. 水中浸泡24h，若只带有抹面和带有全部保护层的系统吸水量均小于0.5kg/m^2时，可不检验耐冻融性能。
2. 酚醛泡沫（板）外墙外保温系统性能参照《外墙外保温工程技术规程》JGJ 144—2004 规定。

2.1.1.2 酚醛泡沫屋面保温系统性能

酚醛泡沫屋面保温与防水材料共同构成酚醛泡沫屋面保温系统，屋面防水系统工程质量应符合《屋面工程质量验收规范》GB 50207 规定。

屋面防水工程应根据建筑的性质、重要程度、使用功能要求以及防水层合理使用年限，按不同防水等级进行设防。

2.1.2 外保温工程设计要点

2.1.2.1 酚醛泡沫外保温设计基本要求、一般规定

酚醛泡沫外保温（包括外墙外保温、屋面保温）工程的设计，对工程的品质要求、防火等级、建筑档次和使用寿命等均应明确，节点细部构造、防火隔离带等设计应有足够深度。

酚醛泡沫外保温工程的设计，应结合建筑物所处地域的气候（建筑热工设计分区），按照国家规定现行节能率（民用建筑执行节能率为65%的标准、公共建筑执行节能率为50%）或不低于国家规定现行节能率的标准进行设计。

1. 酚醛泡沫外墙外保温系统设计基本原则

1) 主体结构和外墙均应符合国家现行标准、规范的要求。

不论是砌体结构、轻钢结构、框架填充墙结构、短肢剪力强填充墙结构、全剪力强墙结构等，建筑物主体结构和外墙均应符合国家现行标准、规范的要求。

2) 民用建筑外保温工程的外墙平均传热系数应为包括周边结构性热桥（构造柱、芯柱、圈梁以及楼板伸入外墙部分等）、主断面及防火隔离带部位在内的平均传热系数。不得以墙体主断面传热系数代替平均传热系数进行节能计算。

3) 按国家规定建筑节能标准，确定酚醛泡沫保温层最经济的厚度。

酚醛泡沫屋面和外墙外保温复合墙体的热工性能、节能率必须符合国家现行建筑节能工程系列设计标准。

根据建筑结构类型及特点，设计酚醛泡沫保温层最经济厚度（酚醛泡沫净厚度）。酚醛泡沫外保温系统的保温性能是关键性指标，在经过热工计算得出足够厚度后，在安装固定时应避免产生热桥。

4) 酚醛泡沫及其他配套材料质量必须合格。

酚醛泡沫及其他配套材料应符合建筑构造设计的规定，均应达到国家现行相关标准的技术要求，使用前应提供检验报告和出厂合格证、抽样复试。

酚醛泡沫配套使用的各种材料，应具有物理化学的稳定性、彼此的相容性和优良的抗生物侵害性能。

外保温饰面层应选用柔性、防水及透气性材料。

5) 酚醛泡沫外墙外保温层、饰面层必须牢固、安全、可靠。

在酚醛泡沫外墙外保温工程中，高层建筑和地震频发区、沿海台风区、严寒地区、慎用面（瓷）砖饰面。宜选涂料饰面、饰面砂浆（彩砂）或柔性面砖饰面。

面（瓷）砖的蒸汽渗透阻过大，在墙体内的湿迁移水分无法排出，易导致在负温环境下的面砖产生冻胀剥落。

选面（瓷）砖饰面建筑总高度不宜大于20m，且必须在抹面层内增设热镀锌焊接钢丝网（也可采用增强型耐碱玻纤网格布）并采用锚栓或其他增强措施与基层墙体固定，用专用胶浆贴面砖及专用勾缝胶浆勾缝，必须达到足够的安全措施，并经过可靠试验验证，严格按设计要求进行施工，必须达到国家现行有关标准要求，防止面（瓷）砖脱落。

涂料饰面的保护层（抹面层）内应增设耐碱玻纤网格布增强，在首层、洞口应用普通型和增强型耐碱玻纤网格布复合增强。

在保护层施工完成后，在其基层做砂浆饰面时，应先涂抗碱弹性底层，再做饰面砂浆层。

外保温系统在当地最不利的温度与湿度条件下，在承受风力、自重以及正常碰撞等各种内外力相结合的负载，应有很好稳定性、耐撞击性，保温层不与基层分离、脱落。

外保温工程中所使用的酚醛泡沫及配套使用的各材料界面间的粘结性能、装配（所使用配件应具有耐腐蚀性能）及安装质量必须牢固、安全、可靠。

酚醛泡沫外保温系统应能适应基层的正常变形而不产生裂缝、空鼓，应能长期承受自重而不产生有害变形；应能承受室外气候的长期反复作用、承受风荷载而不产生破坏。在正确使用和正常维护的条件下，必须达到规定使用年限。

6) 酚醛泡沫外保温饰面层，除外墙采用涂料饰面外，其他应采用不燃材料。

7) 湿热性能控制：

外墙外保温的热工设计主要包括保温和防结露性能的设计。对易产生结露的部位应加强局部的保温性能。

在外保温墙体的表面,如面层、出屋面管口、接缝、孔洞周边、在保温板材间、窗框与墙体间、穿透外墙和阳台的孔洞等细部节点处,应达到节点保温密封避免产生热桥,同时做好密封防水处理。

为防止保温材料与外墙外表面粘结间隙处的水汽凝结与流窜现象对保温层的破坏作用,宜在保温构造中设置排除湿气的孔槽或其他类型的排湿构造。

在新建墙体干燥过程中,或者在冬季条件下,室内温度较高的水蒸气向室外迁移时墙内可能结露。当外保温系统用于长期保持高湿度房间的外墙时,特别做好墙体的构造和保温层施工工艺设计,避免墙内结露的形成。

8) 酚醛泡沫外墙外保温系统的构造荷载列入主体结构荷载计算之内。

9) 酚醛泡沫外墙外保温工程应符合设计要求和合同约定,未经原设计单位允许不得任意更改原设计墙体保温系统的构造和材料组成。当设计结构变更时,必须具有设计变更备案文件。

10) 建筑外墙可采用外保温、内保温或夹芯保温复合墙时,宜优先选用外保温及夹芯保温复合墙系统。当必须采用外墙内保温时,宜用在加气混凝土墙体(该制品蒸汽渗透阻较小)或非严寒地区。

11) 外墙外保温应设分格缝(除以块材幕墙为饰面外),水平分格缝宜按楼层设置,垂直缝宜按墙面面积设置,且不宜大于36m^2,并宜留在阴角部位。

2. 酚醛泡沫屋面保温系统设计基本原则

1) 酚醛泡沫保温层不得裸露(酚醛泡沫吸水水解后,产生酸性成分对金属产生强烈腐蚀作用)作为一道防水设防,酚醛泡沫应与保护层(含防水层)共同构成复合保温防水系统,用不燃材料将酚醛泡沫完全覆盖严密,其不燃材料厚度不应小于30mm。

2) 上人屋面用细石混凝土或块体材料做保护层,细石混凝土保护层最终强度等级不低于C20的细石混凝土,细石混凝土保护层应留设分隔缝,其纵、横间距宜为6m。

在上人屋面以细石混凝土或块体材料为保护层,由于酚醛泡沫与细石混凝土的膨胀、收缩应力不同,应在细石混凝土与酚醛泡沫间铺设一层隔离材料。

3) 非上人屋面可用无机防水材料、抗裂聚合物砂浆复合构成保温防水屋面。

4) 平屋面、天沟和檐沟做好找坡,使排水达到顺畅,要充分考虑屋面排水系统。

5) 酚醛泡沫保温防水工程设计应根据工程特点、地区自然条件和使用功能等要求设计,屋面设计图纸应系统、完整,并具有一定设计深度。

6) 按屋面工程的保温防水构造绘制细部构造详图,伸出屋面管、屋面女儿墙等突出屋面和落水处,是屋面最容易出现渗漏的薄弱部位,必须做好保温、密封防水的节点处理。

2.1.2.2 酚醛泡沫外保温设计程序及内容

外保温工程设计是根据建筑节能率具体要求、材料性能、防火要求、地区自然条件、风载、荷载、施工工法、细部节点构造及使用年限等,综合各方面因素并经计算而设计,它是完成优质工程施工的重要依据。

1. 酚醛泡沫外墙外保温工程设计程序

酚醛泡沫外墙外保温工程设计程序参见图2-1。

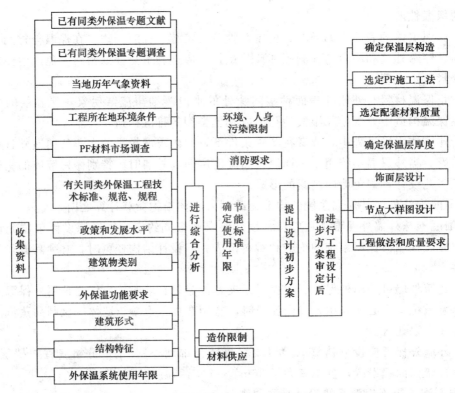

图 2-1 PF 外保温工程设计程序

2. 酚醛泡沫屋面防水保温工程设计程序

酚醛泡沫屋面防水保温工程设计程序参见图 2-2。

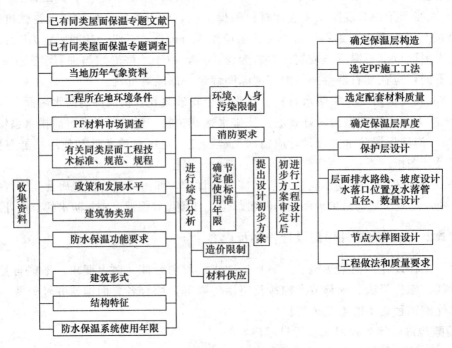

图 2-2 PF 屋面防水保温工程设计程序

2.2 施工一般规定与施工方案编制

2.2.1 施工一般规定

（1）进场的材料及配件应符合相应产品性能要求，且应有检验报告和出厂合格证，并经进场验收、抽样复检，合格后方可使用。

（2）工程施工应先编制技术（施工）方案。做好技术准备（内容包括：熟悉和会审设计图纸，掌握和了解设计意图，根据建筑结构特点掌握节点细部构造的具体技术要求；确定质量目标和检验要求；提出施工记录的内容要求），对作业人员进行技术交底和岗前培训，经考核合格后方可上岗作业。

（3）保温工程或防水工程施工，应在基层施工质量验收合格后进行，基层应干燥坚实、平整、洁净。既有建筑的保温施工，应对基面进行处理，清除基层表面灰尘、杂物、油污等，剔除空鼓、脱层、疏松、胀膜物，抹水泥砂浆找平、修补，使基面达到规范规定的平整、阴阳角方正要求。

（4）施工前，门窗洞口应通过验收，门窗框或附框应安装完毕。出墙面或屋面的金属梯、雨水管、空调支架的预埋件、连接件、管卡、基座、管道、进出户管线等均应安装牢固、验收完毕。

（5）当外墙现浇的混凝土、抹面胶浆（聚合物抗裂砂浆）等现场湿作业施工材料，当直接与酚醛泡沫体作用时，必须在酚醛泡沫表面涂刷界面材料（界面剂或界面砂浆），且达到规定合格质量后，再进行施工。

界面剂、抗裂砂浆等，除按产品要求加水量拌合以外，现场不得掺加任何其他材料。

（6）在厚抹灰（面砖饰面）外墙外保温系统中，酚醛泡沫板（或无装饰复合板）与锚固件之间的连接应为抹面层（或称防护层）连接，即用锚固件固定热镀锌钢丝网，而不是酚醛泡沫板（或无装饰复合板）与锚固件直接连接；在薄抹灰（涂料饰面）外墙外保温系统中，锚固件可直接锚固酚醛泡沫板（或无装饰复合板）连接。酚醛泡沫板安装后的锚固件不得凸出饰面层平面。

（7）在使用锚栓时应根据墙体类型（如混凝土和实心砖墙体、加气块或空心砖墙体）、所需锚栓长度等，对应选择不同规格和类型的锚栓（如当外墙为轻钢结构、空心砖砌体或加气块墙体结构时，应采用回拉紧固型塑料锚栓）、锚栓直径和钻孔机具的类型，不得一律照搬使用。外墙锚固件锚入墙体基层深度应≥25mm，内墙锚固件锚入墙体基层深度应≥20mm。

钻孔直径按照锚栓要求：对于混凝土和实心黏土砖墙体，钻孔直径宜略大于套管外径1~2mm；对于加气块或空心砖等轻质墙体，钻孔直径宜等于套管外径。钻孔深度应比锚栓锚固深度深≥10mm。

钻孔机按照墙体要求选用：在混凝土和实心黏土砖墙面钻孔，使用冲击钻；多孔砖和空心砖墙体应选用没有冲击效果的钻机；加气混凝土等墙体钻孔时应关闭钻机的冲击功能。

（8）外保温系统外露的防水、保温密封部位（包括保温装饰复合板材间缝隙密封），宜选用燃烧等级不低于 B1 级密封材料。

(9) 粘贴保温板材和模板内置施工法的环境温度不得低于 5℃（主要考虑保温板材胶粘剂和现浇水泥的养护、固化温度）；喷涂法、浇注法酚醛泡沫施工的环境温度不宜低于 25℃，甚至在 30℃ 以上（主要考虑发泡温度）。

喷涂法施工的不得在三级以上风天施工（主要考虑喷涂雾料飞散）。板材施工不得在五级以上大风天施工（主要考虑作业人员安全）。

严禁在雨天施工，施工中途下雨应采取遮盖措施，夏季抹面层施工应避免阳光暴晒。外墙外保温工程施工完成 24h 内，基层及环境空气温度不应低于 5℃。

2.2.2 施工方案编制

在施工前，施工单位应根据工程具体情况，在施工前应进行图纸会审，掌握施工图中的细部构造及有关技术要求，针对具体工程编制相应系统，完整可行的施工方案，它是工程具体实施全部过程和工程质量验收重要依据，也是工程质量监控和安全施工的保障。

2.2.2.1 编制外保温施工方案的依据和内容

1. 编制酚醛泡沫外保温施工方案的依据

1) 有关现行国家、行业标准，地方标准、各地区标准图集等。《建筑节能工程施工质量验收规范》GB 50411、《屋面工程技术规范》GB 50345。
2) 工程设计图纸、设计要求，所用酚醛泡沫的技术经济指标和特点。
3) 建筑物节能率的要求、建筑物的重要程度、特殊部位的处理要求等。
4) 了解外围护保温基层的构造、结构，能否影响保温工程施工。
5) 现场的环境条件和保温工程预计施工的时间，当地气温、湿度、大风天、雨季等对施工的影响。
6) 进场的板材及配套材料质量情况，出厂合格证和技术性能指标，检验部门的认证材料，进场材料抽样复验测试报告。
7) 有关该种类型保温工程设计和保温工程施工方案及施工技术的参考性文献资料。

2. 编制酚醛泡沫外保温施工方案的内容

1) 工程概况

(1) 整个工程简况：工程名称、所在地、施工单位、设计单位、建筑面积（楼层总高度）保温工程面积、工期要求。
(2) 外保温构造层次、节能率要求、建筑类型和结构特点，材料选用、耐用年限等。
(3) 酚醛泡沫及配套用材料技术指标要求。
(4) 需要规定或说明的其他问题。

2) 质量工作目标

(1) 外保温工程施工的质量保证体系。
(2) 外保温工程施工的具体质量目标。
(3) 外保温工程各道工序施工的质量预控标准。
(4) 外保温工程质量的检验方法与验收评定。
(5) 有关外保温工程的施工记录和归档资料内容与要求。

3) 施工组织与管理

(1) 明确该项保温工程施工的组织者和负责人。

(2) 负责具体施工操作的班组及其资质。

(3) 外保温系统工程分工序检查的规定和要求。

(4) 外保温工程施工技术交底要求，施工技术人员应认真会审设计图纸，掌握施工验收标准及节点构造等技术要点，应对施工人员进行技术交底。

(5) 现场平面布置图：如材料堆放、运输道路等。

(6) 保温工程分工序、分阶段的施工进度计划。

4) 酚醛泡沫及其配套材料、附件使用

(1) 所用酚醛泡沫及其配套材料的规格、类型、技术性能指标，质量，抽样复试结果。

(2) 按保温工程进度、材料用量和设计技术要求，应将配套用附件数量、类型、规格准备齐全。

(3) 所用酚醛泡沫材料运输、贮存的有关规定，使用注意事项。

5) 酚醛泡沫施工操作技术

(1) 酚醛泡沫施工准备工作，如技术准备、材料准备、设备与配套工具准备等。

(2) 确定酚醛泡沫施工工艺和做法。施工工艺应有明确施工程序，施工作法（粘贴法、模板内置法、干挂法、浇注法或喷涂法等）及细部节点构造作法等。

(3) 酚醛泡沫施工基层处理。

(4) 酚醛泡沫施工施工环境条件和气候条件。

(5) 酚醛泡沫施工材料用量。

(6) 各道施工工序及施工间隔时间，各道工序施工质量要求。

(7) 施工中与相关各工序之间的交叉衔接要求。

(8) 成品保护规定。

6) 安全注意事项

(1) 操作时的人身安全、劳动保护和防护设施。

(2) 脚手架（吊篮）安装、设备操作、用电安全措施。

(3) 现场用火制度、火患和高温隔离措施，消防设备的设置和消防道路等。

(4) 对现场施工者，应进行安全等方面必要的培训、考核合格后，方可上岗作业。

(5) 其他有关施工操作安全的规定。

2.2.2.2 编制屋面防水（保温）工程施工方案的依据和内容

1. 编制屋面防水工程施工方案的依据

1) 参照现行国家标准《屋面工程技术规范》GB 50345、《屋面工程质量验收规范》GB 50207，以及有关屋面防水工程方面的国家现行行业标准、地方标准、各地区标准图集等。

2) 防水保温工程工程设计图纸、设计要求，以及所用酚醛泡沫、防水材料的技术经济指标和特点。

3) 屋面防水保温等级、防水层耐用年限、建筑物的重要程度、特殊部位的处理要求等。

4) 了解屋面防水保温层的构造，能否影响工程施工。

5) 现场的环境条件和保温工程预计施工的时间,应考虑当地气温、湿度、大风天、雨季等对施工的影响。

6) 进厂酚醛泡沫(发泡混合料)、防水材料质量情况,如出厂合格证和技术性能指标、检验部门的认证材料、进场材料抽样复验的测试报告。

2. 编制屋面防水工程施工方案的内容

1) 工程概况

(1) 整个工程简况:参照 2.2.2.1 节 2.1)中内容。

(2) 防水工程等级、防水层构造层次、设防要求、防水材料选用、建筑类型和结构特点、防水耐用年限等。

(3) 防水材料种类、覆盖防水层所采用不燃材料和技术指标要求。

(4) 需要规定或说明的其他问题。

2) 质量工作目标

(1) 防水工程施工的质量保证体系。

(2) 防水工程施工的具体质量目标。

(3) 防水工程各道工序施工的质量预控标准。

(4) 防水工程质量的检验方法与验收评定。

(5) 防水工程的施工记录和归档资料内容与要求。

(6) 有关防水工程的施工记录和归档资料内容与要求。

3) 施工组织与管理

参照 2.2.2.1 节 2.3)中内容。

4) 施工准备

(1) 技术准备

会审图纸(技术交底),了解细部节点处理技术要求,对操作进行技术培训、考核,包括前道隐蔽工程验收情况、预埋管件和预留孔洞的检查、可施工条件等。

(2) 材料准备

按屋面防水等级和设计要求选材确定后,应写明所用材料的名称、类型、品种;写明材料特性和近期主要技术性能检测报告、进场复检报告、辅助材料技术文件等。

(3) 工具、设备准备

按施工要求配备相应机械设备、工具。

(4) 施工条件

天气状况、环境温度、作业基层情况等。

5) 施工工艺

(1) 施工方法总则

指专项工程所采用的防水保温施工方法或特殊节点部位的防水施工方法。

(2) 工艺流程

指施工工艺流程图,即施工操作顺序。

(3) 操作要点

写清基层处理和具体要求,工艺流程中各项操作要求、施工程序和针对性的技术措施。

6) 节点细部构造处理

按图纸设计要求，对屋面管口、变形缝、女儿墙、防火隔离带等具体做法，以节点大样图方式表示。

7) 质量标准与质量保证

写明对材料的质量要求、操作要点、工程质量标准。同时提出本项目防水保温工程的具体质量保证措施。

8) 成品保护

明确施工过程中及施工完毕经验收后的成品保护要求与措施。

9) 安全注意事项

参照 2.2.2.1 节 2.6) 中内容。

3. 工程回访

1) 依据合同要求写出本项目工程使用年限。

2) 承诺工程维修和保证期制度年限以及定期工程回访时间，履行责任服务。

第3章　酚醛泡沫外墙外保温系统施工

3.1　外墙外保温系统基本优点与常用工法

3.1.1　酚醛泡沫外墙外保温系统基本优点

1. 外墙外保温适用地区范围广

酚醛泡沫外墙外保温作法适用于全国各地区。既适用于新建（民用、公共）建筑节能设计，也适用于既有建筑的节能改造。

2. 有利于建筑物冬暖夏凉，节能效果显著

酚醛泡沫置于建筑物外墙的外侧，符合墙体"内隔外透"热工理论，能充分发挥保温材料性能，使用较薄的材料而达到较高的节能效果。

外墙外保温能避免因构造而产生热桥，在寒冷的冬天极大减少额外的热量损失，节约了热能，同时解决了由于热桥而可能引起的外墙内表面潮湿、结露、发霉和淌水。

在炎热夏季，外保温层能够极大减少太阳辐射的进入和室外高气温的综合影响，使外墙内表面温度和室内温度得以降低。

3. 有利于改善室内生活环境

外墙外保温作法不仅提高了墙体的隔热保温性能，而且增加了室内的热稳定性，在一定程度上阻止了雨水对墙体的侵袭，提高了墙体的防潮性能，可避免墙体室内侧的结露、霉斑等不良现象的发生，创造了舒适的室内生活环境。

4. 墙体气密性、热容量得到提高

在加气混凝土、轻骨料混凝土、空心砌块、木结构等结构层采用外保温后，可明显提高其气密性，进一步达到节能效果。

墙体外保温后，结构层墙体部分的温度与室内温度相接近。当室内空气温度上升或下降时，墙体能够吸收或释放能量，有利于室温保持稳定。

虽然墙体热容量高并不能降低热损失，但能充分利用从室外通过窗户投射进室内的太阳能。能够保证室内温度的恒定和均一性，从而改善了居住环境。

5. 有利保护建筑的主体结构作用

置于建筑物外墙外侧的保温层，大大减小了自然界温度、湿度、紫外线、雨雪等对主体墙身的影响。

通过采用酚醛泡沫外保温技术后，因室外气候不断变化而引起的墙体内部较大的温度变化，发生在外保温层内，使内部的主体墙冬季温度提高，湿度降低，温度变化较为平缓，热应力减少，混凝土墙体的温度变化大为减弱，因而可降低温度在结构内部产生的应力。

主体墙身由于有良好保温层的外围护，可提高墙身的耐久性，延长了建筑物主体结构的寿命。主体墙产生裂缝、变形或破损的危险可能性大为减轻，避免了龟裂现象的产生。

另外，在建筑的水平长度方向，由于外保温层的围护作用，可大大减少结构墙身的温度变形，在新型墙体材料的外保温或夹心复合墙时，在设计上建筑物的温度收缩缝间距不必乘以折减系数。

6. 既有房屋节能改造方便，便于丰富的外立面处理

对既有房屋节能改造都非常方便，不影响居民的正常生活，不影响室内原有装修。

外墙外保温立面不仅对新建筑有多种饰面，而且对既有建筑进行节能改造时，不仅使建筑物获得更好保温隔热效果，而且饰面复合保温板有多种面层材质、色泽，外表体现完美效果。

7. 外墙外保温工程耐久性能

酚醛泡沫保温装饰复合板施工，采用粘贴（或浇注酚醛泡沫）与锚栓（或连接件、托板、挂件）共同与结构基层固定，达到节能效果同时，板材安全稳定。

涂料饰面配以高质量胶浆或粘结砂浆，同时玻纤网起到"软钢筋"的作用，采用正确施工方法，可有效地解决传统墙体由于多种原因而产生的龟裂渗水问题，最大程度上保证了系统的耐候性及耐久性能。

3.1.2 酚醛泡沫施工常用工法

酚醛泡沫既可利用发泡混合料，直接采用机械喷涂或浇注发泡成型施工方法。又可在层压模具作用下，按所需板材规格制成毛面裸板（如普通平面板、燕尾槽板、矩形等板）和带有各种饰面（含背板）的酚醛泡沫保温装饰复合板后，按板材规格和特征选用粘贴（或锚粘）、干挂（或干挂与浇注密封相结合）和模板内置酚醛泡沫板材等各类方式的板材安装法。

酚醛泡沫施工方法，分别形成各自完整的保温施工体系，在各个保温系统中有不同施工工艺，各工法分别适用于外墙外保温系统和屋面隔热保温系统。

酚醛泡沫在节能建筑外保温系统中，典型的几种施工工法初步划分如图3-1所示。

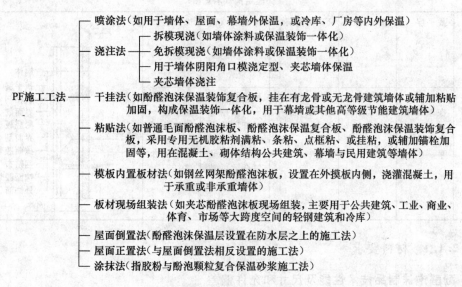

图3-1 典型PF施工工法

3.2 粘贴法施工

根据不同的墙面和酚醛泡沫板与复合饰面板类型、特点，可构成几种粘贴方法，如采用锚粘、湿粘（以满粘法为主，其次为条粘、点框粘）板（块）、挂贴粘、点扣粘（主连接）等，并采用尼龙胀钉锚固或钉扣式、穿透式、搭接式、角片式、挂钩式等辅助连接措施，共同构成双保险的安全固定施工方式。

普通酚醛泡沫板粘贴固定后，主要构成涂料饰面系统，其次是面砖饰面系统。酚醛泡沫保温装饰复合板（块）粘贴固定后，再将饰面板缝间密封，最终构成具有保温、防水和装饰的一体化系统。酚醛泡沫保温装饰复合板（块）装饰丰富、保温效果好，能够提高保温装饰的品质，特别在多层或高层中高档建筑的外墙保温装饰得到广泛选择。

酚醛泡沫板粘贴技术，适用于新建、扩建、改建和既有建筑的民用建筑节能工程，适用钢筋混凝土、混凝土空心砌块、页岩陶粒砌块、烧结普通砖、烧结孔砖、灰砂砖和炉渣砖等材料构成的外墙保温工程和抗震设防烈度≤8度的地区。

3.2.1 粘贴酚醛泡沫板涂料饰面系统

该系统以毛面表皮层的酚醛泡沫板（或泡沫大块经切割后的泡沫板）为保温层，辅以粘接（锚固）层、抹面层和涂料（含真实漆）饰面层组合成的外墙外保温系统。该粘贴酚醛泡沫板工艺也可用在低层建筑面砖饰面外墙外保温系统。

基层墙体为混凝土空心小砌块、混凝土多孔砖、黏土多孔砖或混凝土墙体，其他轻质墙体进行现场固定件与基层墙体拉拔力测试后，达到相应性能指标时也可使用。

粘贴酚醛泡沫板涂料饰面外墙外保温系统基本结构如表3-1所示。

粘贴酚醛泡沫板涂料饰面系统基本结构　　　　　表 3-1

基层墙体	找平层	胶粘剂	FF保温层	抹面层（薄抹面层）	饰面层	保温结构（示意图）
混凝土墙或砌体墙	必要时，在基层用1∶2水泥砂浆找平	专用无机胶粘剂	底涂界面剂＋FF板＋面涂界面剂	抹底面胶浆＋满铺耐碱玻纤网格布＋抹面胶浆（抗裂砂浆复合耐碱玻纤网格布）	柔性耐水腻子层＋面层涂料（或底涂＋饰面砂浆）	墙体／找平层／胶粘剂／界面剂／酚醛板／界面剂／抹面胶浆／网格布／抹面胶浆／外饰面（涂料）／锚固件

3.2.1.1 材料要求

1. 酚醛泡沫制品技术性能及尺寸和允许偏差

1) 典型酚醛泡沫性能见表3-2～表3-4。

3.2 粘贴法施工

物理力学性能指标 表 3-2

项目			Ⅰ类 A	Ⅰ类 B	Ⅱ类 A	Ⅱ类 B	Ⅲ类 A	Ⅲ类 B	Ⅲ类 C
压缩强度（kPa）		≥	100	100	100	100	250	250	250
弯曲断裂力（N）		≥	10	10	10	10	15	15	15
压缩蠕变（%）	80℃±2℃，20kPa 荷载 48h 后	≤	3						
尺寸稳定性（%）	−40℃±2℃，7d 后	≤	2						
	70℃±2℃，7d 后	≤	2						
	130℃±2℃，7d 后	≤	3						
导热系数（W/m·K）	平均温度 10℃±2℃，	≤	0.032	0.038	0.032	0.038	0.032	0.038	0.044
	或平均温度 25℃±2℃，	≤	0.035	0.040	0.036	0.040	0.035	0.040	0.046
透湿系数（Pa·s·m）	23℃±1℃，相对湿度 50%±2%	≤	8.5						
体积吸水率（体积分数）（%）		≤	7.5						
制品燃烧性能			不低于 B1 级						

注：1. 表中数据均为对无表皮酚醛泡沫制品的要求。
2. 摘录《绝热用硬质酚醛泡沫制品》GB/T 20947—2007 性能指标。
3. 按制品的压缩强度和密度分类 GB/T 20947—2007
1) 按制品的压缩强度分为三类：
Ⅰ（压缩强度≥100kPa）——有限承重类制品（管材或异型构件）；
Ⅱ（压缩强度≥100kPa）——有限承重类制品（板材）；
Ⅲ（压缩强度≥250kPa）——承重类制品（主要为板材）。
2) 按制品的体积密度分为三类：
A $\rho \leq 60kg/m^3$；
B $60kg/m^3 < \rho \leq 120kg/m^3$；
C $\rho > 120kg/m^3$。

酚醛泡沫板性能指标 表 3-3

项目	指标 A	指标 B			指标 C
表观密度（kg/m³）	≥50	35~60	60~100	>100	≥50
压缩强度，形变 10% 时（MPa）	≥0.15	≥0.10			≥0.10
垂直于板面方向的抗拉强度（MPa）	≥0.10	≥0.08	≥0.10	≥0.13	≥0.12
吸水率（%）	≤7.0	≤7.5			≤7.5
弯曲断裂力（N）	≥15	—			—
导热系数（W/m·K）	≤0.030	≤0.035	≤0.040	≤0.045	0.025~0.035
尺寸稳定性（70℃±2℃下，48h）（%）	≤2	≤2			≤1.0
甲醛释放量（mg/L）	≤5.0	≤5.0			—
燃烧性能等级	B1~A（复合）	A（复合）或 B1			A（复合）或 B1
收缩率（%）	—	—			≤0.080
蓄热系数（W/m²·K）	—	—			≤0.032

注：1. A 指标摘录沈阳美好新型材料（集团）有限公司产品性能指标，其中甲醛释放量是针对室内保温，而对室外保温无此要求。
2. B 指标摘录上海雅达特种涂料有限公司产品标准性能指标。
3. C 指标摘录《酚醛板外墙外保温系统》（图集号 2009 沪 J/T-144）产品性能指标（其中热工计算时，导热系数的修正系数为 1.15）。

酚醛泡沫性能指标 表3-4

项目	指标			
	A	B	C	D
表观密度（kg/m³）	31.5	40±2（ASTM D1622）	40	45
压缩强度，形变10%时（kPa）	147	150±40（ASTM D1621）	—	—
弯曲强度（MPa）	0.60	—	—	—
导热系数（W/m·K）	0.019、0.020、0.0221（25℃）	0.020±0.002	0.023	0.023
吸水率（%）	2.3	—	2	7
尺寸稳定性（%）	0.12（-10℃） 0.42（70℃） 0.47（130℃）	—	—	—
压缩蠕变（%）	1.4	—	—	—
燃烧性能级别	B1	Class0（BS476P7、BS476P6）	不低于B1	不低于B1
氧指数（%）	—	—	40	45
闭孔率（%）	—	—	90	90

注：1. A指标摘录日本旭化成建材株式会社产品性能指标。
2. B指标摘录比利时产（Kooltherm40）产品性能指标。
3. C指标摘录美国（Monsanto）产品性能指标。
4. D指标摘录美国（Koppres）产品性能指标。

2）酚醛泡沫板尺寸和允许偏差

酚醛泡沫板尺寸和允许偏差见表3-5。

Ⅱ类、Ⅲ类制品的尺寸允许偏差（mm） 表3-5

	长度L或宽度W	允许偏差
长度L或宽度W允许偏差	$L(W)\leqslant 1000$	±5
	$1000<L(W)\leqslant 2000$	±7.5
	$2000<L(W)\leqslant 4000$	±10
	$L(W)>4000$	+不限，-10
	厚度t	允许偏差
厚度t允许偏差	$t\leqslant 50$	±2
	$50<t\leqslant 100$	±3
	$t>100$	不限
	长度L（以长方向尺寸范围累计）	对角线差允许值
对角线差允许值	$L\leqslant 1000$	≤5
	$1000<L\leqslant 2000$	≤7
	$2000<L\leqslant 4000$	≤13
	$L>4000$	不限

注：摘录《绝热用硬质酚醛泡沫制品》GB/T 20947—2007中Ⅱ类（压缩强度≥100kPa）、Ⅲ类制品（压缩强度≥250kPa）（板材）的尺寸允许偏差。

2. 胶粘剂物理性能

粘贴酚醛泡沫板所用无机类胶粘剂物理性能，见表3-6。

3.2 粘贴法施工

胶粘剂物理性能指标 表 3-6

项目		指标	试验方法
可操作时间（h）		≥1.5	
压剪粘结强度（与基准水泥砂浆）（MPa）	原强度	≥0.80	
	耐水性	≥0.60	
拉伸粘结强度（与水泥砂浆）（MPa）	原强度	≥0.70	JG 149
	耐水性	≥0.50	
拉伸粘结强度（与酚醛泡沫板）（MPa）	原强度	≥0.12，且破坏部位在保温板上，不得位于粘结界面	GB 50404
	耐水性		

3. 界面材料

酚醛泡沫（板）表面用界面材料包括界面剂和混凝土界面处理剂（界面砂浆），主要作用是提高酚醛泡沫板与其他材料间的粘结强度。

1）界面剂性能

界面剂用合成乳液类产品，现场施工前，用洁净清水稀释，稀释后界面剂性能要求见表 3-7。

界面剂性能指标 表 3-7

项 目	指 标
外观	乳白色分散液，无粗颗粒，沉淀和异物
固含量（不挥发物）（%）	≥25
pH 值	6～8
黏度（MPa·s）	400～1500

注：摘录沈阳美好新型材料（集团）有限公司产品性能指标。

2）混凝土界面处理剂的物理力学性能

混凝土界面处理剂（界面砂浆）由聚合物分散液用合成乳液、水泥和细砂等混合而成，用于改善酚醛泡沫板与基面粘结性能的水泥基界面处理剂，混凝土界面处理剂的物理力学性能要求见表 3-8。

混凝土界面处理剂性能指标 表 3-8

项 目			指 标	
			Ⅰ	Ⅱ
剪切粘结强度（MPa）		7d	≥1.0	≥0.7
		14d	≥1.5	≥1.0
拉伸粘结强度（MPa）	未处理	7d	≥0.4	≥0.3
		14d	≥0.6	≥0.5
	浸水处理		≥0.5	≥0.3
	热处理			
	冻融循环处理			
	碱处理			
晾置时间（min）			—	≥10

外观：干粉状产品应均匀一致，不应有结块。液状产品经搅拌后应呈均匀状态，不应有块状沉淀。

注：摘录《混凝土界面处理剂》JC/T 907—2002 产品性能指标，其中Ⅰ型适用于水泥混凝土的界面处理；Ⅱ型适用于水泥混凝土的界面处理。对于废旧砖、马赛克等表面的处理剂也可参照。

4. 锚固件性能

锚固件主要采用塑料钉和带圆盘（φ50）的塑料胀塞套管两部分。如基层墙体为空心混凝土小砌块、混凝土多孔砖等时，应选用带有回拧功能的锚栓。根据砌体结构，也可选用防锈处理的金属螺钉（但应防止由此增加热桥）。锚固件性能见表3-9。

锚固件性能指标　　　　　　　　　表3-9

项　目	指　标
圆盘固定片直径（mm）	≥50
塑料套管外径（mm）	8～10
单个锚固件抗拉承载力标准值（在C25混凝土基层墙体）（kN）	≥0.30
单个锚栓对系统传热增加［W/(m²·K)］	≤0.004

注：摘录《硬泡聚氨酯保温防水工程技术规范》GB 50404—2007 产品性能指标。

5. 抗裂聚合物砂浆性能

外墙外保温体系常见问题是表面开裂、空鼓和渗水，且一旦发生很难修复。抗裂聚合物砂浆作抹面层是决定整个外墙外保温体系性能的关键。如抹面层未做好，质量再好的饰面图层也很难发挥抗裂的作用，继而产生裂纹等弊病。

抗裂聚合物砂浆（抹面胶浆）具有极强的粘结强度，涂抹在粘结好的酚醛泡沫板外表面，形成干膜后具有良好的弹性，可防止开裂、渗水，保持一定的耐久性。抹面胶浆物理性能见表3-10。

抹面胶浆物理性能指标　　　　　　　　　表3-10

项　目		性能要求
可操作时间（h）		1.5～4.0
拉伸粘结强度（常温28d，与酚醛泡沫板）（MPa）	原强度	≥0.10，且破坏部位不得位于粘结界面，应位于酚醛泡沫板上
	耐水性	
	耐冻融性能	
柔韧性	压折比（水泥基）	≤3.0

6. 耐碱玻纤网格布性能

耐碱玻纤网格布是采用插编式并必须经特殊耐碱涂敷的玻璃纤维网格布，插编网能缓冲由于墙体位移、开裂等原因引起的保温板的轻微位移。

网格布完全埋入抹面胶浆内，能提高保温系统的机械强度和抗裂性。

耐碱是玻纤网格布中关键一项指标，因网格布处在抹灰砂浆层内，而砂浆层的pH值约为13，故所采用的玻纤网格布必须有耐碱性能，经耐碱涂敷后，网格布必须能抵抗水泥的碱性腐蚀。

合格的耐碱玻纤网格布具有手感柔软、涂胶胶层饱满且光泽、定位牢固并富有弹性、表面不起毛，幅宽、定长及标重准确、经纬线粗细均匀等特征。耐碱玻纤网格布性能见表3-11。

3.2 粘贴法施工

耐碱玻纤网格布性能指标　　　　　　　　　表 3-11

项 目	性能指标	
	标准（普通）型	加强型
网孔中心距（mm）	4～6	
单位面积质量（g/m²）	≥160	≥300
耐碱拉伸断裂强力（经、纬向）（N/50mm）	≥750	≥1500
耐碱拉伸断裂强力保留率（经、纬向）（%）	≥50	
断裂应变（经、纬向）（%）	≤5.0	
涂塑量（g/m²）	≥20	
氧化锆、氧化钛含量（%）	ZrO_2 14.5±0.8、TiO_2 6.0±0.5 或 ZrO_2≥16.0	

7. 柔性耐水腻子性能

柔性耐水腻子是由弹性乳液、助剂和粉料等制成，具有优良的弹性和抗裂效果，使用后可以覆盖基层 0.3mm 以下宽度的裂纹。柔性耐水腻子性能要求，见表 3-12。

柔性耐水腻子性能指标　　　　　　　　　表 3-12

项 目		指 标
容器中状态		无结块，呈均匀状态
施工性		涂刷无障碍
干燥时间（表干）（h）		≤5
初期干燥性能（6h）		无裂纹
耐水性（96h）		无异常（无起泡、无开裂、无掉粉）
耐碱性（48h）		无异常（无起泡、无开裂、无掉粉）
粘结强度（MPa）	标准状态	≥0.60
	冻融循环（5 次）	≥0.40
低温贮存稳定性		−5℃冷冻 4h 无变化，刮涂无困难
打磨性		手工可打磨
柔韧性		直径 50mm，无裂纹
非粉状组分的低温存稳定性		−5℃冷冻 4h 无变，涂刮无困难

注：摘自《外墙外保温建筑构造》06J121-3 柔性耐水腻子性能。

8. 饰面涂料性能

饰面涂料不宜选用溶剂型涂料，防止溶剂型涂料对酚醛泡沫保温层和玻纤网格布涂塑层产生溶蚀。饰面涂料宜选用高性能水性类型，且必须与外墙外保温系统相容，还应具有良好的憎水透气性。

另外，浅色涂料对太阳辐射能的反射系数大于深色涂料，涂料颜色应以夏季隔热为主，不宜选择颜色太深的涂料。适用外墙外保温涂料的有水性涂装弹性体系、柔性质感高装饰涂料体系和功能性涂装体系。饰面涂料的性能要求，见表 3-13。

饰面涂料技术性能指标　　　　　　　　　表 3-13

	项 目	指 标
抗裂技术性能	断裂伸长率（平涂用涂料）（%）	≥150
	主涂层的断裂伸长率（连续性复层建筑涂料）（%）	≥100
	浮雕类非连续性复层建筑涂料	主涂层初期干燥抗裂性满足要求

注：摘自《外墙外保温建筑构造》06J121-3 饰面涂料的性能。

9. 墙体饰面砂浆技术要求

1) 墙体饰面砂浆外观

墙体饰面砂浆外观应为干粉状物,且均匀、无结块、无杂物。

2) 墙体饰面砂浆物理力学性能

墙体饰面砂浆是由无机矿物胶凝材料、各种优化级配的骨料、化学添加剂和颜料配制而成的装饰材料,具有优异的附着力、抗裂性、防水、耐污、装饰性、耐久,避免脱落、空鼓和龟裂。墙体饰面砂浆物理力学性能见表 3-14。

物理力学性能指标　　　　　　　　　　表 3-14

项　目			技术指标	
			E (外墙用)	I (内墙、顶棚用)
可操作时间			30min	刮涂无障碍
初期干燥抗裂性			无裂纹	
吸水量 (g)	30min	≤	2.0	
	240min	≤	5.0	
强度 (MPa)	抗折强度	≥	2.50	
	抗压强度	≥	4.50	
	拉伸粘结原强度	≥	0.50	
老化循环拉伸粘结强度		≥	0.50	—
抗泛碱性			无可见泛碱,不掉粉	—
耐沾污性 (白色或浅色)	立体状/级	≤	2	—
耐候性 (750h)		≤	I 级	—

注: 1. 摘自《墙体饰面砂浆》JC/T 1024—2007 的性能。
　　2. 抗泛碱性、耐候性、耐沾污性试验仅适用于外墙饰面砂浆。

10. 其他配套使用材料

1) 发泡聚乙烯圆棒,填伸缩缝,作密封膏背衬,直径为缝宽的 1.3 倍。

2) 聚氨酯建筑密封膏 (质量达到 JC/T 482 要求) 或建筑用聚硅氧烷结构密封膏 (质量达到 GB 16776 要求)。

3.2.1.2 设计要求

1. 酚醛泡沫板的厚度应根据建筑物外墙的节能综合指标要求,通过热工性能计算确定。最小应用厚度不应小于 20mm。

2. 酚醛泡沫板与墙体基层的连接采用粘锚(钉)结合,以粘结为主、锚固为辅的方式。锚固件锚入基层墙体的深度应≥50mm。

在 50m 以下的建筑高度,每块板 (1200mm×600mm) 不应少于 4 个锚固件固定。50m 以上每块板不应少于 6 个,随楼层增高,应通过计算后,逐渐增加锚栓固定数量。

在阴阳角、檐口下和孔洞边缘等四周锚栓应加密布置,锚栓间距不大于 300mm,距基层墙体边缘宜为 60~80mm。

3.2 粘贴法施工

3. 对防水和密封等重要部位，以及倾斜的挑出部位、墙体延伸至地面以下部位的防水处理，均应有节点大样详图。

4. 在门窗口、管道穿墙洞口、檐口、勒脚、阳台、变形缝、女儿墙等保温系统收头部位（终端），耐碱玻纤网格布应翻包，且包边宽度不应小于100mm；在门窗四角和阴阳角处应加设加强耐碱玻纤网格布（300mm×200mm）；在变形缝处做好防水和保温构造处理。

在首层或2m以下涂料饰面外墙外保温抹面层中，应在先铺一层加强耐碱玻纤网格布基础上，再满铺一层标准耐碱玻纤网格布。加强耐碱玻纤网格布在墙体转角及阴阳角处的接缝应搭接，其单向搭接宽度不得小于200mm；在其他部位的接缝宜采用对接。

建筑物二层或2m以上墙体，只采用标准耐碱玻纤网格布满铺，在接缝处应搭接宽度不宜小于100mm。

5. 下列部位应在外墙外保温系统设缝：

基层墙体设有伸缩缝、沉降缝和防震缝处；

外保温系统与不同材料相接处；

墙面连续高度或宽度每超过12m，且未设其他变形缝时。

6. 细部构造及其要求

细部构造如图3-2～图3-9所示。

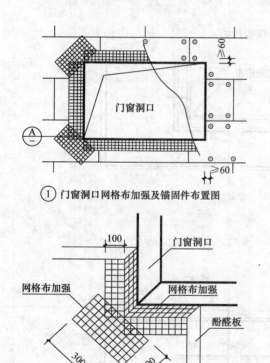

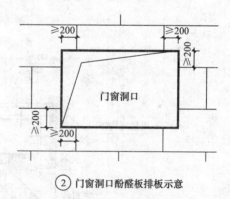

注：1. 酚醛板在洞口四角处不允许接缝，接缝距四角≥200mm，以免在洞口处的饰面出现裂缝。
2. 除门窗处的其他洞口，参照门窗洞口处理。

图3-2 门窗洞口附加网格布及锚固件布置图

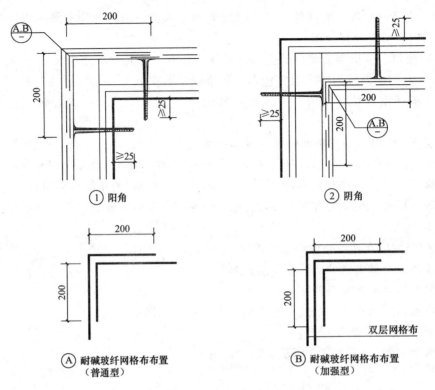

图 3-3 阴阳角保温构造

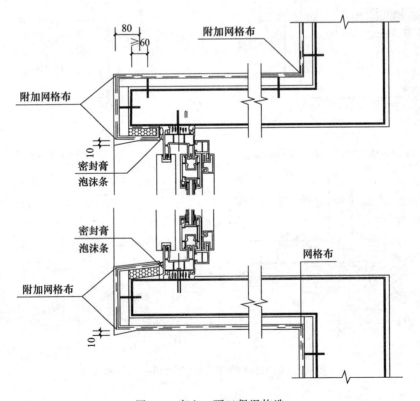

图 3-4 窗上、下口保温构造

3.2 粘贴法施工

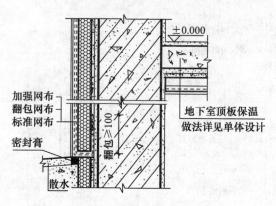

图 3-5 有地下室勒脚部位外保温构造

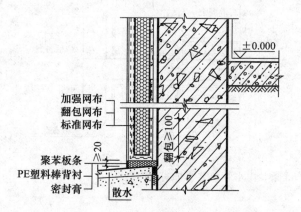

图 3-6 无地下室勒脚部位外保温构造

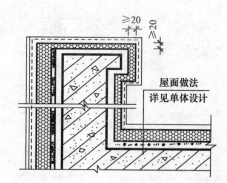

图 3-7 檐口、女儿墙部位外保温构造

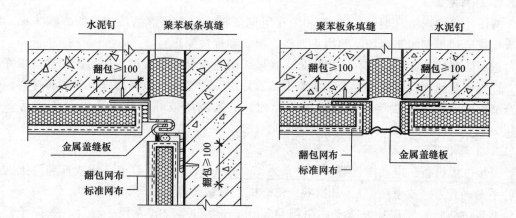

图 3-8 变形缝保温构造

注：1. 变形缝处应填充泡沫塑料，填塞深度应大于缝宽的3倍，且不小于墙体厚度。
2. 金属盖缝板宜采用铝板或不锈钢板。
3. 变形缝处应做包边处理，包边宽度不得小于100mm。

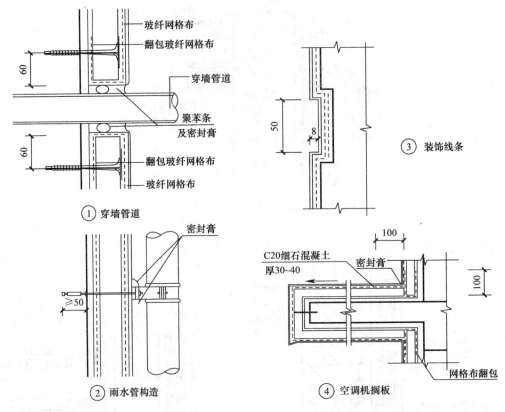

图 3-9 穿墙管道、装饰线条、雨水管和空调机搁板构造

3.2.1.3 施工

1. 材料准备

按设计要求规格（型号）、质量和工程用量备料。应有足够场地堆放酚醛泡沫板，酚醛泡沫板运到指定施工现场，并防止划伤、损坏和堆放变形。

进场的酚醛泡沫板应贮存于阴凉处，大风天防止板材被风吹散，应用适当重物压好。

同时备全锚栓、建筑密封膏、填缝聚苯乙烯泡沫塑料条、金属盖缝板等配套材料。桶装产品应注意防冻，袋装产品贮存于干燥处，进入现场玻纤网格布不得过长时间多层叠压。

2. 工具准备

外接电源设备、电动搅拌器（转速宜为 450r/min）、切割酚醛泡沫板或玻璃纤维网格布的手锯、剪刀（或壁纸刀）、开槽器、角磨机、称量衡器、螺丝刀。

盛装粘结胶的胶皮桶、抹子、阴阳角抿子、拖线板、2m 靠尺、卷尺、铁抹子、墨斗、水平尺和吊线坠等瓦工工具，以及冲击钻、手锤、棕刷、扫帚和钢丝刷等。

3. 基层要求

基层墙体应符合《建筑装饰装修工程质量验收规程》GB 50210 的标准。

新建建筑的外墙通过隐蔽工程验收后，可不做找平层，宜对砌体进行勾缝处理。对混凝土墙和砌体墙均应将基面清洁干净并符合《混凝土结构工程质量验收规范》GB 50204

中现浇结构或《砌体工程施工质量验收规范》GB 50203 中对清水墙的规定要求。墙体内的水分应达到充分干燥。

外墙外保温墙体基面的尺寸偏差应符合表 3-15 要求。

墙体基面的允许尺寸偏差　　　　　　表 3-15

项 目			允许尺寸偏差≤(mm)	检查方法
砌体工程	墙面垂直度	每层	5	2m 托线板检查
		全高 ≤10m	10	经纬仪或吊线、钢尺检查
		>10m	20	
	表面平整度		8	2m 靠尺和塞尺检查
混凝土工程	墙面垂直度	层高 ≤5m	5	经纬仪或吊线、钢尺检查
		>5m	10	
	全高		$H/1000$ 且≤30	经纬仪、钢尺检查
	表面平整度		8	2m 靠尺和塞尺检查

4. 施工工艺

1) 施工工艺流程如图 3-10 所示。

图 3-10　施工工艺流程

2）操作工艺要点

（1）放线

在墙面弹出外门窗水平、垂直控制线及伸缩缝线、装饰线条、装饰缝线等。

（2）拉基准线

在建筑外墙大角（阳角、阴角）及其他必要处，按平整度和垂直度要求挂垂直钢线，每个楼层适当位置挂水平线，以便严格控制保温板的垂直度和平整度。

根据设计图纸要求，首先视墙面洞口分布进行保温板排板，并沿着基层墙体散水标高弹好散水水平线，确定酚醛泡沫板粘贴模数，并由下而上，自左至右酚醛泡沫板来确定。

（3）酚醛泡沫板背面涂刷界面剂

撕掉板面保护膜，在酚醛泡沫板背面采用油漆刷或滚筒均匀涂刷界面剂或界面砂浆，涂刷后的界面剂中3～4h水分挥发后，板面应有明显粘手现象，否则重新涂刷。尤其对一次层压（加温）生产的板材有毛面表皮层，板面相对光滑，通过涂刷界面剂（或界面砂浆）提高酚醛泡沫板与胶粘剂的粘结强度。

使用界面剂时，将原液与清水按1∶2（重量比）稀释，按事先确定桶内水刻度，装入相应体积水后，再倒入对应体积的界面剂，并充分搅拌均匀。将界面剂均匀涂抹在酚醛泡沫板内表面，不得有漏刷。

涂刷后酚醛泡沫板应平放晾干，避免灰尘、雨水污物，防止阳光曝晒。

（4）配制胶粘剂（胶泥）

现场配制胶粘剂宜采用大型砂浆搅拌机搅拌，根据气温确定每次搅拌量。每次搅拌控制干粉与水的重量比，先在搅拌机中加水，然后再倒入胶粘剂干粉料搅拌几分钟，停搅熟化几分钟后，再搅15～20s即可。

现场配制粘结酚醛泡沫板的胶应随拌随用，胶粘剂必须在规定时间内用完，如胶粘剂在使用期间出现增稠现象，只能用频繁搅动，不得另外再加水，如再另外加水调稀，相当于降低胶粘剂的有效含量，从而导致粘结强度下降。搅拌不均或超时胶粘剂不得继续使用或掺混使用。

（5）粘贴翻包网格布

在粘贴酚醛泡沫板侧边外露处（如伸缩缝、建筑沉降缝、温度缝等缝线两侧、门窗口处、穿墙管道预留空四周等），都应做网格布翻包处理。翻包网格布翻过来后要及时粘到酚醛泡沫板上。

翻包部分网格布裁剪宽度为200mm加酚醛泡沫板厚，先在翻包部位抹100mm宽度、2mm厚度的粘结剂，然后压入100mm宽度的网格布，余下的甩出备用。

（6）粘贴酚醛泡沫板

酚醛泡沫板的排板按水平顺序进行，板向上、下错缝粘贴，板端距上、下排酚醛泡沫板接缝的距离应大于100mm。酚醛泡沫板在阴阳角处交错互锁。

粘贴门窗口四周保温板时，应用整块保温板割成形，不得拼接，门窗洞口边粘贴保温板应满涂胶粘剂。保温板的拼缝不得正好留在门窗洞口的四角处。

墙面边角辅贴保温板最小尺寸应超过200mm（即接缝距四角的距离应大于200mm），门窗洞口酚醛泡沫板排列，需设置膨胀缝、变形缝处则应在墙面弹出膨膨缝、变形缝及其宽度线。

阳台、雨篷、女儿墙、屋挑檐下等个别部位及散水处粘贴酚醛泡沫板时，应预留5mm缝隙，以利于耐碱玻纤网格布嵌入。

粘贴酚醛泡沫板材时，宜采用满粘法（严禁在 PF 板侧面涂胶粘剂）是考虑普通酚醛泡沫板材有一定脆性，且在基层与酚醛泡沫板间无空腔，更加有利于防火，在不考虑基层产生潮气情况下，采用满粘法最为有利。

采用点框粘贴方法时，是考虑基层产生潮气可逐渐排出。施工时先在保温板背面整个四周边涂抹50~60mm宽度，13~15mm厚度的胶粘剂，然后在中间部位均匀涂抹直径约为190mm的圆形粘结点，在框布胶中预留50mm宽度的疏水排气通道。最终粘结层厚度应为3~6mm，总有效粘贴面积不得小于酚醛泡沫板面积的50%。当建筑物高度在60m及以上时，总粘贴面积不小于60%。采用粘贴方法布胶时，在每块保温板之间的接缝处（板侧面）均不得抹胶粘剂。

酚醛泡沫板与基层墙体粘贴不应有空鼓，板间对缝应紧密平整，保温板胶粘剂布置如图3-11所示。

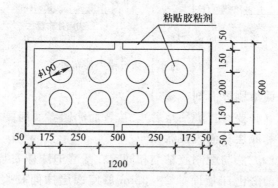

图3-11 酚醛泡沫板胶粘剂布置、胶粘剂面积比例

酚醛泡沫板粘贴应自下而上进行，水平方向应由墙角及门窗处向两侧粘贴。涂胶后应立即粘贴，粘贴时应轻揉均匀挤压滑动就位，使胶粘结剂与墙面紧密结合，不得局部用力按压。

用吊线、拉线的方法严格保证板材平行、垂直（随时用2m靠尺和托线板检查平整度和垂直度）。保温板对接缝处应挤紧并与相邻板齐平，每粘好一块板后，应立即清除板缝挤出的胶粘剂，拼缝紧密。

板间缝隙应不大于2mm，板间缝高差应≤1.5mm，超过1.5mm应用24目粗砂纸或打磨机具打磨，打磨时不要沿板缝平行方向，而是做轻柔圆周运动，随磨随用2m靠尺检查平整度。板材粘贴后，表面应平整、阴阳角垂直、立面垂直和阴阳角方正。

另外脚手架眼处理时，如在穿墙管等处有预留空洞，铺设网格布时拆除架管，从外或从内先将墙体洞眼堵好，再用一块比预留洞眼略大（削成楔形）的保温板将原先在保温板上预留的洞孔塞上，将周围外表面打磨平整。

局部不规则处粘贴板可现场切割，但应注意切口与板面垂直，整块墙面的边角处应用板宽最小尺寸≥300mm的板。

(7) 安装锚固件

保温板与墙体粘贴施工完毕后，一般至少需静停24h以后，进行锚固酚醛泡沫板，若环境度偏低还应适当延长静停时间，使保温板与基层粘贴达到确实牢固。

安装锚固件时，锚固件的压盘压住酚醛泡沫板。在标高20m以下的部位可适当设置锚固件；在标高50m以下每块应不少于4个；50m以上的每块板应不少于6个。锚固件有效锚固深度应不小于25mm。安装后的锚固件不得凸出板材平面。保温板锚固件布置如图3-12所示。

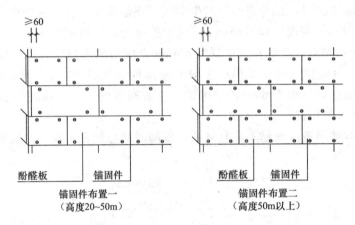

图3-12 酚醛泡沫板锚固件布置

(8) 酚醛泡沫板正面涂刷界面剂

在酚醛泡沫板正面（必要时打磨平整后），按背面涂刷界面剂要求的相同方法涂刷。

(9) 抹面胶浆配制和底层抹面胶浆涂抹

抹面胶浆配制要求和方法与配制胶粘剂相同。在酚醛泡沫板安装完毕2～3h内立即进行抹底层抹面胶浆。在酚醛泡沫板面抹2～3mm厚度底层抹面胶浆，门窗口四角和阴阳角部位所用的增强网格布和翻包网格布等随即压入胶浆中。对穿套管孔处应进行保护处理后再抹底层抹面胶浆。

(10) 铺设网格布和面层抹面胶浆涂抹

在抹面胶浆可操作时间内，将网格布绷紧后贴于底层抹面胶浆上，粘贴玻纤网格布的顺序是按先上后下，先左后右顺序施工。

用抹子由中间向四周把网格布压入抹面胶浆中，将网格布沿水平方向绷平，用抹子由中间向上、下及两边将网格布抹平，使其紧贴或略嵌入抹面胶浆（抗裂砂浆），在网格布搭接处可多涂抹一些粘结胶泥找平。

粘贴玻纤网格布时，达到平整压实，严禁出现纤维松弛不紧、干搭、错位、倾斜、外鼓、皱褶、翘边等不良现象。

在门窗洞口处粘贴玻纤网格布时，应卷入门窗口四周，并粘贴在门窗框为止。若门窗框外皮与基层墙体表面距离大于或等于50mm，网格布与基层墙体粘贴。若小于50mm须做包边处理。

在墙面网格布铺贴前，门窗洞口四角处应沿45°方向粘贴增设附加网格布加一层300mm×200mm玻纤网格布进行加强，不得干搭。

耐碱加强网格布铺设完成后，再铺设标准网格布（普通型耐碱网格布），加强网格布应位于大面积标准网格布的下一层。

3.2 粘贴法施工

在室外地面 2.4m 范围内及对抗冲击有特殊要求墙面，应铺设双层网格布加强，在抹面胶浆后加铺一层网格布，并加抹一道抹面胶浆，两层网格布之间砂浆必须饱满，有加强层抹面的胶浆层总厚度控制在 6~7mm。

所有耐碱网格布铺设后，经纬向纤维不应倾斜，搭接长度应符合要求。

抹砂浆切忌不停揉搓，在连续墙面上如需停顿，抹面砂浆不应完全覆盖已铺好的网布，须与网布、底层胶浆呈台阶型接茬，网布接头处平整不得超出偏差。

在底层抹面胶浆凝结后再抹 1~2mm 厚度的面层胶浆，以覆盖网格布，抹面胶浆切忌不停揉搓，以免形成空鼓，达到微见网格布轮廓为宜，常规抹面胶浆层总厚度控制在 3~4mm（含底层抹面胶浆）。

抹面层胶浆施工应在酚醛泡沫板安装完毕后的 15 日之内进行。如在酚醛泡沫板安装后不能及时进行抹灰施工时，还应采取相应的界面处理措施。

在面层严禁出现玻纤网格布外露，抹面胶浆的厚度以微见网格布轮廓为宜。不应有明显的玻纤网格布显影、砂影、抹纹、接茬等痕迹。

保护层胶泥在养护期间，严禁撞击振动，在终凝前严禁用水冲洗。

（11）缝、檐口和勒脚的处理

处理变形缝（伸缩缝、结构沉降、防震缝）时，在抹完抹面胶浆面层 24h 后，清除变形缝内杂质后，在变形缝处填塞直径为其 1.3 倍宽度的聚乙烯泡沫圆棒，在变形缝两边表面上粘贴作保护的不干胶带，并分两次勾填嵌缝密封膏，使密封膏与变形缝两边可靠粘贴。使变形缝的宽度和深度应均匀一致，表面平整，不应错缝，缺棱掉角现象。

在檐口、女儿墙部位应采用保温层全覆，以防产生热桥。当有檐沟时，酚醛泡沫板保温层在檐沟混凝土顶面厚度不小于 20mm。

勒脚部位的外保温与室外地面散水间应预留不小于 20mm 缝隙。缝隙内宜填充泡沫塑料，外口应设置背衬材料，并用建筑密封膏封堵。勒脚处墙端部应采用标准网布、加强网布做包边处理，包边宽度不得小于 100mm。

（12）在勒脚、女儿墙、檐沟、阳台、空调机搁板处酚醛树脂硬泡板进行网格布包覆处理。

（13）装饰线条做法

凸型称为装饰线，用酚醛泡沫板做装饰线条，此处网格布与抹面胶浆不断开。

粘贴酚醛泡沫板材时，先弹线标明装饰线条位置，将加工好的酚醛泡沫板条粘于相应位置。线条突出墙面超出 100mm 或超过 20m 以上时，需加设机械固定件。线条表面按外墙外保温抹灰做法处理。

凹型称为装饰缝，用专用工具在酚醛泡沫板上刨出凹槽，网格布搭接再抹抹面胶浆。

（14）饰面施工

① 涂料饰面施工

用靠尺对抗裂层表面进行找平检验，对局部不平整处，刮涂柔性耐水腻子进行找平处理，并在柔性耐水腻子未干硬前进行打磨找平，使之达到平整度的要求。

在局部腻子打磨找平完成后，开始大面积刮涂柔性耐水腻子。柔性耐水腻子分两遍刮涂，前、后遍刮涂的方向应互相垂直，使腻子干燥后能紧密结合不分层，并控制每遍刮涂厚度控制在 0.5mm 左右，不得通过一次刮涂而达到最终厚度，以免形成空鼓或与基层结合不牢。待柔性耐水腻子干燥后再涂刷弹性底层涂料。

涂制弹性底层涂料时，采用优质短毛滚刷，涂刷前应采用墙面分线纸做好分格处理（或与抗裂层的分格线一致），每次涂刷一满格，涂刷时用力均匀适当，避免在底层涂料表面上出现明显的涂刷痕迹。弹性底层涂料可涂刷一至两遍，应达到涂刷均匀，待底涂干燥后，再用造型滚筒滚涂饰面涂料。

滚涂饰面涂料时，蘸料应均匀，按涂刷方向涂刷，并且要一次涂成，使饰面涂料与弹性底层涂料达到紧密结合。

涂料一定要涂刷均匀，不可有漏涂、透底部位，饰面涂层完成后，涂层表面无刷痕、酥松、流挂、咬色、透底、颜色不均或起泡、脱皮等不良现象，涂料饰面层应均匀饱满。

② 彩色饰面砂浆施工：将粉料倒入适当用量的净水中，充分搅拌成无粉团的均匀膏糊状待用。做饰面砂浆施工时，可有三种方法可选择。

喷涂彩色砂浆浮雕压花施工：先按彩色砂浆：水＝1∶0.36～0.40 的重量比配好料，并先用喷枪试喷合格后，再使喷枪与墙面垂直的将其喷涂到墙体上，喷枪距墙距离宜为 300～450mm，可根据所需喷涂浮雕颗粒大小适当调整。喷涂中控制喷枪移动匀速，控制涂层在 1.5～2.0mm 厚度范围，约在 20～40min，可用滚筒轻轻压平后，成为平压浮雕。

辊涂彩色砂浆施工：先按彩色砂浆：水＝1∶0.40 的重量比配好料，用辊筒将拌好的彩色砂浆料均匀辊涂到墙上，施工中不宜反复辊涂，控制涂层在 1.5～2.5mm 厚度范围。

批刮彩色砂浆施工：先按彩色砂浆：水＝1∶0.30 的重量比配好料，用腻子抹刀将直接搅拌好的彩色砂浆批刮到墙上，根据需要，可分两遍进行均匀批抹。不宜反复批抹，控制涂层在 1.5～2.5mm 厚度范围。

施工后的饰面砂浆通过自然养护 1～2d 后，可喷涂彩色砂浆防污罩面剂。

③ 仿面砖的装饰施工：为使饰面达到仿面砖的装饰效果，弹性抗碱底层可用深（黑）色（仿面砖缝颜色），当底层固化后，在底层粘贴分格（美纹）纸，再均匀涂抹仿面砖色泽的饰面砂浆，涂抹完成后再撕掉分格纸，即刻露出仿面砖的饰面效果。

3.2.1.4 质量要求

外墙外保温工程按现行国家标准《建筑节能工程施工质量验收统一标准》GB 50411 规定进行施工质量验收。饰面层工程施工质量应符合《建筑装饰装修工程质量验收规范》GB 50210 规定。

在基层处理、板粘贴、锚固件固定、玻纤网格布铺设和墙体热桥部位处理完成后进行隐蔽工程验收。

1. 主控项目

1）酚醛泡沫板与墙面应粘结牢固，无松动和虚粘现象。粘结面积不应小于板面积的 50%。

检查方法：通过观察检查，按 JG 149 方法实测干燥条件下酚醛泡沫板与基层墙体的拉伸粘结强度，并检查隐蔽工程记录。

2）锚固件数量、锚固位置、锚固深度和拉拔力应符合设计要求。并做锚固力现场拉拔试验。

检查方法：通过观察检查，卸下锚固件，实测锚固深度。做现场拉拔测试，核查试验报告。

3) 酚醛泡沫板厚度的正负偏差应≤1.5mm。

检查方法：用钢针插入和尺量。

4) 酚醛泡沫板表面涂刷界面剂应均匀、无结块。

检查方法：通过观察检查，检查隐蔽工程记录。

5) 抹面砂浆与酚醛泡沫板必须粘结牢固，无脱层、空鼓，面层无爆灰和裂缝等缺陷。

检查方法：通过观察检查，按 JG 149 方法实测样板件抹面砂浆与酚醛泡沫板拉伸粘结强度，检查施工记录。

6) 粘贴在基层上的酚醛泡沫板外表面应平整。

检查方法：通过观察检查、尺量检查。

7) 外墙热桥部位，应按设计要求采取节能保温等隔断热桥措施。

检查方法：通过观察检查、检查隐蔽工程记录。

2. 一般项目

1) 酚醛泡沫板安装应上下错缝，挤紧拼严，拼缝平整，拼接缝不得抹胶粘剂。
2) 酚醛泡沫板安装允许偏差应符合表 3-16 规定。

酚醛泡沫板安装允许偏差和检验方法 表 3-16

项 目	允许偏差（mm）	检验方法
表面平整	3	用 2m 靠尺楔形塞尺检查
立面垂直	3	用 2m 垂直检查尺检查
阴、阳角垂直	3	用 2m 托线板检查
阳角方正	3	用 200mm 方尺检查
接茬高差	1.5	用直尺和楔形塞尺检查

3) 玻纤网格布应铺压严实，不得有空鼓、褶皱、翘曲、外露等现象，加强部位的增强网做法应符合设计要求。

检查方法：观察；检查施工记录。

4) 变形缝构造处理和保温层开槽、开孔及装饰件的安装固定应符合设计要求。

检查方法：观察；手扳检查。

5) 外保温墙面抹面砂浆层的允许偏差和检验方法应符合表 3-17 规定。

抹面砂浆层的允许偏差和检验方法应符合 表 3-17

项 目	允许偏差（mm）	检验方法
表面平整	4	用 2m 靠尺楔形塞尺检查
立面垂直	4	用 2m 垂直检查尺检查
阴、阳角方正	4	用直角检查尺检查
分格缝（装饰线）直角度	4	拉 5m 线，不足 5m 拉通线，用钢直尺检查

3.2.2 粘贴酚醛泡沫水泥层复合板系统

酚醛泡沫水泥层复合板（简称水泥层复合板），是在酚醛泡沫与柔性水泥层增强卷材连续发泡生产线上，利用酚醛泡沫发泡混合料粘结性能，使其在双面柔性水泥层增强卷材（或称界面增强材料）中间发泡，生产成酚醛泡沫与柔性水泥层增强卷材发泡粘结成为一体的功能型水泥层复合保温板。该系统包括涂料（含真实漆）饰面和面砖（含柔性面砖）饰面。

该系统涂料饰面构造，适用我国各个地区的多层、高层（在100m以内高度）的新建建筑、既有建筑节能改造项目的外墙外保温工程。

水泥层复合板涂料饰面和面砖饰面的基本结构如表3-18所示。

粘贴水泥层复合板系统结构　　　　　　　　　表3-18

基层墙体	水泥层复合板保温系统结构						
	墙体基层处理	胶粘剂	保温层	涂料饰面		面（瓷）砖（或柔性面砖）饰面	
				抹面层（薄抹面层）	饰面层	抗裂防护层（厚抹面层）	饰面层
混凝土墙或砌体墙	基层凹凸不平用1:2水泥砂浆处理	在水泥层复合板上点框布胶粘结	水泥层复合板+锚栓（高层）	抹面胶浆（抗裂砂浆）复合标准型耐碱玻纤网格布	柔性耐水腻子+面涂	抗裂砂浆复合热镀锌焊接钢丝网或复合增强型耐碱玻纤网格布	面砖粘结砂浆+饰面砖+勾缝料

3.2.2.1 特点

1. 经过增强卷材界面处理后，有效控制板材成型及使用过程中的收缩变形。生产的水泥层复合板，在具备良好热工性能的同时，还可有效增加普通酚醛泡沫板的强度、减少酚醛泡沫变形和破损可能性，并能在贮存和施工期间增加泡体耐老化性能。

2. 当酚醛泡沫燃烧性能为B1时，由于水泥增强卷材复合的作用，可提高酚醛泡沫水泥层复合板整体防火、耐温性能，减少在施工现场因焊接滴落焊渣、燃放鞭炮等因素而造成意外火灾事故。

3. 水泥层增强卷材的材质与无机胶粘剂及抹面胶浆（抗裂砂浆）材质相同，因而减少对酚醛泡沫板表面涂刷界面剂的工艺步骤，不但缩短施工时间，而且相互间粘合牢固，系统安全可靠。

4. 该系统采用柔性面砖饰面时，不但适用于各种新老建筑物的室内外装饰装修，如写字楼、医院、商店、饭店、酒吧等公共场所的室内装饰装修，特别适合于建筑物外墙外保温的饰面装饰，而且具有以下特点：

1) 装饰效果优

色彩丰富，具有瓷砖、大理石等高档外墙装饰材料的装饰效果。

2) 厚度薄、质量轻、柔性好

重量仅为瓷砖、大理石1/6～1/5，可弯曲，满足弧形、圆形等异形建筑的装饰要求，可与保温层构成柔性渐变体，有效解决外墙常规开裂、瓷砖脱落等质量通病。

3) 粘结牢固、强度高

产品基面为水泥片材，与水泥砂浆相溶性好、粘结强度高、抗风压、安全，满足多层、高层建筑要求。

4) 防水、抗渗、耐污

柔性装饰砖加涂罩面漆后，具有防水、抗渗和自洁功能。

5) 施工方便、快捷、经济和适用范围广

阴阳角不需磨成45°对接，减少污染，降低施工成本。

3.2.2.2 材料要求

1. 酚醛泡沫板（裸板）主要技术性能见表3-2～表3-4要求。
2. 水泥层复合板通常规格为600mm×1200mm（可按设计规格尺寸进行任意切割，为防止其出现变形，如在常温生产的水泥层复合板，应保持在30℃以上温度且不低于3d熟化时间，达到板材稳定方可使用）。水泥层复合板尺寸允许偏差见表3-19。

水泥层复合板尺寸允许偏差 表3-19

项 目		允许偏差
长度（mm）		±2.0
宽度（mm）		±2.0
厚度（mm）	≤50	±1.5
	>50	±2.0
对角线差（mm）		3.0
板边平直度（mm/m）		±2.0
板面平整度（mm/m）		1.0

3. 胶粘剂技术性能同表3-6要求。
4. 抹面胶浆技术性能同表3-10要求。
5. 耐碱玻纤网格布技术性能同表3-11要求。
6. 锚栓长度：有效锚固深度＋找平层厚度＋原有抹灰砂浆厚度（若有）＋胶粘剂厚度＋水泥层复合板厚度。锚栓技术性能同表3-9要求。
7. 热镀锌焊接钢丝网技术性能

热镀锌钢丝网是由热镀锌钢丝焊接而成的矩形网格网，俗称四角钢丝网。四角钢丝网在抗裂防护层作用上，不仅在受力时对周围水泥抗裂砂浆变形和压力有抑制效应，同时在材料组合过程中能对抗裂防护层起到强化作用。

在含钢量相同时，四角钢丝网孔径越小，四角钢丝网的丝径越小，单位面积的四角网的比表面积就越大，与水泥抗裂砂浆接触面积就越大，握裹力就更强，作用力也显著。但四角网孔径越小，网表面平整度就越差，给施工铺设时带来不便和困难。

根据国家建筑标准设计图集《外墙外保温建筑构造》06J121-3要求，热镀锌钢丝网技术性能见表3-20。

热镀锌钢丝网技术性能 表3-20

项 目	指 标
丝径（mm）	0.9±0.04
网孔（mm）	12.7×12.7
焊点抗拉力（N）	≥65
镀锌层重量（g/m²）	≥122

8. 面砖技术性能

面砖包括瓷面砖和柔性面砖等。

1) 面（瓷）砖技术性能要求

面砖应选吸水率小、耐冻融的砖，以及面密度≤20kg/m²的小型薄面砖，其厚度应

≤7.5mm。

面砖粘贴面应带有燕尾槽,根据《外墙外保温建筑构造》06J121-3,其技术性能如表3-21所示。

饰面砖技术性能指标　　　　表3-21

项目			指标
尺寸	6m以下墙面	表面面积(cm²)	≤410
		厚度(cm)	≤1.0
	6m及以上墙面	表面面积(cm²)	≤190
		厚度(cm)	≤0.75
	单位面积重量(kg/m²)		≤20
吸水率(%)	Ⅰ、Ⅵ、Ⅶ气候区		≤3
	Ⅱ、Ⅲ、Ⅳ、Ⅴ气候区		≤6
抗冻性	Ⅰ、Ⅵ、Ⅶ气候区		50次冻融循环无破坏
	Ⅱ气候区		40次冻融循环无破坏
	Ⅲ、Ⅳ、Ⅴ气候区		10次冻融循环无破坏

注:气候区划分级按《建筑气候区划分标准》GB 50178—93中一级区划的Ⅰ~Ⅶ执行。

2)柔性面砖技术性能见表3-22。

柔性面砖技术性能指标　　　　表3-22

项目		指标	
		Ⅰ型	Ⅱ型
表观密度(g/cm²)		15±0.2	
吸水率(%)		≤8	
耐碱性(48h)		表面无开裂、起鼓、剥落,颜色轻微变化	
柔韧性(φ200mm圆棒弯曲)		表面无裂纹	
耐温变性		5次循环表面无开裂、起鼓、剥落,无明显变色	
耐沾污性	平状(%)	≤5	≤10
	立体状(级)	≤1	≤2
耐候性	老化时间(h)	≥1000	
	外观	无开裂、起鼓、剥落	
	粉化(级)	≤1	
	变色(级)	≤2	

注:1. 表中数据摘自JG/T 311—2011中部分技术性能。
　　2. 产品规格:常用规格为200mm×400mm;120mm×300mm。

9. 面(瓷)砖胶粘剂和罩面漆技术性能指标见表3-23和表3-24。

胶粘剂技术性能指标　　　　表3-23

项目		指标
拉伸粘结强度(与水泥砂浆)(MPa)	原强度	≥0.5
	耐水强度	
	耐温强度	
	耐冻融强度	
可操作时间(h)		1.5~4
横向变形(mm)		≥2.0
滑移(mm)		≤0.5

罩面漆技术性能指标　　　　表3-24

项目	指标
固含量(%)	50±2
pH	7.5~9.0
黏度(pas)	0.2~1
玻璃化温度(℃)	20

10. 柔性瓷(面)砖勾缝剂(水泥基填缝剂)主要技术性能

勾缝剂是聚合物水泥基复合填缝材料,具有防裂、憎水和耐久等性能,通常习惯划分

3.2 粘贴法施工

为水洗填缝剂（主要适用于表面光滑、吸水率小，易清洗的瓷砖填缝、其施工法称为湿勾法）和半干填缝剂（主要适用于表面粗糙、孔隙较大的瓷砖、文化砖等填缝，其施工法称为干勾法）。

普通型水泥基填缝剂技术性能见表 3-25。

水泥基填缝剂技术性能指标　　　　　　表 3-25

项　目		指　标
耐磨损性（m³）		<2000
收缩值（mm/m）		<3.0
抗折强度（MPa）	原强度	≥2.5
	耐冻融强度	
抗压强度（MPa）	原强度	>15
	耐冻融强度	
收缩值（mm/m）		<3.0
吸水率（%）	30min	≤5.0
	240min	≤10.0
横向变形（mm）		≥2.0

注：表中数据摘自《陶瓷墙地砖填缝剂》JC/T 1004—2006。

11. 饰面涂料技术性能

外墙外保温饰面涂料性能同表 3-13。

3.2.2.3 设计要点

1. 水泥层复合板采用点框粘贴，点框粘贴面积不小于水泥层复合板面积 40%。在框布胶中宜留出 50mm 宽度排气通道，点框粘贴具体要求同图 3-11 所示。
2. 热镀锌钢丝网、耐碱玻纤网格布平面搭接要求如图 3-13 所示。

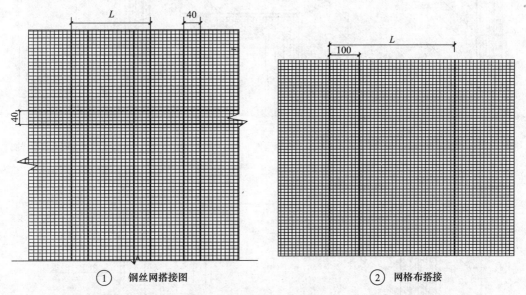

① 钢丝网搭接图　　　　② 网格布搭接

注：1. ①节点为大面钢网搭接示意，钢丝网采用搭接，搭接时应错缝，搭接处钢丝网须用锚栓固定。
2. 钢丝网宽度 L 根据产品出厂宽度确定，但不得大于 1.2m。

图 3-13　热镀锌钢丝网、耐碱玻纤网格布搭接

3. 低层建筑或多层建筑可不设锚固点；高层建筑锚固点设置宜为 20～36m 设置 3～4 个/m²；对任何面积大于 0.1m² 的单块水泥层复合板必须加锚固件。按高度确定锚栓位置如图 3-14 所示。

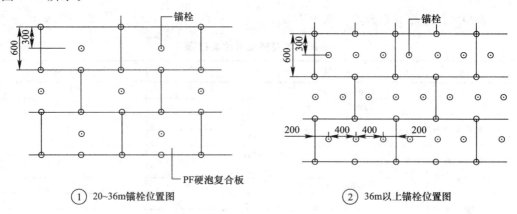

① 20~36m 锚栓位置图　　② 36m 以上锚栓位置图

注：1. 低层建筑和多层建筑可不设锚固点。
　　2. 高层建筑锚固点的设置宜为20~36m设置3~4个/m²，36m以上不少于6个/m²。
　　3. 对任何面积大于0.1m²的单块PF复合板必须加锚固件，小于0.1m²的板块，现场酌情处理。

图 3-14　按高度确定锚栓布置图网格布增强

4. 细部节点构造

外墙门窗洞口网格布增强、PF 板排图布置同图 3-2。其他细部节点构造如图 3-15～图 3-26 所示。

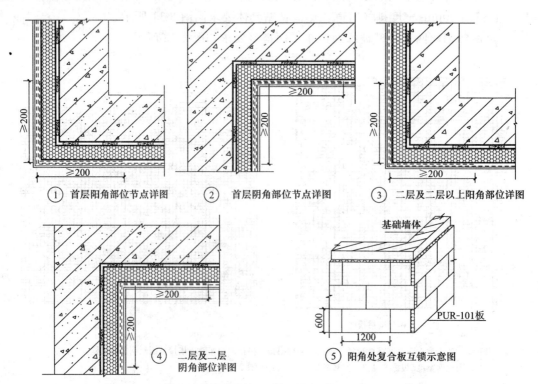

① 首层阳角部位节点详图　　② 首层阴角部位节点详图　　③ 二层及二层以上阳角部位详图

④ 二层及二层阴角部位详图　　⑤ 阳角处复合板互锁示意图

图 3-15　首层及二层或 2m 以上和转角部位

3.2 粘贴法施工

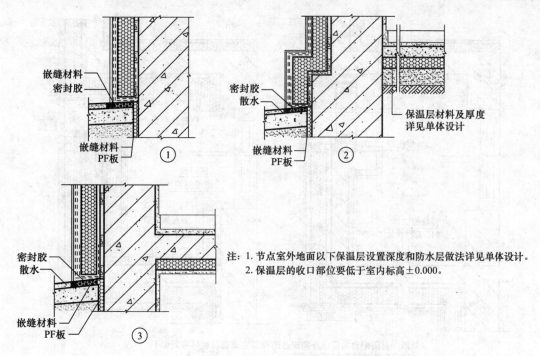

注：1. 节点室外地面以下保温层设置深度和防水层做法详见单体设计。
2. 保温层的收口部位要低于室内标高±0.000。

图 3-16 勒脚

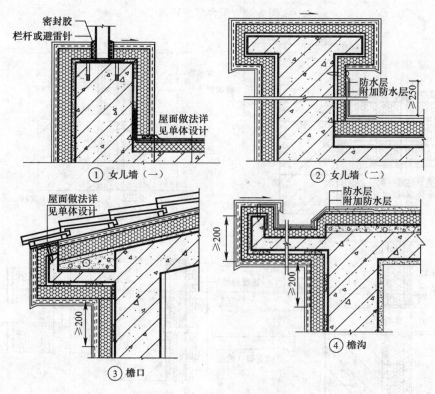

图 3-17 女儿墙、檐口、檐沟

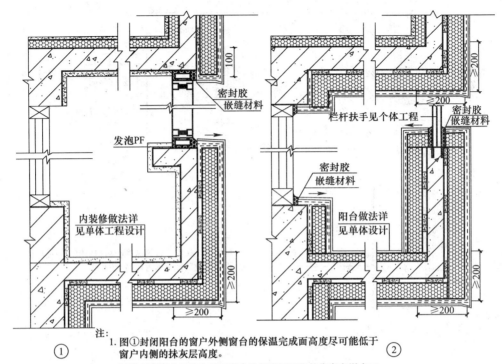

注：1. 图①封闭阳台的窗户外侧窗台的保温完成面高度尽可能低于窗户内侧的抹灰层高度。
2. 图②封闭阳台的窗户外侧窗台的保温层不能盖住窗户溢水口。

图 3-18 阳台节点详图

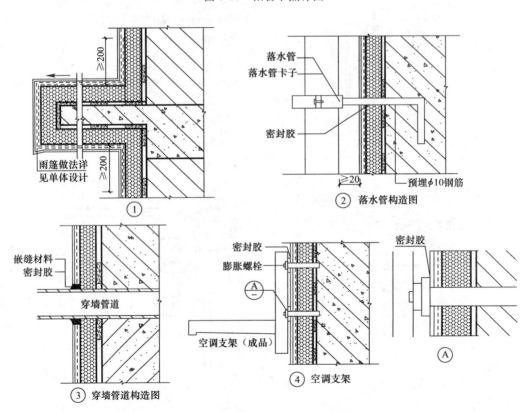

图 3-19 空调板、雨篷、落水管道

注:
1. 变形缝两侧外墙应加强保温，其传热系数限值不大于1.70W/(m²·K)
2. 变形缝用PF板塞紧，填塞深度不小于300mm。

图 3-20 变形缝构造

注：凹线、凸线、线条等由现场加工完成。

图 3-21 线条、滴水、鹰嘴、分格缝

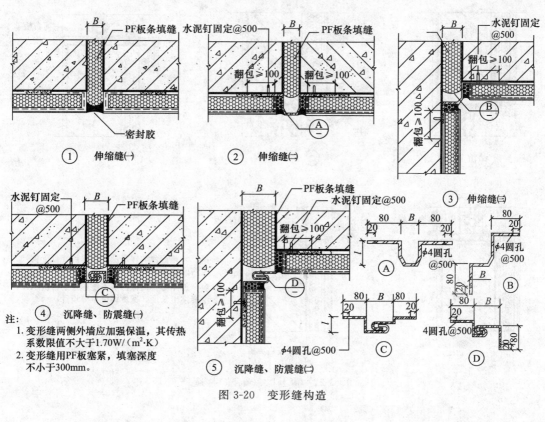

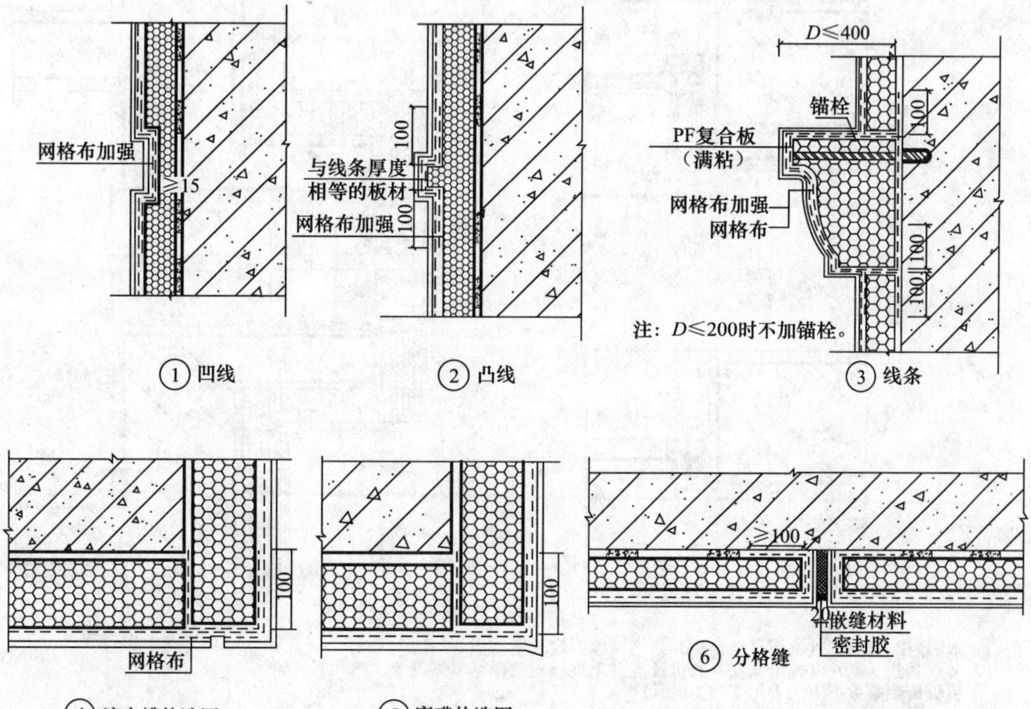

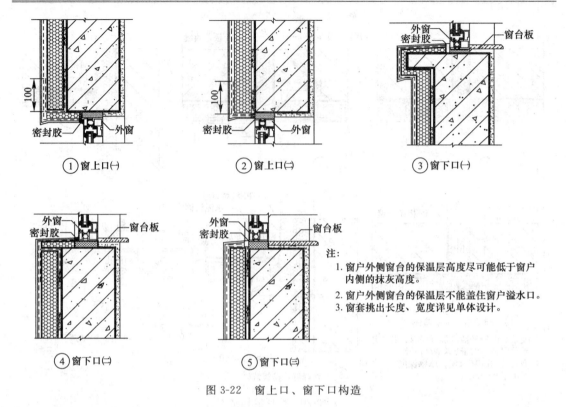

图 3-22 窗上口、窗下口构造

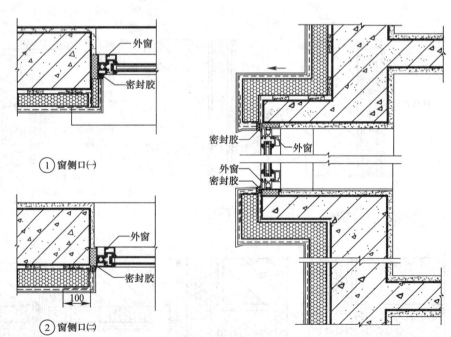

图 3-23 窗侧口、凸(飘)窗及附加网格布构造

3.2 粘贴法施工

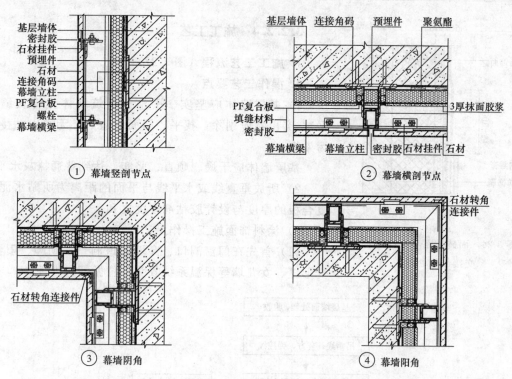

图 3-24 石材幕墙保温构造、幕墙阴角、阳角保温构造

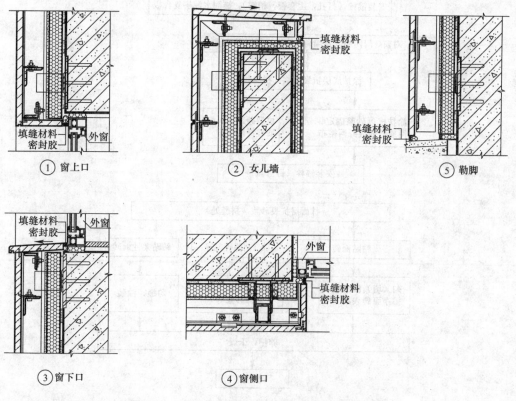

图 3-25 石材幕墙窗口、女儿墙、勒脚保温构造

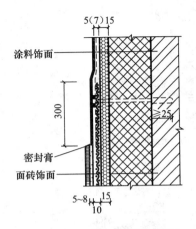

图 3-26 面砖饰面与涂料饰面交接部位处理

3.2.2.4 施工工艺

1. 施工工艺流程（图 3-27）

2. 操作工艺要点

1）基层墙体应坚实、平整（砌筑墙体应将灰缝刮平），突出物应剔除、找平，墙面应清洁，无妨碍粘接的污染物。

基层墙体应干燥、顺直、坚实，达到普通抹灰水平。

2）所放垂直线或水平线与平面的距离为所贴水泥层复合板的厚度与设计胶粘剂厚度之和。

3）涂料饰面施工操作工艺要点

（1）首先在门窗洞口、穿墙管道洞口、勒脚、阳台、变形缝、女儿墙等保温系统收头部位做翻包处理。

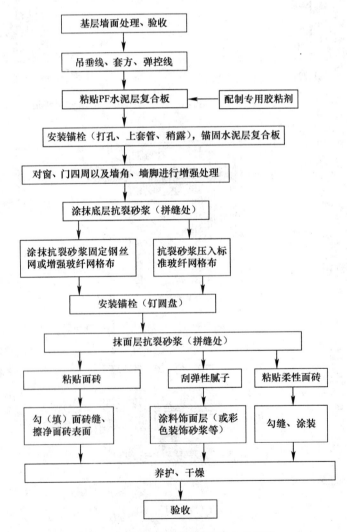

图 3-27 粘贴水泥层复合板工艺流程

3.2 粘贴法施工

在距收头部位的宽度不小于 100mm 的部位首先涂抹约 2mm 厚胶粘剂，随即将宽度不低于设计宽度的耐碱玻纤网格布压入胶粘剂中并抹光，待干燥后进入下道工序。

(2) 粘贴水泥层复合板采用点框法粘贴，用抹子将胶粘剂抹在待贴板表面，然后将板贴在墙面压实，胶粘剂厚度控制在 3mm 左右。

在水泥层复合板四周涂抹胶粘剂时，预留宽度为 50mm 的透气通道，粘贴（布胶）面积应大于水泥层复合板面积的 40%。当建筑高度在 60m 以上时，粘贴面积应大于 60%。施工中发现胶粘剂初凝，不得加水搅拌再使用。

粘贴应自下而上顺砌方式粘贴，水平方向应由墙角及门窗处向两侧粘贴，竖缝逐行错缝 1/2 板长粘贴，阴阳角应错茬搭接，并随时用 2m 靠尺和托线板检查平整度和垂直度，用水平尺检查水平度。

粘贴时应轻揉、均匀挤压，并随时用 2m 靠尺和托线板检查平整度和垂直度。随时清除板边溢出的胶粘剂，相邻板间侧边不得有胶粘剂。粘贴板缝应挤紧、严密，板缝隙大于 2mm 时，应切割保温板条将缝塞满。相邻板应齐平，相邻板块高差不应超过 1.5mm。

(3) 粘贴门窗洞口四周时，应用整块水泥层复合板粘贴，板的拼缝不得位于门窗洞口的四角处，墙面边角处铺贴板的最小尺寸应不低于 200mm，门窗洞口侧边应粘贴保温板并做好收头处理。

(4) 装饰线条凸出墙面在 100~400mm 间，应直接粘贴于基层，并设置辅助锚固件。

(5) 铺设耐碱玻纤网格布时，先用抹子在水泥层复合板的面层先涂 2mm 厚抹面胶浆，然后将耐碱玻纤网格布压入胶浆中（单张网长度不宜超过 6m），网格布间采用搭接≥100mm，不得干搭，抹面胶浆应充分包裹网格布，使其平整压实、无皱褶。

首遍抹面胶浆可碰触时再抹第二遍厚度约为 1.5mm 的抹面胶浆，达到完全覆盖网布，且微见网格轮廓为宜，控制抹面层整体厚度为 3~5mm。

抹面胶浆施工严禁不停揉搓，尤其在高温季节更加注意，以免形成空鼓、裂纹和起皮。

(6) 用 2m 长靠尺和抹面胶浆对门窗洞口边沿线和阴阳角线进行修直。

(7) 变形缝处理

① 分格缝处理：分格条应在抹灰工序时放入，待砂浆初凝后起出，修整缝边。缝内填塞聚乙烯泡沫棒做背衬，再分两次勾填建筑密封膏，勾缝厚度为缝宽的 50%~70%。

② 沉降缝处理：根据具体缝宽和位置设置金属盖板，以射钉或螺丝紧固。

(8) 在抹面胶浆表面用抹子或刮板满刮两遍柔性耐水腻子，前遍干后再刮后遍压实。腻子层平均厚度约为 1.5mm。施工后，腻子层表面应光滑、无接缝、无明显抹痕，完全覆盖抹面层。

打磨腻子层时，用 120 目的专用砂纸和砂板对墙面和阴阳角进行打磨，直打磨到腻子层无抹痕、阴阳角顺直。

(9) 涂料施工时，用滚筒刷、毛刷或用喷枪喷涂在腻子基层两遍涂料。涂布应均匀，无漏涂、流坠和发花现象。分色线顺直，偏差小于 3mm。

4) 真石漆饰面操作工艺要点

(1) 涂底漆

待抹面层初凝后，即可进行 1~2 遍弹性底漆的涂饰，涂布应均匀、全面，不得有漏底现象。

(2) 弹线分格

在弹性底漆固化后即可按图纸要求进行分割弹线（并粘贴分格胶带）。

(3) 涂装真石漆

① 在喷涂或批刮真石漆之前，应进行试喷涂或在选定板上试批刮。

② 试涂后，进行喷涂或批刮施工。施工应从上到下、从左到右进行，根据厚度可进行一遍或多遍施工，一般真石漆厚度在 2～3mm 左右。

真石漆喷涂或批刮完成后，立即揭去分格胶带。真石漆固化后，用壁纸刀和砂纸进行缝边修直处理，剔去毛刺等。

(4) 真石漆实干后，喷涂真石漆面漆。首先薄而均匀喷涂一遍，当前一遍漆固化后再进行第二遍喷涂。

5) 面（瓷）砖饰面施工操作工艺要点

(1) 固定水泥层复合板和热镀锌钢丝网

水泥层复合板安装固定后，在抗裂砂浆（抹面）层内铺设热镀锌钢丝网（或增强玻纤网格布）一层，钢丝网用锚栓固定于基层墙体上。

根据设计锚栓布置图的要求，先用电锤或冲击钻孔到墙面有效深度，然后将塑料膨胀锚栓（配套的塑料膨胀锚栓有一个压盘和一片盖板，压盘既压住水泥层复合板，又垫起热镀锌钢丝网，盖板则压住钢丝网）的压盘（带套管）置于钻孔中压住水泥层复合板。将钢丝网铺设于水泥层复合板表面（因塑料锚栓的压盘垫起钢丝网，使钢丝网与水泥层复合板之间控制所需距离），用螺钉穿过盖板压住钢丝网，用橡皮锤敲入锚栓套管孔内，最后用螺丝刀将螺钉拧紧。

面砖饰面固定热镀锌钢丝网时，平均锚固件数量不少于 6 个$/m^2$，靠近墙面阳角部位适当增多。

用 U 形钉固定热镀锌钢丝网时，所用数量与分布，可根据钢丝网服贴的程度而定，使钢丝网基本平行于水泥层复合板表面。

钢丝网裁剪应保证最外一边网格完整，保证钢丝网相互搭接宽度，搭接宽度不低于 40mm（或不低于 4 个网格）。搭接部位用铝线固定，间隔距离不大于 300mm 并有膨胀锚栓固定。左右搭接接茬应错开，防止局部接头钢丝网层超过 3 层而影响抹面层质量。

收头部位或搭接部位外侧钢丝网端部宜先向内侧折弯，避免向外凸起，控制局部凸起不高出钢丝表面 2mm。阴阳角、窗口、女儿墙、墙身变形缝等部位网的收头处均应固定。

热镀锌钢丝网在水泥层复合板表面平行，无翘曲现象。

(2) 涂抹面胶浆（聚合物抗裂砂浆）

在钢丝网表面首遍抹 5～7mm 厚度的抹面胶浆，用力压实钢丝网，使抹面胶浆与水泥层复合板密实粘结，使抹面胶浆充分填充钢丝网与水泥层复合板间隙，钢丝网被抹面胶浆完全包裹。

首层抹面胶浆干燥后再抹第二遍 2～3mm 厚抹面胶浆，以覆盖钢丝网和塑料膨胀锚栓、微见两者轮廓，抹面层总厚度控制在 7～10mm，钢丝网距面层厚度约为 2～3mm。钢丝网不得露出抗裂砂浆表面。抹完的抗裂砂浆层应平整、严实、无皱褶。之后，用 2m 靠尺和抹面胶浆对门窗洞口边沿线和阴阳角线进行修直。

抹面胶浆施工间歇应在自然断开处，如伸缩缝、挑台等部位，以便后续施工的搭接。

如在连续墙面停歇,钢丝网、抹面胶浆应形成台阶形坡茬,且留茬间距不小于150mm,防止钢丝网搭接处平整度超出偏差。

(3) 粘贴面(瓷)砖

抗裂砂浆层达到一定的强度后应适当喷水养护,约7d后方可粘贴面砖。

沿墙面弹水平线,吊垂线。粘贴面砖前,应先将基层喷水湿润而无明水。对吸水率大于1‰的面砖,在粘贴前应浸水2h以上,晾干后再用。

粘贴面砖的粘结砂浆厚度为5~8mm,粘贴时轻揉搓,用灰刀剔除溢出浆,面砖间缝宽不小于5mm(每6层高应加设一道20mm宽的面砖缝)。

(4) 勾面砖缝

施工前先检查瓷砖是否已粘贴牢固,一般至少要在瓷砖贴完24h后方能填缝(或确认瓷砖粘贴已达到牢固要求),去除瓷砖缝隙松散的胶粘剂、浮灰。根据瓷砖表面的吸水性和光洁程度选择合适的施工方法,勾面砖缝常采用湿勾法和干勾法(高层瓷砖填缝不建议采用此法)。

配制填缝剂不得太干或太稀,拌合填缝剂的施工时间很大程度上受到空气温度和湿度的影响,搅拌后的产品必须在规定时间内用完,已硬化的填缝剂严禁二次加水搅拌后再次使用。

① 釉面砖缝湿勾法

按填缝粉:水=5:1,即湿勾法严格控制水灰比在0.20左右(可根据具体施工要求适当调整水灰比)比例配制水泥基填缝剂,先将填缝粉倒入适量洁净的水中,用低速电动搅拌机搅拌均匀、没有块状为止,静置几分钟使填缝剂水化,然后再次重新搅拌使材料中的有机成分充分发挥作用后即可使用。

宜使用橡胶抹刀沿连接缝的对角线,以45°角用力将填缝剂填充到釉面砖缝隙中,稍后用橡胶抹刀将釉面砖表面多余的填缝剂清除,稍等10~20min到填缝剂未完全达到干燥或待填缝剂稍微干燥后,用海绵、微湿棉布或毛巾以画圈动作擦拭瓷砖表面,进一步按压填缝剂。

最后待填缝剂干燥后,再用海绵或干净棉布擦拭瓷砖表面,彻底除掉残留在瓷砖平面上的水泥基填缝剂填缝剂痕迹。

② 釉面砖缝干勾法

将填缝剂倒入洁净的水中搅拌成半干状,填缝剂:水=10:1,即干勾缝填缝法严格控制水灰比在0.10左右(经验测定以手握成团,轻触即散为准),然后用与砖缝差不多粗的铁质填缝溜子将搅拌成半干状的填缝剂压入缝中填实,先勾竖缝再横缝,待稍干后把瓷砖表面多余的勾缝剂清除干净。

(5) 面砖饰面与涂料饰面交接部位宜采用抗裂聚合物砂浆进行密封处理,交接部位抹面层应为45°角,并达到密实、粘结牢固、无空隙、不滞水。

6) 柔性面砖饰面施工操作工艺要点

(1) 弹线

根据设计方案,用墨斗在抹面层上弹出柔性面砖控制线。

(2) 粘贴柔性面砖

粘贴柔性面砖时,用4mm×4mm带锯齿的抹刀在基层满涂一层胶粘剂,沿基准控制线采用浮动法将柔性面砖铺贴在胶粘剂之上（或在柔性面上刮出锯齿条状 2～3mm 厚度胶粘剂，在基层粘贴），用搓板或其他工具轻拍砖面压实，使之与基层达到 100%粘结。

粘贴应从下到上、从左到右的顺序进行，第一排柔性面砖必须保证横平竖直（采用水平木头托架等方法），从第二排起在粘贴过程中用标准砌杆和靠尺调整水平度、垂直度，分格缝宽度一般为 5～10mm。

在阴角处粘贴时，使用壁纸刀在砖的反面需要弯曲处划一道 0.5～1mm 深的痕迹，在划痕处将柔性装饰砖弯曲，将弯曲好的柔性装饰砖粘贴到阴角处。

在阳角处粘贴时，使用壁纸刀在砖的正面需要弯曲处划一道 0.5～1mm 深的痕迹，在划痕处将柔性装饰砖弯曲，将弯曲好的柔性装饰砖粘贴到阳角处。

（3）勾面砖缝

勾面砖缝时，柔性面砖粘贴约 24h 后进行勾缝处理。用挤胶枪将瓷石胶打入分格缝内，使瓷石胶注入量控制与柔性面砖表面平行，瓷石胶注入后在 1～2min 内，用勾缝专用压杆蘸少许水将缝内瓷石胶压实抹平。

（4）缝口涂装

缝口涂装时，瓷石胶勾缝结束 24h 后，用罩面漆在缝内瓷石胶表面进行刷涂。在最初的 24 小时内必须注意填缝剂的养护（尤其是室外暴露阳光下的施工面），可用喷雾的形式养护，不得有流淌。

另外，还有一种柔性面砖缝口和表面处理方式，在完成粘贴柔性面砖后，采用与缝口接近同宽度的扁毛笔，沿缝口划压缝口内的柔性面砖胶粘剂，使缝口达到光滑、无缝、均匀。最后在柔性面砖缝口、柔性面砖表面共同涂刷透明乳液，进一步达到墙面防水、防污作用。

3. 质量要求

水泥层复合板（保温层）安装尺寸偏差应符合表 3-26 的要求。保护层的尺寸偏差应符合表 3-27 的要求。

水泥层复合板安装允许偏差（mm）　　　　　表 3-26

项　目	允许偏差	检验方法
表面平整	3.0	用 2m 靠尺和塞尺检查
阴阳角垂直	3.0	用 2m 托线尺检查
阴阳角方正	3.0	用方尺和靠尺检查
立面垂直	4.0	用 2m 托线尺检查
分格条平直	2.0	拉 5m 线和尺量检查
板相邻板面高差	1.0	用 2m 靠尺和塞尺检查

保护层的允许偏差（mm）　　　　　表 3-27

项　目	允许偏差	检验方法
表面平整	3.0	用 2m 靠尺和塞尺检查
阴阳角垂直	3.0	用 2m 托线尺检查
阴阳角方正	3.0	用方尺和靠尺检查
立面垂直	4.0	用 2m 托线尺检查
分格条平直	3.0	拉 5m 线和尺量检查

面砖勾缝纵横交叉处要过渡自然,不得有明显痕迹,砖缝应连续、平直,口角砖交接呈 45°。

填缝剂深度方向和宽度方向上都应是均匀密实,光滑、表面光亮,不要留有空隙、毛糙及松散颗粒状表面存在,同时也避免碱从空隙中渗透出,即防止发生泛碱。

酚醛泡沫复合保温板在饰面施工中,对檐口、勒脚、装饰线、设备安装孔、槽、门窗等,以及面砖饰面与涂料饰面交接处等应做好节点密封。

3.2.3 粘锚酚醛泡沫水泥层装饰复合板系统

粘锚酚醛泡沫水泥层装饰复合板系统,是由酚醛泡沫水泥层装饰复合板、无机胶粘剂、锚栓、固定件、嵌封条及密封胶等材料构成防水、防火、保温和装饰一体化系统。

酚醛泡沫水泥层装饰复合板(简称水泥层装饰复合板)是由纤维增强硅钙板为饰面基材,在其表涂饰(预涂或后涂)不同饰面材料为面层(如氟碳漆等饰面涂层),水泥层装饰复合板背面为柔性水泥层增强卷材,在饰面硅钙板与背面水泥层增强卷材层的中间层为酚醛泡沫。

水泥层装饰复合板在连续发泡生产线上,利用酚醛泡沫发泡时自粘结性能,将带有饰面的硅钙板和水泥层增强卷材复合完成。水泥层装饰复合板构造如图3-28所示。

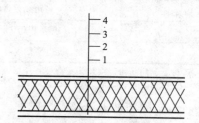

图 3-28 PF 水泥层装饰复合板构造
1—柔性水泥层增强卷材;2—PF 板;
3—饰面基材(如纤维增强硅钙板);
4—饰面(如氟碳漆)

该系统适用我国各个地区的多层、高层的新建建筑、既有建筑节能改造的外墙外保温工程。

1. 特点

1) 水泥层装饰复合板背面层(背板)为水泥层增强卷材,不但有增强复合板材作用,而且与专用板材胶粘剂的性能、材质相同,施工时极易粘结,不必涂刷界面材料。

2) 水泥层装饰复合板在工厂连续化生产,且生产质量容易控制,饰面装饰效果丰富。

3) 在系统中可采用透气构造,排除保温系统与墙体间产生的水蒸气,防止水分对胶粘剂降低拉伸性能影响,避免造成密封胶起鼓、发霉而导致水泥层装饰复合板开裂、脱落。

4) 水泥层装饰复合板以粘贴为主,锚固件固定为辅,通过安装结构合理设计,延长系统使用寿命。每块水泥层装饰复合板都采用水平承托+粘贴+辅助锚固的安装方式,能更有效保证连接安全。

5) 采用燃烧性能为 A 级的纤维增强硅钙板作为外饰面基板,使复合板具有很好防火性能,更加避免材料堆放及施工中电焊、燃放烟花等引发火灾。

6) 模块化施工快捷、易于维修、防开裂性能好、使用耐久,安装后的外墙外保温系统,具有防火、防水、保温和装饰一体化效果。

2. 材料要求

1) 酚醛泡沫板(裸板)主要技术性能见表3-2~表3-4,水泥层装饰复合板燃烧性能应不低于 A 级。

2) 水泥层装饰复合板寸尺允许偏差

水泥层装饰复合板应按设计规格尺寸进行切割,水泥层装饰复合板寸尺允许偏差见表3-28。

水泥层装饰复合板寸尺允许偏差 表3-28

项 目		允许偏差(mm)
长度(mm)		±2.0
宽度(mm)		±2.0
厚度(mm)	≤50	±1.5
	>50	±2.0
对角线差(mm)		3.0
板边平直(mm/m)		±2.0
板边平整度(mm/m)		1.0

注:为防止水泥层装饰复合板有变形,在其生产下线后,应在30℃以上温度且不低于3d熟化时间后,方可使用。

3) 胶粘剂主要技术性能同表3-6。
4) 锚栓主要技术性能同表3-9。
5) 硅酮密封胶技术性能见表3-29。

硅酮密封胶技术性能指标 表3-29

项 目		指 标
外观质量及气味		挤出物光滑、细腻、无气泡、无刺激味
下垂度	垂直放置(mm)	≤3
	水平放置(mm)	不变形
挤出性(mL/min)		≥80
表干时间(h)		≤3
弹性恢复率(%)		≥80
拉伸模量	23℃(MPa)	≥0.4
	-20℃(MPa)	≥0.6
定向粘结性		不破坏
紫外线辐射后的粘结性		不破坏
冷拉-热压后的粘结性		不破坏
浸水后的拉伸粘结性		不破坏
质量损失率(%)		≤10

6) 金属固定件要求:材质为热镀锌钢板,厚度为1.0 ± 0.1mm。

3. 细部节点构造

细部节点构造如图3-29~图3-36所示。

3.2 粘贴法施工

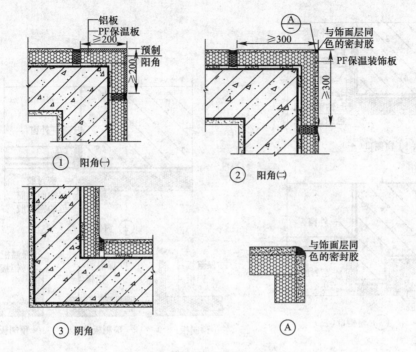

图 3-29 阴阳角构造图

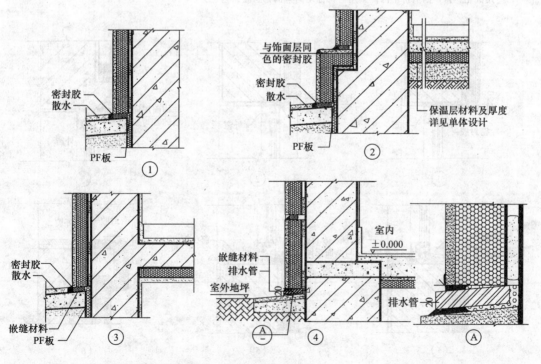

图 3-30 勒脚构造

注：节点室外地面以下保温层设置深度和防水层做法详见个体工程设计；保温层收口部位要低于室内标高 ±0.000；排水管用于勒脚部位，不锈钢材质，内径为 10mm。

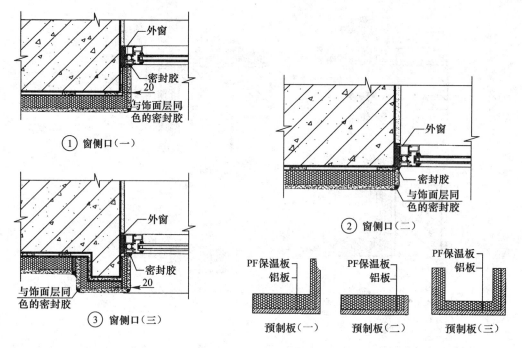

图 3-31 窗侧口构造

注：窗户四周拼角部位板可采用铝板预制成型的板，板尺寸由具体的分格图确定；窗户四周保温板全部采用满粘；窗户四周拼角部位采用与饰面层同色的密封胶。

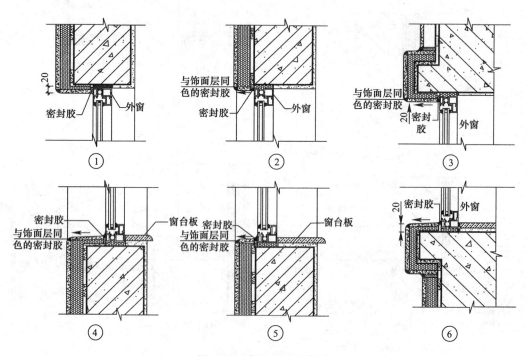

图 3-32 窗上、下口构造

注：窗户四周拼角部位板可采用铝板预制成型的板。板尺寸由具体的分格图确定；窗户外侧窗台的保温层高度尽可能低于窗户内侧的抹灰高度；窗户外侧窗台的保温层不能盖住窗户溢水口。

3.2 粘贴法施工

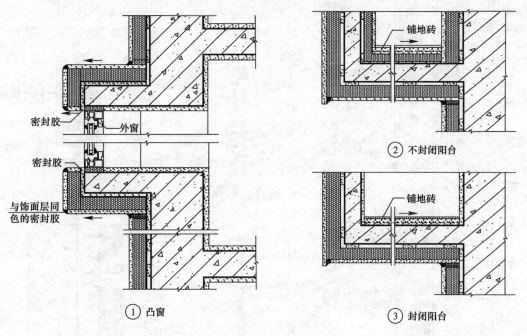

图 3-33 凸窗、阳台构造

注：窗户四周拼角部位板可采用铝板预制成型的板。板尺寸由具体的分格图确定；凸窗挑出宽度、长度与混凝土挑扳构造详见个体工程设计。

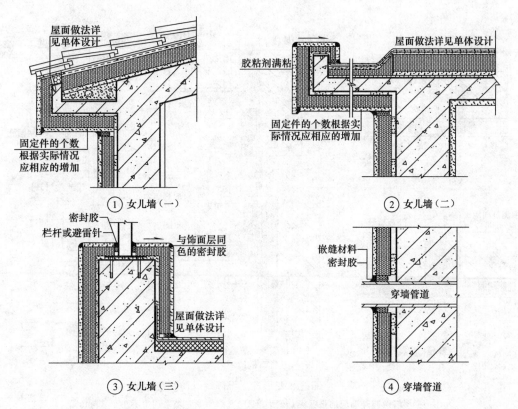

图 3-34 女儿墙、穿墙管道

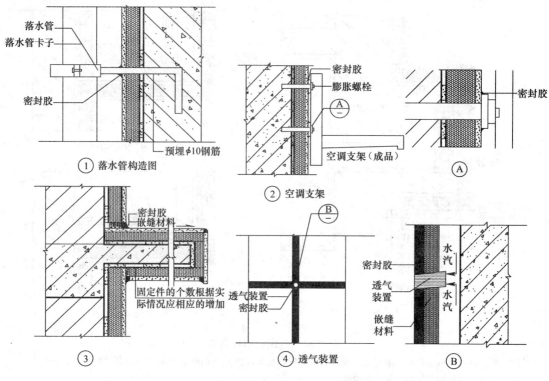

图 3-35 落水管、空调、雨篷、透气装置

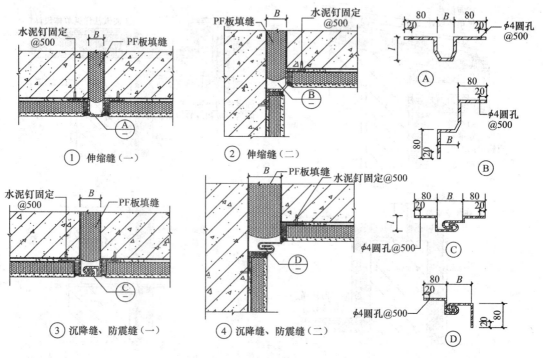

图 3-36 伸缩缝、变形缝、沉降缝、防震缝构造
注：变形缝两侧外墙应加强保温；变形缝用 PF 板塞紧，填塞深度不小于 300mm。

4. 施工工艺

1) 施工工艺流程如图3-37所示。
2) 操作工艺要点

(1) 基层墙体已验收,墙面有残渣、脱模剂等处理干净。当基墙体平整度达不到施工要求时,应先用1:3水泥砂浆进行找平处理,达到合格。

门窗洞口已验收,门窗框或附框安装完毕。

(2) 严格按照分格图弹出每块水泥层装饰复合板分格线。根据胶粘剂的厚度、保温层厚度,在建筑物外立面拉横向和纵向的通线,以便控制整个墙面的平整度。

(3) 根据图纸中金属固定件设计位置,在水泥层装饰复合板上量出每个金属固定件的位置。将金属固定件平行于板面方向,垂直于水泥层装饰复合板侧面平面插入设计位置。

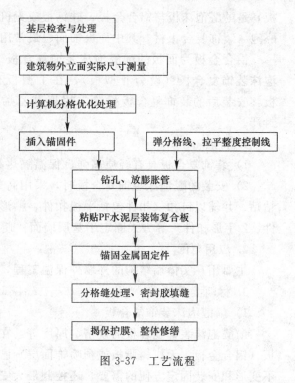

图3-37 工艺流程

(4) 放膨胀管时,钻孔直径应根据砌体具体类型确定孔直径,钻孔深度应比锚栓锚固深度深10～15mm。

(5) 粘贴水泥层装饰复合板采用点框粘法。首块水泥层装饰复合板粘贴后,进行后续板块施工时,应在板块边角交接部位缝口中安放"T"形块或"十"形块。

(6) 按分格图编号由下至上粘贴,水平方向粘贴应先贴阴阳角及门窗部位并向两侧粘贴。

(7) 锚栓深入基层墙体有效深度不得小于30mm,螺丝穿过安装孔插入锚栓套管内,稍微受力拧紧。

(8) 水泥层装饰复合板粘贴24h后拆除水泥层装饰复合板间"T"形块或"十"形块,清除分格缝内杂物,达到清洁。

(9) 将1.3倍缝宽的嵌缝材料(如PE泡沫棒)填入分格缝中,且距水泥层装饰复合板板面约为5mm。用硅酮胶均匀注入分格缝,且成为1～2mm的凹面。

注密封胶同时安装透气件和排水管。透气件优先考虑在檐口下部、阴角等不易雨淋部位的板缝中插入。透气件分布密度约为1个/30m²；排水管分布为1个/面。

3) 质量要求

(1) 板面整洁,平整,用2m的靠尺检查,缝间隙小于2mm,缝隙均匀平直,排气塞按要求放置。

(2) 其他参见3.2.1节四、中有关质量要求。

3.2.4 粘锚酚醛泡沫装饰复合板系统

在无机浆料粘贴酚醛泡沫装饰复合板系统中,酚醛泡沫装饰复合板(简称装饰复合板）是酚醛泡沫板与铝合金板、硅钙板或无机树脂板等面板，经过加压粘结等工艺制成酚醛泡沫装饰复合板材，其中面板饰面层最常用的有氟碳涂料、丙烯酸涂料。

铝合金板为面板的酚醛泡沫装饰复合板（设为Ⅰ型板），无机树脂板为面板的酚醛泡沫装饰复合板（设为Ⅱ型板），在Ⅰ型板和Ⅱ型板的酚醛泡沫层中增设铝合金增强板，安装后的装饰复合板板缝先用聚苯乙烯泡沫塑料圆棒条填塞后，再用耐候密封胶封严。

1. 特点

1) 装饰复合板具有轻质高强、保温隔热和装饰美观性。

2) 安装酚醛泡沫装饰复合板时，采用高分子聚合物和无机填料混配的胶粘剂与基层粘贴，并辅以钉扣（扣件包括平板扣件、槽形扣件、S字形扣件、T字形扣件、平压形扣件、Z字形扣件）等方式固定于基层墙面，使用寿命耐久。

2. 应用范围

主要用在实体墙结构的外墙外保温工程，适用各地区低层、多层和高层节能建筑。

3. 材料要求

1) 酚醛泡沫装饰复合板

酚醛泡沫装饰复合板的规格、厚度等，在工厂按安装工艺或设计要求预制而成，除面板（铝合金板、无机树脂板或预喷饰面层）已经具有一定稳定性外，为保证板材具有长期不变形和安装固定方便的需要，还控制最大安装规程尺寸。

2) 酚醛泡沫保温层厚度

酚醛泡沫装饰复合板中酚醛泡沫保温层厚度为净厚度，不包括面板厚。酚醛泡沫厚度的最小限值不小于20mm。

3) 酚醛泡沫装饰复合板性能，见表3-30。

酚醛泡沫复合保温板技术性能指标 表3-30

项　目	指　标
面吸水率（%）	≤0.3（涂料饰面后）
复合界面拉伸粘结原强度（kPa）	≥150且破坏在保温内部
复合界面浸水拉伸粘结原强度（kPa）	≥150且破坏在保温内部
燃烧性能（级）	A级
耐冻融（5次循环）	无开裂、空鼓、起泡、剥离
水蒸气透湿系数（g/m²·h）	≥0.85

4) 胶粘剂性能

粘贴酚醛泡沫装饰复合板所用胶粘剂的性能同表3-6要求。

5) 扣件

按设计要求选用。

6) 建筑密封膏技术性能

密封膏可采用聚氨酯建筑密封膏或建筑用硅酮结构密封胶，聚氨酯建筑密封膏技术性能应符合（JG 482）标准。建筑用硅酮结构密封胶技术性能同表3-29。

7）尼龙锚栓技术性能，同表 3-9 锚栓技术性能。

8）其他材料

（1）用作填（嵌）缝背衬的聚苯乙烯泡沫塑料圆棒条（直径宜按缝宽的 1.3 倍采用）。

（2）墙身变形缝（基层墙体的伸缩缝、防震缝）内沿墙外侧满铺低密度聚苯乙烯泡沫板。

（3）墙身变形缝盖缝板用 1mm 厚带表面涂层的铝板或 0.7mm 厚镀锌薄钢板。

（4）排气塞应与系统配套使用。

4．设计

1）基本要求

（1）复合板粘结点布置：复合板面积<1.0m² 时，可按 5～10 点均匀布置；复合板面积为 1.0～2.2m² 时，可按 10～18 点均匀布置。

（2）复合板粘结点涂粘结剂时，涂胶厚度按 15mm 计算，粘贴后的胶粘剂压缩定形厚度按 5～6mm 计，据此确定每个涂胶点的涂胶面积。

（3）个体工程设计可按复合板幅面进行墙面的分格设计。

2）细部构造及其要求

Ⅰ型板、Ⅱ型板细部构造分别如图 3-38～图 3-44 所示。在外窗排水坡顶应高出附框顶 10mm，用于推拉窗时应低于窗框的泄水孔。

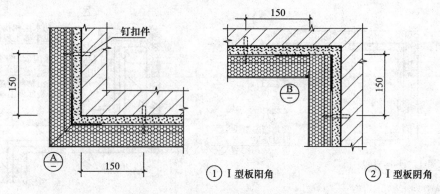

图 3-38　Ⅰ型板阳角、阴角构造

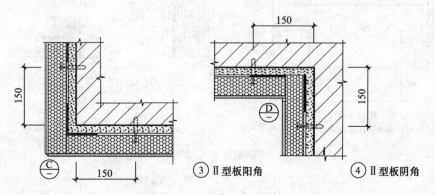

图 3-39　Ⅱ型板阳角、阴角构造

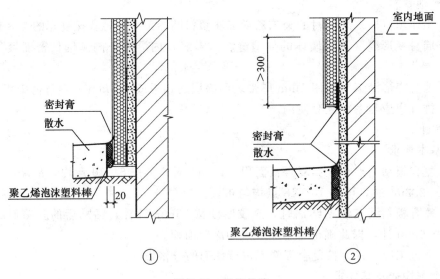

图 3-40 勒脚构造

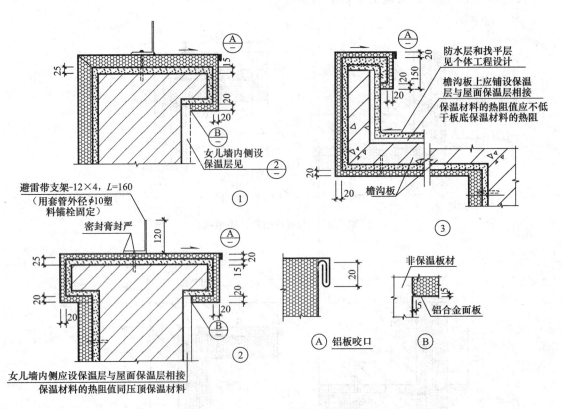

图 3-41 Ⅰ型板女儿墙和檐沟构造

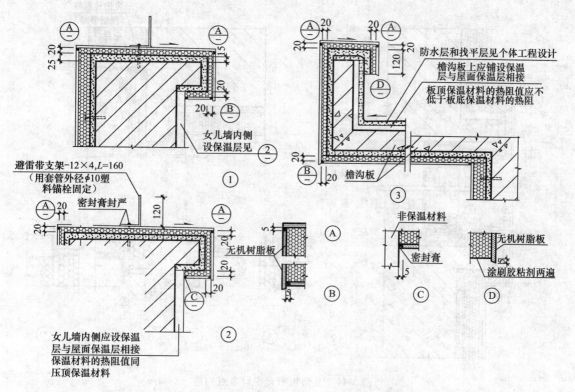

图 3-42 Ⅱ型板女儿墙和檐沟构造

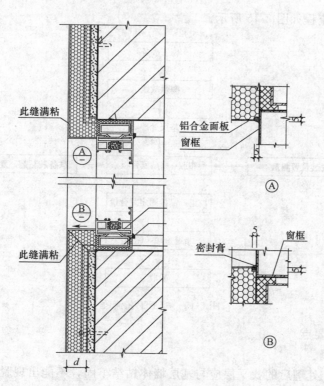

图 3-43 Ⅰ型板窗口节点构造

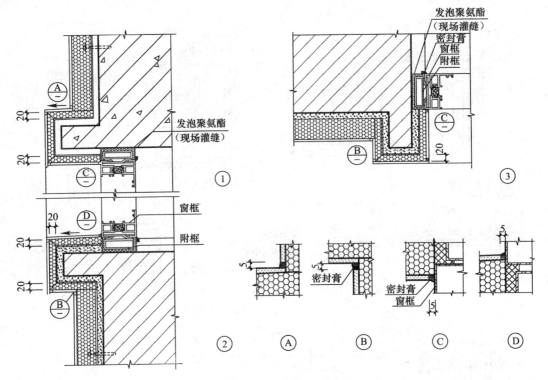

图 3-44 Ⅱ型板带套窗口节点构造

5. 施工工艺

1) 施工工艺流程如图 3-45 所示。

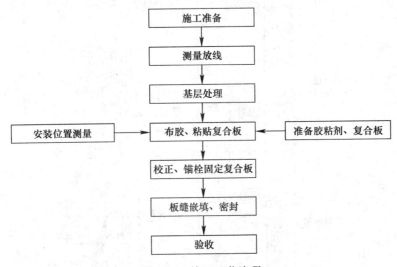

图 3-45 施工工艺流程

2) 操作工艺要点

(1) 基层处理

基础抹灰层、处理后的找平层应与基层墙体粘结牢固,不能出现脱层、空鼓、裂缝以及粉化、起皮、爆灰等不良现象。砌体应通过中级抹灰验收标准。

基础抹灰层表面平整度用2m靠尺测量,露缝间隙不大于5mm。

(2) 分格弹线

根据相关分格图纸在墙面上弹线,并确定分格缝的宽度,作出标记。

(3) 配制胶粘剂

按产品说明书或相关技术文件要求配制胶粘剂。如胶水:粉料:水按质量配比,胶水1:粉料7:水(1～1.2)进行,先将水加入胶水搅拌匀后再加入粉料,用电动搅拌器充分搅拌均匀即可使用。胶水、粉料应严格按比例调配,根据施工现场气温高低适当增减清水的添加量,每批次配制量必须在规定时间内用完。

(4) 粘贴、固定复合板

在高气温季节粘贴板材前,先将墙面用清水润湿,再根据板面大小不同均匀分布粘结点。建筑高度在50m以下时,每平方米胶粘剂参考用量约为5～6kg,建筑高度在50m以上时,每平方米胶粘剂参考用量约为7～10kg。

粘结面积应大于等于该复合板面积的40%。板面积<1.0m² 时,可按5～10个点均匀布置;板面积1.0～2.2m² 时,可按10～18个点均匀布置。

粘贴复合板时,先在复合板背面(或按已设定的粘贴点位)涂胶粘剂,粘结点涂胶厚度应大于15mm,然后将复合板揉贴在墙体找平层表面,粘贴后的胶粘剂压缩定形厚度应在5～6mm。

用手吸盘调整好板面平整度和分格缝的宽度,粘板时应预留6～10mm缝隙作为工艺调节尺寸。

根据找平层的不平整度情况,一般胶粘剂的压缩定形厚度为3～8mm之间,如图3-46所示。

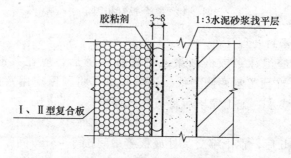

图3-46 胶粘剂的压缩定形厚度

复合板粘贴就位后,用靠尺及水平尺检查已粘贴的板面平整度,沿复合板的边已设定的锚栓(或构件)位置(或点粘处侧面打上锚扣件)对基层墙体用电锤在规定位置钻孔,孔深应穿过砂灰层,进入墙体25mm以上,随即在孔内安放锚栓的塑料套管,然后将钢板扣件插入酚醛泡沫的保温层中,扣住铝合金增强板,并将扣件孔对准套管拧入锚栓,卡紧复合板。

当建筑高度大于50m时,在扣件安装完毕后,还应用粘板胶将扣件组粘结在一起。复合板钉扣、粘贴点布置示意如图3-47、图3-48所示。

安装下一张板在板的相应位置先插入扣件,要求能对应预先安放的膨胀栓,再进行上墙安装。相邻各板按此顺序依次逐一安装固定。

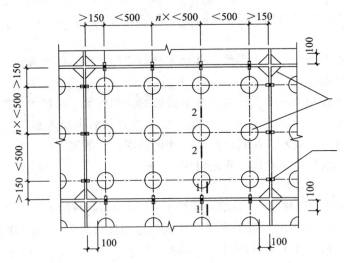

图 3-47 Ⅰ、Ⅱ型复合板钉扣、粘贴点布置示意图

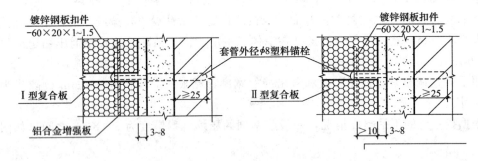

图 3-48 复合板钉扣固定

(5) 防水、嵌缝密封处理

在板缝内嵌填酚醛泡沫条或嵌填聚乙烯圆棒嵌缝后，应在其缝口部位预留不小于5mm深度的预留空。在预留空两侧弹线、贴美纹纸，将预留空用密封膏勾缝封严，避免在板缝间产生热桥、渗水，施工完毕后将美纹纸撕掉。

(6) 排气塞安装

待密封胶完成24h后，在十字交叉处或板缝中间按3～5m² 间距钻1个孔，安装排气塞。在孔内和排气塞四周用密封胶后嵌入孔中即可（将排气孔朝下，防止灌进雨水）。

(7) 揭保护膜

揭保护膜应在贴板结束一个月内进行，以免揭膜困难。清洁板面应在撤架前进行。

(8) 成品保护

外保温系统施工完成后，应做好成品保护：

① 防止施工污染；

② 拆卸脚手架或升降外挂架时，注意保护墙面免受碰撞；

③ 严禁踩踏窗台、线脚；

④ 发现有损坏部位应及时修补。

6. 质量要求

工程质量要求，参见3.2.1.4节中有关内容。

3.2.5 酚醛树脂发泡粘贴酚醛泡沫装饰复合板系统

该系统是通过采用可循环利用的外龙骨和三维可调的连续件,将酚醛泡沫装饰复合板定位后,在酚醛泡沫装饰复合板与基层的预留缝中,通过现浇酚醛泡沫发泡的粘结性能,将酚醛泡沫装饰复合板粘贴在基层墙体上,再通过固定和密封后,成为集装饰、防火、保温和防水为一体的建筑外墙外保温系统。

适用于工业建筑、民用建筑的各种墙体外保温安装,如黏土砖墙、空心砖墙、混凝土墙、水泥砂浆抹灰墙等。

1. 材料要求

在施工现场的环境温度等条件,现浇发泡酚醛泡沫应达到正常发泡、固化,而且酚醛泡沫装饰复合板与现浇发泡酚醛泡沫间的粘贴强度不小于 0.15MPa(破坏界面应在酚醛泡沫泡体上)。

装饰金属板涂层宜选用氟碳涂层,氟碳树脂涂层含量不应低于 70%,沿海及酸雨严重的地区可采用三道或四道氟碳树脂涂层,其厚度应大于 $40\mu m$;其他地区可采用两道氟碳树脂涂层,其厚度应大于 $20\mu m$;氟碳树脂涂层应无起泡、裂纹、剥落等现象。

2. 机具准备

机具包括专用微型酚醛泡沫发泡浇注机、空压机及其他设备、机具等。

3. 基本条件

1)采用脚手架施工时,宜采用幕墙施工所用脚手架方案,落地脚手架为双排布置。
2)新建建筑的外墙通过隐蔽工程验收后,可不做找平层,宜对砌体进行勾缝处理。

4. 施工工艺

1)施工工艺流程如图 3-49 所示。
2)操作工艺要点

(1)外定位横龙骨安装要求:

转接件与横龙骨位置应从构造上实现三维方向可调整,以确保横龙骨安装位置准确;

转接件的水平、垂直安装误差不大于±5mm;

转接件定位点的安装进出误差不得大于±1mm。

龙骨应与转接件上的定位点靠严。多点固定的横龙骨应保证其直线度。

(2)快装竖龙骨的安装要求:

竖龙骨的整体刚度能够抵抗浇注酚醛泡沫物料时所产生的膨胀应力,必要时应设置辅助连接。

竖龙骨与面板的接触面应设置通长的橡胶垫,防止板面划伤。

(3)定点、定量依次浇注酚醛泡沫物料,

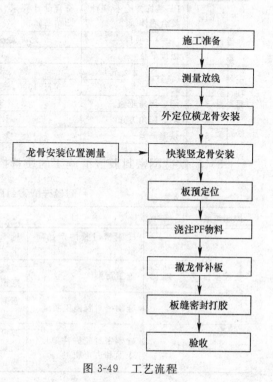

图 3-49 工艺流程

浇注料必须充满应充填的部位,泡沫达到充分固化。

(4) 转接件处补板施工要求:

调节转接件处使用的膨胀螺栓,使基层墙面平整。

用专用夹扣将临时龙骨固定在已安装完成的面板上,完成对安装面板的准确预定位后,浇注粘贴。

(5) 板缝密封施工要求:

浇注粘贴酚醛泡沫充分固化后,板缝嵌填硅酮密封胶,胶缝应均匀、平整、美观,胶层表干后,进行饰面清理或清洗。

5. 浇注酚醛泡沫的施工质量控制

1) 浇注酚醛泡沫的施工质量控制应符合表3-31的要求。

浇注酚醛泡沫的施工质量控制 表3-31

控制类型	序号	项目	检查验收内容	检验方法
主控项目	1	PF浇注原料	产品质量应符合设计要求,应有配比设计和形式检验报告及出厂合格证	按模浇PF质量检验方法
	2	浇注量及浇注位置	应符合设计要求	用硬橡胶小锤敲击检查
	3	浇注的PF是否污染面板	饰面板是否被污染或污染物是否及时清除	观察检查

2) 发泡粘贴酚醛泡沫装饰复合板系统的施工质量控制应按表3-32要求进行。

酚醛泡沫装饰复合板系统的施工质量控制 表3-32

控制类型	项目		检查验收内容	检查方法
主控项目	PF装饰复合板浇注复合墙体		符合设计要求、粘贴牢固、保证粘贴面积	GB 50204中现浇结构或GB 50203中对清水墙规定
	项次	项目	允许偏差(mm)	检验方法
一般项目	1	板面平整	1	用2m靠尺和楔形塞尺检查
	2	垂直度 每层	3	用2m托线板检查
		全高	$H/1000$,且不大于20	用经纬仪吊线和量检查
	3	阴、阳角垂直	3	用2m托线板检查
	4	阴、阳角方正	1.5	用200mm方尺和楔形塞尺检查
	5	接缝高差	1.5	用直角尺和楔形塞尺检查

3) 耐候硅酮密封胶嵌缝施工的质量控制应按表3-33的要求进行。

耐候硅酮密封胶嵌缝施工的质量控制 表3-33

控制类型	序号	项目	检查验收内容	检验方法
主控项目	1	硅酮密封胶的产品质量	施工进行抽检应符合国家现行标准要求,过期严禁使用	按要求硅酮耐候密封性能检验
	2	施工污染	板缝的污物、浮尘、凹凸不平是否影响密封胶嵌注质量	观察检查
	3	硅酮密封胶施工质量	密封胶胶体有无开裂、龟裂、脱层、起皮、粉化等现象	观察检查
一般项目		硅酮密封胶嵌注厚度、表面和边角质量	厚度均匀、表面平整、内部密实、无明显硬结、污垢、断胶,密封边清晰、横竖缝顺直,不污染饰面板	观察检查

3.2.6 粘贴酚醛泡沫板幕墙保温系统

该系统主要有粘贴酚醛泡沫板和粘贴酚醛泡沫复合板保温系统。粘贴酚醛泡沫板保温系统施工技术，可参考本节的粘贴酚醛泡沫板涂料饰面系统中操作要点；粘贴酚醛泡沫复合板保温系统施工技术，可参考本节的粘贴酚醛泡沫水泥层复合板系统中操作要点。

1. 粘贴酚醛泡沫板保温系统

粘贴酚醛泡沫板保温系统施工工艺流程如图 3-50 所示。

2. 粘贴酚醛泡沫复合板保温系统

粘贴酚醛泡沫复合板保温系统施工工艺流程如图 3-51 所示。

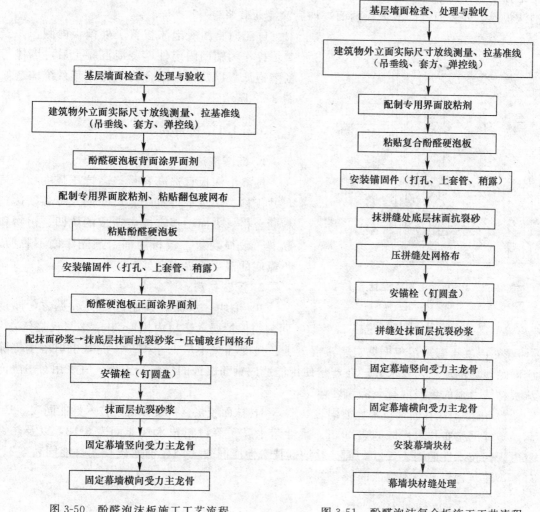

图 3-50 酚醛泡沫板施工工艺流程　　图 3-51 酚醛泡沫复合板施工工艺流程

3.3 模板内置板材法施工

模板内置酚醛泡沫板外墙外保温施工，是通过大模板支护，将设置在外墙模板内侧的大块酚醛泡沫板(如酚醛泡沫水泥层复合板、酚醛泡沫普通型保温板、酚醛泡沫钢丝网架板等)固定,通过现浇混凝土的浇筑后,成为外墙外保温主体结构。

该施工过程必须保证结构的连续性和稳定性,在完成混凝土浇筑养护期并拆除模板后,在酚醛泡沫保温层表面做饰面层。

3.3.1 酚醛泡沫无网板现浇混凝土系统

在酚醛泡沫板现浇混凝土保温系统中(简称无网现浇系统),以现浇混凝土外墙作为基层,以酚醛泡沫板为保温层。

各类形板材的施工工艺基本相似,选用特殊形状的保温板,有利于增加与现浇混凝土粘结强度。在该系统工法中仅以普通(或矩形齿槽)酚醛泡沫板施工做典型介绍,在酚醛泡沫板内、外表面(即泡沫板两面)均满涂界面砂浆。

施工时将酚醛泡沫板置于外模板内侧,并安装锚栓作为辅助固定件。浇灌混凝土后,墙体与酚醛泡沫板以及锚栓结合为一体。其系统构造如图 3-52 所示。

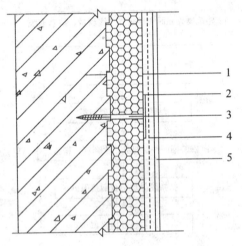

图 3-52 PF板无网现浇混凝土系统
1—现浇混凝土外墙;2—PF板;3—锚栓;
4—抗裂砂浆薄抹面层;5—饰面层

3.3.1.1 材料要求

1. 酚醛泡沫板

酚醛泡沫板宜选高容重、高抗压强度板,其尺寸规格、切边平行直线、尺寸偏差等必须达到检验合格,表面不得有撞击造成的坑凹、污物和断裂、破损现象。板材两面,预先涂刷不脱粉、不露底的混凝土界面砂浆。

2. 配套材料

1)垫块:水泥砂浆制成50mm见方,厚度同钢筋保护层(垫块内预埋20~22号火烧丝)。

2)混凝土宜采用免振捣自密实混凝土、强度等级不应低于C20。混凝土坍落度等应满足现场浇灌工艺要求外,在严禁使用能造成钢筋腐蚀的浇混凝土外,宜采用对酚醛泡沫板粘结力强的免振混凝土浇筑墙体。

3)酚醛泡沫界面剂技术性能同表3-7、3-8,抹面胶浆(抗裂砂浆)技术性能同表3-10、耐碱玻纤网格布技术性能同表3-11、柔性耐水腻子等材料技术性能同表3-12,以及热镀锌电焊网技术性能同表3-20,面砖粘结剂技术性能同表3-23、饰面砖技术性能同表3-21、硅酮型建筑密封膏技术性能同表3-29等。

3.3.1.2 设计要点

1. 在门窗框与墙体间的空隙应密封填充,并与门窗洞口侧墙的保温层结合紧密。在门窗洞口四周墙面、凸窗四周墙面及悬挑的混凝土构件、女儿墙等热桥部位应采取封闭保温等隔断热桥措施后,达到不渗水、无热桥。

2. 垂直保温层与水平或倾斜屋面的交接处,以及延伸至地面以下的保温层应做好防水防潮处理。

3. 在板式建筑中垂直抗裂分隔缝不宜大于 30m²。

4. 设置热镀锌焊接钢丝网应用塑料锚栓与基层锚固。锚栓在基层按梅花形布设，锚栓与基层有效锚固深度不小于 30mm。当外墙为轻质空心砌体时，应采用回拉紧固型塑料锚栓或其他措施。

5. 不宜采用粘贴面砖做饰面，当采用面砖饰面时，宜选用单位面积质量不大于 20kg/m² 的小规格面砖，且其安全性与耐久性必须可靠。

6. 工程经验收合格后，按预埋件进行门窗工程等配套附属工程对位安装。

7. 当采用长杆对拉螺栓穿过内（或内侧装饰板）外保温板材固定措施时，防止螺栓外露表面而产生热桥，应用密封或采用无机轻质保温浆料涂抹平整。

3.3.1.3 施工

1. 施工准备

1) 施工前应由设计单位进行设计交底，认真阅读设计图图纸、大模板的排板设计图和内置酚醛泡沫板的排板设计图、节点构造详图。当监理单位和施工单位发现施工图有错误时，应及时向设计单位提出更改设计要求。当原设计单位同意并修改完成，经各方会审无疑后，并应签署设计变更文件，方可实施。

在施工前，依据施工技术要求、工程质量要求、工期和现场等具体情况，安装施工单位应按施工图设计的要求，编制相应完整、可行专项施工方案，主要包括如下内容：

主要材料进场计划、检查验收；

施工机具的配备及材料搬运、吊装方法；

构件、组件和板材的现场保护方法；

安装、固定（支护）方法；

确定施工程序和施工起点流向（顺序）；

施工进度、用工计划安排；

施工技术质量保证措施、测量方法、施工验收程序；

工程概况及本工程的施工特点及技术质量目标；

安全和文明施工措施、工程验收程序等。

2) 掌握：构件、固定件的规格、尺寸、型号及连接、支撑件技术要求；专用工具的使用方法；构件的支撑、固定、垂直度和平整度的校正方法；构件的安装先后程序；掌握安全操作；施工注意事项；掌握施工要点及细部节点构造技术要点等。

2. 材料准备

1) 进入现场各类型的墙板，应轻装轻放，并按材质、型号（规格）或编号，分别整齐堆放在平面布置图中所指定存用方便、平整和坚实位置。

墙板堆放时，应用木方垫平、垫稳，并防止因存放而出现破损、裂纹和翘曲、被压变形和强力碰撞等不良现象。

2) 酚醛泡沫板、固定件、配套材料等可按工程进度进场，存放中避免受潮、雨淋，远离明火、高温或曝晒。

3. 设备、工具准备

1) 塔吊、吊装索具，配备打眼电钻、锤子、活扳手、撬棍、水平尺、线坠等常用抹灰工具、检测水平尺、线坠、经纬仪等工具，应满足现场墙板安装使用要求。

2) 现浇混凝土所用大模板宜采用钢制板，并应按要求做配板设计规格尺寸（酚醛泡沫板的厚度确定钢制大模板的配制尺寸）、数量加工制作，达到施工要求，按施工程序组织进场模板及附件。

用于墙板支护的木模、花篮螺栓、钢管等按施工要求加工成型，其规格、外观和材质等应满足现场固定支护（固定）要求。

4. 施工条件

1) 现浇施工时，应按现浇混凝土的施工要求搭设脚手架和施工平台，应具备脚手架或安全网等施工设施。

2) 施工现场应有施工电源及夜间照明设施，且应符合国家安全用的技术规定。

3) 在施工的范围内，吊运材料的路线内无障碍物或危险源。

4) 基础地面工程应验收合格，基础地面找平层养护到期后，地面应无缺陷、无积水，基础地面洁净，无任何残留灰浆、尘土和其他杂物。

地面基层结构、平整度必须符合设计要求。酚醛泡沫板墙板底基层表面平整度、坡度和标高允许偏差要求，见表3-34要求。

基层表面允许偏差 表3-34

项 目	水泥砂浆找平允许偏差（mm）
表面平整度	2
标 高	±4
坡 度	不大于房间相应尺寸的2/1000，且不大20

5. 施工工艺

1) 涂料饰面（薄抹灰系统）施工工艺流程如图3-53所示。

2) 面砖饰面（厚抹灰系统）施工工艺流程如图3-54所示。

3) 操作工艺要点

(1) 绑扎钢筋工程要求

① 绑扎钢筋应准确定位、核对钢筋具体要求。

② 划好墙体宽度线，确定墙体轴线及绑扎钢筋定位线，严格控制绑扎钢筋误差。

③ 核对钢筋的级别、型号、形状、尺寸及数量，应与设计图纸及加工配料单相同。

④ 按图纸标明的技术参数，做好放线，在下层弹好水平标高线、柱、外皮尺寸位置线，检查下层预留搭接钢筋的位置、间距、数量、长度。

(2) 绑柱子钢筋

① 工艺流程：套柱箍筋→搭接绑扎竖向受力筋→画箍筋间距线、柱箍筋绑扎

② 套柱箍筋

按图纸设计间距，准确计算每根柱箍筋数量。先将箍筋套在下层伸出的搭接筋上，再立柱子筋，在搭接长度内，绑扣不得少于3个，绑扣应向柱中心。当柱子主筋采用光圆钢筋搭接时，角部弯钩应与墙板成45°角，中间钢筋的弯钩应与墙板成90°角。

3.3 模板内置板材法施工

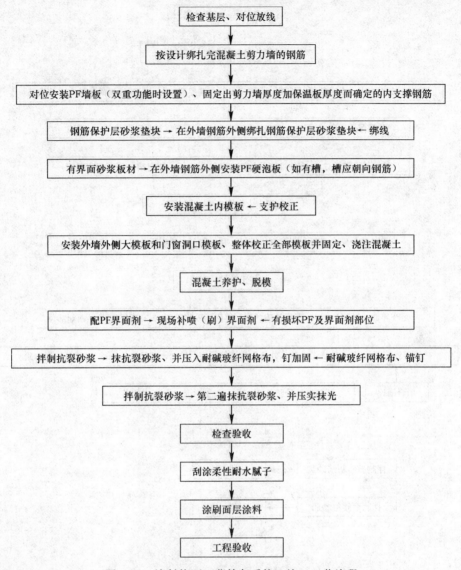

图 3-53 涂料饰面（薄抹灰系统）施工工艺流程

(3) 搭接绑扎竖向受力筋、画箍筋间距线

柱子主筋立起后，绑扎接头的搭接长度应符合设计要求；在柱子竖向钢筋上，按图纸要求用粉笔画箍筋间距线。

(4) 柱箍筋绑扎

① 套好的箍筋往上移动，宜采用缠扣方式由上向下绑扎。箍筋应与主筋垂直，箍筋转角处与主筋交点均应绑扎，主筋与箍筋非转角部分相交点成梅花交错绑扎。箍筋弯钩叠合处应沿柱子竖筋交错布置，并绑扎牢固。

② 在抗震地区，柱箍筋端头应弯成 135°，平直部分长度不得小于 $10d$，当箍筋采用 90°搭接，搭接处应焊接，且焊缝长度单面焊缝不小于 $5d$。

③ 柱上下两端箍筋应加密，加密区长度及加密区内箍筋间距应符合设计要求。当箍筋设拉筋时，拉筋应钩住箍筋。

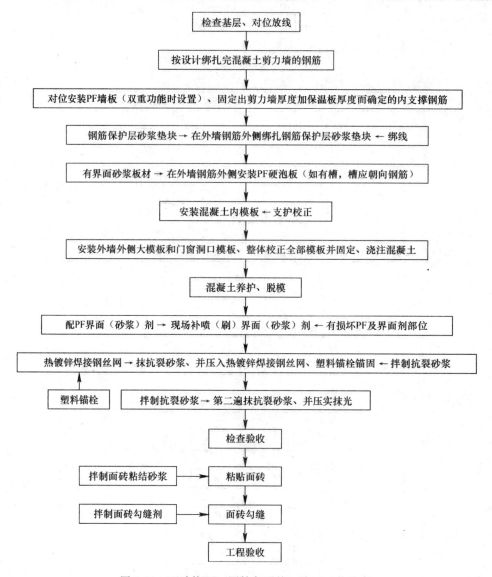

图 3-54 面砖饰面（厚抹灰系统）施工工艺流程

④ 应按柱钢筋保护层厚度采用相应厚度垫块，必须保证主筋保护层厚度准确，垫块应绑在柱竖筋外皮上（或用塑料卡卡在外竖筋上），其间距可在 1000mm。

（5）绑剪力墙钢筋

① 工艺流程：立竖筋→画水平间距、绑定位横筋→绑其余横筋→绑其余横竖筋。

② 立 2～4 根竖筋并与下层伸出的搭接筋搭接，按竖筋上水平筋分档标志，在竖筋下部及齐胸处绑两根横筋定位，并在横筋上画好竖筋分档标志，然后绑其余竖筋，最后绑其余横筋。

③ 竖筋与伸出搭接筋的搭接处应绑 3 根水平线，其搭接长度及位置应符合设计要求。

④ 剪力墙应逐点绑扎，双排钢筋之间应绑拉筋或支撑筋，纵横间距不宜大于 600mm。

⑤ 剪力墙与框架柱连接处，剪力墙的水平横筋应锚固到框架柱内，其锚固长度应符合设计要求。

⑥ 剪力墙水平筋在两端头、转角、十字节点、连梁等部位的锚固长度以及洞口周围加固筋等,均应符合抗震设计要求。

(6) 绑梁钢筋

① 绑梁钢筋应根据施工现场情况,可分别按模内绑扎工艺或按模外绑扎工艺进行操作。

② 在梁侧模板上画出箍筋间距,摆放箍筋。

③ 先穿主梁下部纵向受力钢筋及弯起钢筋,将箍筋按间距逐个分开;穿次梁下部纵向受力钢筋及弯起钢筋,套好箍筋;放主次梁的架立筋;按间距将架立筋与箍筋绑扎牢固;绑架立筋,再绑主筋,主次梁同时配合进行。

④ 框架梁上部纵向钢筋应贯穿中间节点,梁下部纵向钢筋伸入中间节点锚固长度、伸过中心线的长度及框架梁纵向钢筋在端点内的锚固长度均应符合设计要求。

⑤ 箍筋在叠合处的弯钩,应在梁中交错绑扎,绑扎弯钩为135°,平直部分长度为$10d$,如做成封闭箍时,单面焊缝长度为$5d$。

⑥ 梁端第一个箍筋应设置距柱节点边缘50mm处。梁端与柱交接处箍筋应加密,其间距与加密区长度应符合设计要求。

⑦ 梁受力钢筋直径等于或大于22mm时,宜采用焊接接头,小于22mm可采用绑扎接头,搭接长度应符合设计要求。搭接长度末端与钢筋弯折处的距离,不得小于钢筋直径的10倍。接头不宜位于构件最大弯矩处,应在中心和两端且相互错开扎牢。

(7) 板钢筋绑扎

① 按在模板上画好主筋、分布筋间距,先摆放受力主筋,后放分布筋。

② 在现浇板中有板带梁时,应先绑板带梁钢筋,再摆放板钢筋。

③ 绑扎板筋时用顺扣或八字扣,外围两根筋的相交点应全部绑扎,其余各点可交错绑扎(双向板相交点须全部绑扎)。当板为双层钢筋时,两层筋之间必须加钢筋马凳,确保上部钢筋位置准确。负弯矩钢筋每个相交点均应绑扎。

④ 钢筋下部应按1.5m间距垫砂浆垫块,垫块厚度等于钢筋保护层厚度。

(8) 楼层暗梁的钢筋铺设应与楼板绑扎钢筋铺设同步,如所设暗梁高度较大,应在暗梁混凝土浇筑到接近楼板时预留出暗梁高度,再铺设暗梁钢筋。

(9) 钢筋的规格、形状、尺寸、数量、锚固深度、接头位置、连接方式、接头面积百分率和箍筋、间距、垂直度等必须符合设计要求、现行《混凝土结构工程施工质量验收规范》GB 50204 的规定要求,钢筋安装位置允许偏差,应符合表3-35要求。

钢筋安装位置允许偏差　　　　表3-35

项　目		允许偏差(mm)
绑扎钢筋网	长、宽	±5
	网眼尺寸	±10
绑扎钢筋骨架	长	±5
	宽、高	±3
	间距	±5
	排距	±3

续表

项　目			允许偏差（mm）
受力钢筋	保护层厚度	基础	±8
		柱、梁	±5
		板、墙、壳	±3
	绑扎箍钢筋、横向钢筋间距		±10
	钢筋弯起点位置		10
预埋件	中心线位置		2
	水平高差		+3,0

4）预埋管线（件）与开孔要求

（1）管线（件）应开孔预埋，不得采用后埋式，在钢筋绑扎时，预埋件、管、预留孔等及时配合安装，在浇灌混凝土前完成。安装预埋件时不得任意切断和移动钢筋，绑扎钢筋时禁止碰动预埋件及洞口模板。

（2）管线、照明电线和通讯管线等，应按设计图纸要求将套管布置在复合墙体内。

（3）开孔：上下水管、采暖（空调）管和各种表箱、消火栓孔洞等，应按设计图纸要求设置。

5）绑线砂浆垫块

在混凝土剪力墙的钢筋绑扎完毕并经检查合格后，采用绑线将预制好的砂浆垫块绑扎在外墙钢筋的外侧，绑扎数量按 4 个/m^2，均匀分布，以便浇筑混凝土时，使其形成均匀一致的厚度。

6）安装酚醛泡沫板

两面喷有界面砂浆的酚醛泡沫板安装在外墙钢筋的外侧，即在外模内侧。

安装首层酚醛泡沫板前，先测试地面基础的标高、坡度、平整度及墙面钢筋柱的位置、稳定性和标高垂直度等，当全部达到合格后，方可进行酚醛泡沫板安装。

酚醛泡沫板与水平面平行，必须严格控制在同一条水平线上，以使待安装的相邻板间的接茬缝紧密，并保证其板端水平和长边的垂直度。

安装酚醛泡沫板时，应先从阳角（或阴角）开始，然后再顺两侧进行、沿墙体自下向上平行顺序进行拼装，如施工段较大可在两处或两处以上同时安装。

起吊墙板时，应保证墙板安全挂在塔吊挂钩上且使墙板垂直向下，控制起吊速度和吊壁旋转速度。起吊墙板后，在距下落 500～800mm 处应暂时停止下落，对位安装。

在安装酚醛泡沫板过程中，随时检查酚醛泡沫板的平整度和钢筋的垂直度，必须保证绑扎钢筋（芯柱钢筋、墙体钢筋）与酚醛泡沫板间距准确，发现偏差及时调整，不得累计。当各项参数达到设计要求，并将前一块酚醛泡沫板固定后，再进行下块板吊装。

7）塑料卡钉固定酚醛泡沫板

保温板材安稳后，用塑料卡钉穿透酚醛泡沫板。塑料卡钉应按梅花状均匀布置，其纵横间距为 500～600mm，在两板的接缝处，应沿接缝的方向增设塑料卡钉，间距在 400～500mm。

用绑线将穿过酚醛泡沫板的塑料卡钉与墙体钢筋绑扎固定（或在安装好的酚醛泡沫板表面上按设计尺寸弹线，标出锚栓呈梅花状分布位置和数量，在板材拼缝处、门窗洞口过梁上可设一个或多个锚栓加强。安装锚栓前，在酚醛泡沫板上预先穿孔，然后用火烧丝将锚栓绑扎在墙体钢筋上)。

酚醛泡沫板底部应绑扎紧密,直使底部内收 3~5mm,以使拆模后酚醛泡沫板底部与相接触的酚醛泡沫板外表面平齐。

8) 安装钢制大模板、支护

(1) 安装钢制大模板要求

酚醛泡沫板安装后,先将墙身控制线内的杂物清扫干净后,再进行安装钢制大模板。安装钢制大模板时,先安装外墙外侧的钢制大模板,再安装外墙内侧的钢制大模板和门、窗洞口模板。按设计的尺寸准确校正好模板的位置,整体找正、固定。

(2) 大模板支护要求

在转角处防止浇灌混凝土挤胀变形,应用 L 形扁铁进行拉结加固处理。

① 阴角酚醛泡沫板支护:有木模侧酚醛泡沫板阴角处设角钢,并用 U 形扣件与内侧木模阴角处角钢对拉。酚醛泡沫板角钢与角钢之间用槽钢水平和对角固定。槽钢下用木模加衬槽钢与另侧木模对拉。墙板下部用钢管顶于槽钢作斜撑;上部用带花篮螺栓的连接钢管作斜撑。酚醛泡沫板底部用 $\phi 22$ 地锚支撑,斜撑底部用 $\phi 16$ 锚栓作为钢管支撑。

② 整体酚醛泡沫板墙板支护:整体墙板应采用墙脚、墙腰和墙顶三道木模平行支护。当将三道木模平行放置各部位,用长杆对拉螺栓穿透墙体(经过芯柱钢筋)支护时,对拉方木方式辅助支护,长杆对拉螺栓位置、间距、布设数量,应根据设计要求进行设置、安装,长杆对拉螺栓应穿透墙体内外侧,并在混凝土浇灌完成后,在长杆对拉螺栓穿透墙体外侧边缘位置,经技术处理后不得出现热桥。

③ 在混凝土芯柱处,酚醛泡沫板外侧应加衬钢板稳固支护。

墙体内侧酚醛泡沫板宜设置带花篮螺栓的连接钢管作斜撑,应保证墙体的整体稳定性。

9) 浇筑混凝土

混凝土浇筑的下料点应分散布置,浇筑应连续进行,浇筑混凝土的间隔时间不宜超过 2h。

混凝土分层灌筑时,每层混凝土厚度应不超过振动棒长的 1.25 倍(一次浇筑高度不大于 1m),后一次浇筑混凝土应在前一次浇筑初凝前进行。当混凝土为间断浇筑时,新旧混凝土的接茬处应均匀浇筑 30~50mm 厚的与外墙混凝土同强度的细石混凝土。

浇灌混凝土过程中,应经常检查钢筋保护层厚度及所有预埋件的牢固程度和位置准确性。

必须保证混凝土保护层厚度及钢筋不位移。不得踩踏钢筋、移动预埋件和预留孔洞的原来位置,如发现偏差和位移应及时调整,不得出现混凝土胀模、漏模和空鼓。

预留栓孔浇筑时应保证其位置垂直正确,在混凝土初凝时及时将木塞取出。在预埋管道浇筑时,先振管道周围,待有浆冒出时,再浇筑盖面混凝土。

当采用振捣混凝土施工时,应根据具体浇筑混凝土部位、布料方式选用插入式或平板式等类型振动器。在墙体转角处、纵横墙体相交处、预埋管线套管处、芯柱处及钢筋与墙板之间等,均应注意插捣,保证混凝土达到密实。

在柱梁及主次梁交叉处钢筋较密集,振捣棒头可用片式并辅以人工捣固配合。

门窗洞口两侧部位应同时下料,高差不宜太大,先浇捣窗台下部,后浇捣窗间墙,防止窗台下部出现蜂窝孔洞。

浇筑混凝土完成后的 12h 内应对混凝土加以覆盖并保湿养护。对采用掺入缓凝型外加剂或有抗渗要求的混凝土浇水养护不得少于 14d；对采用硅酸盐水泥、普通硅酸盐水泥或矿渣硅酸盐水泥拌制的混凝土浇水养护不得少于 7d。

基层及环境空气温度不应低于 5℃。在低温或高温条件施工，应采取适当养护或保护措施。

10) 拆除钢制大模板

(1) 拆除混凝土钢制大模板应符合下列要求：

在常温条件下施工的已浇混凝土墙体，其强度不应小于 1.0MPa；

低温或过低温度（冬期）施工的已浇筑混凝土墙体，其强度不应小于 7.5MPa；

穿墙套管拆除后，应采用硬质砂浆捻塞混凝土孔洞，并用酚醛泡沫块堵塞保温层的孔洞，使其达到密实。

(2) 浇筑混凝土工程施工质量应符合《混凝土结构工程施工质量验收规范》GB 50204 规定，现浇结构的尺寸允许偏差还应符合表 3-36 要求。

现浇结构的尺寸允许偏差　　　　　　　　表 3-36

项　目		允许偏差（mm）
轴线位置	基础	15
	独立基础	10
	墙、柱、梁	8
	剪力强	5
垂直度	层高 ≤5m	8
	层高 >5m	10
	全高（H）	H/1000 且 ≤30
标高	层高	±10
	全高	±30
预埋设施中心线位置	预埋件	10
	预埋螺栓	5
	预埋管	5
预留洞中心线位置		15

注：检查轴线、中心线位置时，应沿纵、横两个方向量测，并取其中的较大值。

(3) 拆除钢制大模板后，应及时清除酚醛泡沫板表面溢流的混凝土、水泥砂浆等污物，并保持板面洁净，做好成品保护，发现酚醛泡沫板界面砂浆（剂）有被损坏，应补刷不露底。

11) 找平层施工

酚醛泡沫板保温层的垂直度、平整度较差时，不必切削保温层，应在其泡体带有界面砂浆的表面，直接采用无机轻体浆料做找平处理。

12) 涂料饰面施工，参照本章 3.2 节中，粘贴酚醛泡沫板涂料饰面系统施工的有关内容。

13) 面砖饰面施工，参照本章 3.2 节中，粘贴酚醛泡沫水泥层复合板系统施工的有关内容。

3.3.1.4　工程质量控制

酚醛泡沫板现浇混凝土保温工程，按隐蔽工程进行工程质量控制和验收，并与主体结构共同验收。墙体保温工程验收包括：酚醛泡沫板的质量和保温施工的成套技术，如验收时包括酚醛泡沫板的安装、找平层、抗裂砂浆涂抹、压实、搓平，耐碱玻纤网格布及热镀锌焊接钢丝网铺设、锚固件安装、热桥处理、变形分格缝处理和饰面层。

1. 主控项目

1) 酚醛泡沫板材、配件规格（含长度、宽度、厚度）、喷刷界面砂浆，质量标准应符合设计要求。

检验方法：对照设计和施工方案，观察、检查、尺量，核查质量证明文件。

检查数量：按进场批次，每批随机抽取3个试样进行检，质量证明文件应按照其出厂检验批进行核查。

2) 酚醛泡沫板材导热系数、密度、抗压强度应符合设计要求。

检验方法：核查质量证明文件及进场复验报告。

检查数量：全数检查。

3) 基层界面（砂浆）剂、增强、粘结强度、锚固等配套材，进场时应见证取样复验。如增强用耐碱玻纤网格布的力学性能和抗腐性能、热镀锌焊接钢丝网的焊点抗拉力、镀锌质量；墙体基层界面剂和酚醛泡沫界面剂性能。

4) 抗裂砂浆、面砖粘结砂浆、饰面砖，其冻融试验结果应符合当地最低气温的环境要求。

检验方法：核查质量证明文件。

检查数量：全数检查。

5) 热镀焊接钢丝网每平方米用的锚固数量、位置、锚固深度和拉拔力应达到设计要求。后置锚固件应进行锚固力现场拉拔试验。

检验方法：观察，手扳检查，粘接强度和锚固力核查试验报告。

检查数量：每个检验批抽查不少于3处。

6) 酚醛泡沫板安装位置应正确、接缝严密，在浇筑混凝土过程中不得有位移、变形，保温板表面采用界面剂处理后，能与混凝土粘结牢固。

检验方法：观察检查，核查隐蔽工程验收记录。

检查数量：全数检查。

7) 抗裂层、饰面层施工，应达到设计要求

（1）抗裂层、饰面层的基层应平整、洁净，无空鼓、无脱层、无裂纹，基层含水率应符合饰面层施工的要求；

（2）饰面砖应做粘结强度拉拔试验，试验结果应符合设计要求和有关标准规定；

（3）保温层及饰面层与其他部位交接的收口处，不得有热桥、渗水，应采取保温、防水密封措施。

检验方法：观察检查，核查试验报告和隐蔽工程验收记录。

检查数量：全数检查。

8) 门窗洞口四周墙面、凸窗四周墙面及悬挑的混凝土构件、女儿墙等热桥部位，按设计要求施工，达到无渗水、无热桥。

检验方法：对照设计和施工方案观察检查，核查隐蔽工程验收记录。

检查数量：按不同热桥种类，每种抽查20%，且不少于5处。

2. 一般项目

1) 进场的酚醛泡沫板和配件，其外观和包装应完整无损，且应符合设计要求和产品

标准要求。

检验方法：观察检查。

检查数量：全数检查。

2) 耐碱玻纤网格布、热镀锌焊接钢丝网的铺贴和搭接应符合设计和施工方案要求。

(1) 抗裂砂浆抹压应密实，无空鼓；

(2) 耐碱玻纤网格布、热镀锌焊接钢丝网的铺贴不得有皱褶和外露。

检验方法：观察检查，核查隐蔽工程验收记录。

检查数量：每个检验批抽查不少于5处，每处不少于2m²。

3) 施工所产生的墙体缺陷，如穿墙套管、脚手架、孔洞等，应按施工方案采取隔断热桥措施，达到不影响墙体热工性能。

检验方法：对照设计和施工方案观察检查。

检查数量：全数检查。

4) 当采用无机轻质保温浆料为找平层施工时，保温层应连续，厚度均匀，接槎应平顺密实。

检验方法：观察、尺量检查。

检查数量：每个检验批抽查10%，且不少于10处。

5) 墙体上易被碰撞的阳角、门窗洞口及不同材料的交接外等特殊部位，达到防止开裂和破损的加强措施。

检验方法：观察检查，核查隐蔽工程验收记录。

检查数量：全数检查。

3.3.2 酚醛泡沫钢丝网架板现浇混凝土系统

酚醛泡沫钢丝网架板现浇混凝土系统（简称有网现浇系统），可有效提高板材与混凝土粘结强度。在预制酚醛泡沫钢丝网架板中，在保证力学性能要求的前提下，尽可能限制每平方米所加腹丝数量，以免增加腹丝带来热桥影响，其系统构造如图3-55所示。

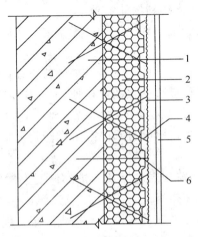

图 3-55　PF 钢丝网架板现浇混凝土系统

1—现浇混凝土外墙；2—PF 单面钢丝网架板；3—掺外加剂的水泥砂浆厚抹面层；
4—钢丝网架；5—饰面层；6—φ6 钢筋

3.3.2.1 材料技术要求

1. 酚醛泡沫钢丝网架板质量要求如表 3-37 所示。

酚醛泡沫钢丝网架板质量要求 表 3-37

项 目	质量要求
凹凸槽	钢丝网片一侧的 PF 板面上凹凸槽宽 20～30mm，槽深 10mm±2mm，槽中距 50mm
企口	PF 板两长边设高低槽，宽 20～25mm，深 1/2 板厚
PF 板对接（每块网架板）	板长≤3000mm 时，板对接不应多于两处，且对接处需用胶粘剂粘牢
焊点拉力	抗拉力≥330N，且无过烧现象
镀锌低碳钢丝	用于钢丝网片的镀锌低碳钢丝直径为 2.0mm、2.2mm，用于斜插丝的镀锌低碳钢丝直径为 2.2mm、2.5mm，允许偏差为±0.5mm
焊点质量	网片漏焊、脱焊点不超过焊点数的 8%，连续脱焊点不应多于 2 点，板端 200mm 区段内的焊点不允许脱焊、虚焊，斜插丝脱焊点不应超过 3%
斜插钢丝（腹丝）密度	100～150 根/m²
斜插钢丝与钢丝网片夹角	60°±5°
钢丝挑头	网边挑头长度≤6mm，钢丝网面的斜插钢丝挑头≤6mm
穿透板的钢丝挑头（无钢丝网面）	当板材厚度≤100mm 时，穿透板挑头离板面垂直距离应≥35mm；当板材厚度＞100mm 时，穿透板挑头离板面垂直距离应≥40mm

注：钢丝网的横向钢丝应对准板材横向凹槽中心。

2. 与钢筋的混凝土保护层厚度相等的砂浆垫块。

3.3.2.2 设计技术要点

参照 3.3.1.2 节设计技术要点。

3.3.2.3 施工

1. 施工准备

参照 3.3.1.3 节施工准备。

2. 施工工艺

1) 涂料饰面（薄抹灰系统）施工工艺流程如图 3-56 所示。
2) 面砖饰面（厚抹灰系统）施工工艺流程如图 3-57 所示。

3. 操作工艺要点

1) 安装钢筋保护层垫块。

2) 裁剪酚醛泡沫钢丝网架板，按照建筑外墙及特殊节点的形状和尺寸，在现场将酚醛泡沫钢丝网架板裁好，裁剪时应先剪断钢丝网。然后再裁板，裁板时避免碰掉板材边角。

将已裁好的酚醛泡沫钢丝网架板安装在外墙钢筋的外侧，且将有槽面（有钢丝网的一面）朝向外模一面，即外露的 40mm 长的斜插腹丝朝向混凝土一面。相邻两块酚醛泡沫钢丝网架板间达到接缝紧密。

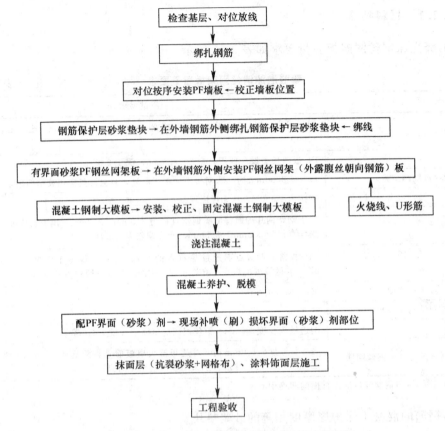

图 3-56 涂料饰面（薄抹灰系统）施工工艺流程

首层酚醛泡沫钢丝网架板的安装必须严格控制在同一条水平线上，并保证其板端水平和长边的垂直度。

绑扎酚醛泡沫钢丝网架板，在有混凝土垫块的对应位置处，应采用 U 形 8 号低碳钢丝穿过酚醛泡沫钢丝网架板，将酚醛泡沫钢丝网架板与墙体钢筋绑扎牢固。

在酚醛泡沫钢丝网架板间的接缝处，应沿缝附加钢丝平网，钢丝平网在缝每边的搭接宽度不应小于 100mm，并用绑线将搭接的平网与酚醛泡沫钢丝网架板上的钢丝网绑扎牢固。

在酚醛泡沫钢丝网架板阴阳角接缝处，附加在工厂预制的钢丝网角网，其角短边长不应小于 100m，长边长为 100mm+酚醛泡沫板的厚度，并用绑线将搭接的钢丝角网与酚醛泡沫钢丝网架板上的钢丝网绑扎牢固。

3) 安装、校正、固定钢制大模板。混凝土浇筑、混凝土养护、拆除钢制大模板等，其技术要求、工序、工法，参照 3.3.1 节中三、施工要求。

3.3.2.4 工程质量控制

同 3.3.1 节中四、工程质量控制要求。

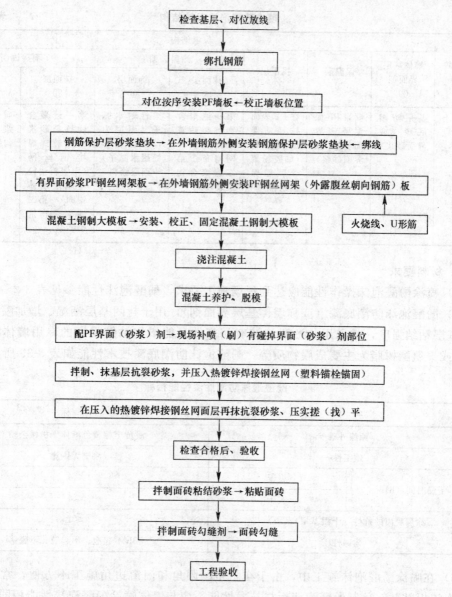

图 3-57 面砖饰面（厚抹灰系统）施工工艺流程

3.4 喷涂法施工

在喷涂酚醛泡沫保温系统中，以喷涂酚醛泡沫为保温层，通过无机轻质保温浆料对喷涂酚醛泡沫找平后，以聚合物抗裂砂浆复合玻纤网格布或复合热镀锌钢丝网作抹面层，可分别构成涂料饰面、面砖饰面和龙骨外挂饰面板材保温系统。

3.4.1 喷涂酚醛泡沫保温系统

喷涂酚醛泡沫涂料饰面和面砖饰面系统的基本结构如表 3-38 所示。

喷涂酚醛泡沫系统结构   表 3-38

基层墙体 ①	保温结构						
	墙体基层界面剂 ②	保温层 ③	找平层 ④	涂料饰面		面砖饰面	
				抹面层 ⑤	饰面层 ⑥	抹面层 ⑤	饰面层 ⑥
混凝土墙或砌体墙	基层防潮底漆（或界面砂浆）	喷涂PF保温层＋界面剂（或界面砂浆）	在PF表面抹轻质保温浆料（如胶粉聚苯颗粒保温浆料）	第一遍聚合物抗裂砂浆＋耐碱玻纤网格布＋第二遍聚合物抗裂砂浆	柔性耐水腻子（面层为浮雕涂料不涂耐水腻子）＋面层涂料	第一遍聚合物抗裂砂浆＋热镀锌焊接钢丝网（用塑料锚栓与基层墙体锚固）＋第二遍聚合物抗裂砂浆	面砖粘结砂浆＋面砖＋勾缝料

1. 材料要求

1) 喷涂酚醛泡沫操作性能应达到现场施工要求，酚醛泡沫性能参见表 3-2～表 3-4。

2) 酚醛泡沫防潮底漆（或称墙体基层界面剂），用于封闭基层潮湿、增加喷涂酚醛泡沫与基层粘结强度，常采用与酚醛泡沫有相容性且能增加粘结强度的专用墙体界面砂浆（剂）或聚氨酯树脂为主要成膜物质等，酚醛泡沫防潮底漆技术性能如表 3-39 所示。

酚醛泡沫防潮底漆性能指标   表 3-39

项　目		指　标
原漆外观		浅黄至棕黄色液体无机械杂质
施工性		涂刷无困难
干燥时间（h）	表干	≤4
	实干	≤4
涂层脱离的抗性（干湿基层）（级）		≤1
耐碱性		48h 不起泡、不起皱、不脱落

3) 在喷涂酚醛泡沫施工中，由于在阴角、阳角和门窗边角施工不方便，常采用预制酚醛泡沫板粘贴，预制酚醛泡沫板材技术性能，应与墙体喷涂酚醛泡沫性能相同。

4) 找平层用胶粉聚苯颗粒保温浆料技术性能见表 3-40。

胶粉聚苯颗粒保温浆料性能指标   表 3-40

项　目	指　标	
	保温浆料	粘结找平浆料
浆料外观	色泽均匀	
湿表观密度（kg/m³）	≤420	≤600
干表观密度（kg/m³）	180～250	≤350
导热系数（常温）[W/(m·K)]	≤0.06	≤0.08
抗压强度（56d）（MPa）	≥0.2	≥0.3
燃烧性能	B1 级	

续表

项　目		指　标	
		保温浆料	粘结找平浆料
拉伸粘结强度（56d）(MPa)	干燥状态（56d）	≥0.1	
	浸水48h，取出干燥7d		
线性收缩率（%）		≤0.3	
软化系数（养护28d）		≥0.5	

注：拉伸粘结强度的破坏界面应在保温材料层。

5) 酚醛泡沫预制件用胶粘剂技术性能见表3-6要求。
6) 酚醛泡沫界面剂（砂浆）技术性能见表3-7、表3-8要求。
7) 面砖勾缝粉技术性能要求

为有效地释放面砖及粘结材料的热应力变形，避免面砖脱落，面砖勾缝粉的性能应具有一定的柔韧性，同时还应具有良好的施工性、防水性。根据《外墙外保温建筑构造》06J121-3要求，面砖勾缝粉技术性能如表3-41所示。

面砖勾缝粉技术性能指标　　　　　　　　　　表3-41

项　目		指　标
外观		均匀一致
颜色		与标准样一致
凝结时间（h）		大于2h，小于24h
拉伸粘结强度（MPa）	常温常态14d	≥0.60
	耐水（常温常态14d，浸水48h，放置24h）	≥0.50
压折比		≤3.0
透水性（24h）(mL)		≤3.0

2. 设计要点

1) 保温层应包覆门窗框外侧洞口、女儿墙及封闭阳台等热桥部位。所有热桥部位冬季室内的内表面温度不得低于室内空气露点温度。

2) 涂料饰面首层墙面以及门窗口等易受碰撞部位，抹面层中应满铺双层（标准型＋增强型）耐碱玻纤网格布，各层阳角处两侧网格布应双向绕角相互搭接（首层内侧网格布不得在转角处搭接），阴角网格布可在阴角一侧搭接，在各部位网格布的搭接宽度均不应小于150mm。在其他部位的接缝宜采用对接。

为防止首层墙角受碰撞，也可在涂料饰面首层墙面阳角处设2m高的专用钻孔的金属护角（0.5mm厚镀锌薄钢板）或PVC护角，安装时应将护角夹在两层耐碱玻纤网格布之间。

涂料饰面的抗裂砂浆保护层（薄抹面层）厚度应不小于3mm，且不应大于5mm；首层加强型抗裂砂浆保护层厚度应在5～7mm之间。

抹面层过薄则不能达到足够的防水和抗冲击性。但抹面层过厚则会因横向拉应力超过玻纤网格布抗拉强度而导致抹面层开裂，且还会使水蒸气渗透阻超过设计要求。

3) 面（瓷）砖饰面的抗裂砂浆层内，热镀锌电焊网用双向间距500mm的塑料膨胀锚栓与基墙体按梅花形均匀固定。锚栓与基层锚固有效深度应不小于30mm。锚栓用量应不少于6个/m²。

热镀锌电焊网相邻网的搭接宽度应大于40mm，相搭接处不得超过3层，搭接部位应按间距500mm用塑料膨胀锚栓与基墙体固定。阴阳角、窗口、女儿墙、墙身变形缝等部位网的收头处均应用塑料锚栓固定。

面砖饰面层的抗裂砂浆厚度应≥5mm，且不应大于8mm，热镀锌焊接钢丝网应在抗裂砂浆中间，抹完的抗裂砂浆面应平整。

4）面（瓷）砖饰面或涂料饰面应设变形分格缝，变形分格缝的纵横间距应不大于6m，其缝宽宜为10mm～20mm，缝深为10mm左右，即缝深应略大于饰面砖的厚度，并用耐候硅酮密封胶做防水嵌缝。

5）涂料饰面及面砖饰面的阴阳角，都可采用普通形状的酚醛泡沫预制板满粘。

6）设外墙外保温在20m以下为面砖饰面，20m以上为涂料饰面的做法时，在面砖饰面内设置的热镀锌钢丝网向上延伸300，并用锚固件固定，涂料饰面内的耐碱玻纤网格布与热镀锌钢丝网连续铺设，形成逐渐过渡。

7）细部构造

（1）涂料饰面阴阳角构造见图3-58、图3-59，面砖饰面阴阳角构造见图3-60、图3-61。

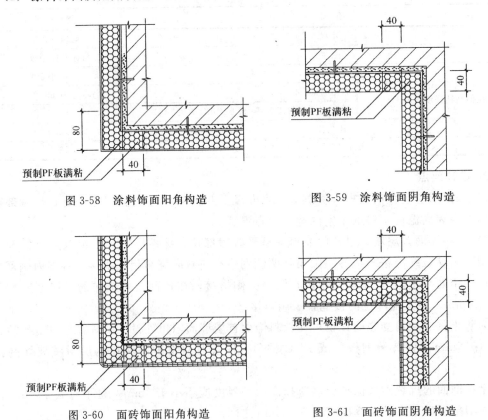

图3-58 涂料饰面阳角构造　　　图3-59 涂料饰面阴角构造

图3-60 面砖饰面阳角构造　　　图3-61 面砖饰面阴角构造

（2）涂料饰面构造

地下室外墙外保温层厚度与散水以上外墙外保温层厚度相同，如图3-62所示。

3.4 喷涂法施工

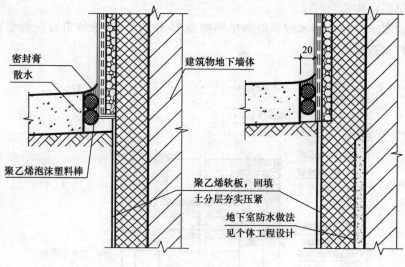

图 3-62 勒脚

(3) 窗口、带窗套窗口构造

窗口外要求外窗台排水坡顶应高出附框顶 10mm，用于推拉窗时应低于窗框的泄水孔；窗口向下坡 10mm，抹出滴水沿；外窗台排水坡顶应高出附框顶 10mm，对于推拉窗时应低于窗框的泄水孔；窗上口向下坡 10mm，抹滴水沿。窗口、带窗套窗口构造见图 3-63。

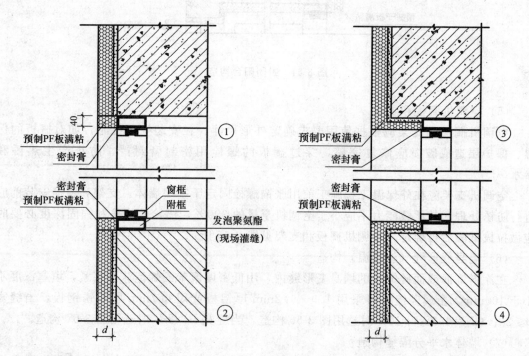

图 3-63 窗口、带窗套窗口构造

(4) 封闭阳台构造

封闭阳台要求外窗台排水坡顶应高出附框顶 10mm，用于推拉窗时应低于窗框的泄水孔。封闭阳台构造见图 3-64。

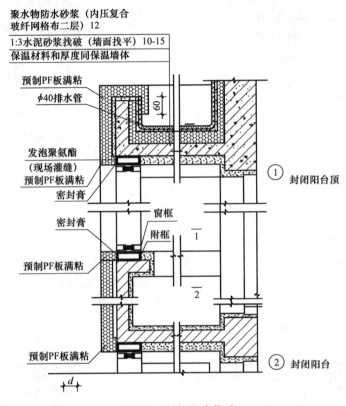

图 3-64 封闭阳台构造

(5) 空调机搁板和支架

空调机搁板和支架应根据使用要求确定外形尺寸。在安装空调机时，如对搁板的保温、保护层造成破损应修复完整，穿过搁板的螺栓用密封膏封严，防止产生热桥和渗水。

空调机支架应在外保温工程施工前用胀锚螺栓固定于基层墙体。支架和锚栓安装前应进行防锈处理，其承载能力不应小于空调机重量的 300%，锚栓的规格和锚固深度必要时应做拉拔试验后再确定。空调机搁板和支架见图 3-65 所示。

(6) 墙身变形缝（外保温）构造

在涂料饰面或面砖饰面的墙身变形缝内，用低密度聚苯乙烯泡沫条塞紧，填塞深度不小于 100mm。金属盖缝板可采用 1.0~1.2mm 厚铝板或用 0.7mm 厚不锈钢板，当缝宽 $B \leqslant 2d_1$（$d_1 = 1.25d + 10$）时选用图 3-66 构造，当缝宽 $B > 2d_1$ 时选用图 3-67 构造。

(7) 墙体水平分隔缝构造

酚醛泡沫保温层沿墙体层高宜每层留设抗裂水平分隔缝，且不应穿透酚醛泡沫保温层。纵向不大于两个开间并不大于 10m 宜设竖向分隔缝。

3.4 喷涂法施工

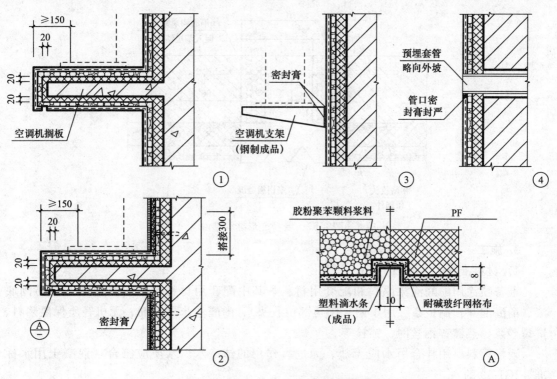

图 3-65 空调机搁板和支架

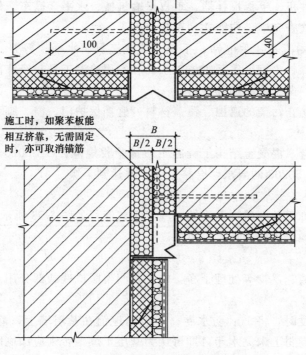

图 3-66 墙身变形缝构造

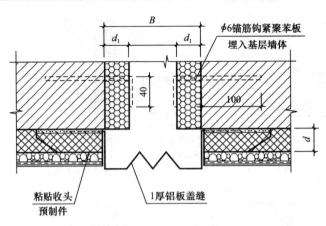

图 3-67 墙身变形缝构造

3. 施工

1) 材料准备

准备喷涂用酚醛泡沫原料和配套用材料，其中配套用材料包括酚醛泡沫基层防潮底漆、酚醛泡沫预制板条（用于阴、阳角部位收头）、酚醛泡沫界面剂、无机轻质保温浆料、抗裂砂浆、热镀锌钢丝网、锚栓等。

现场配料所用拌合用水应无盐、无危害作用的洁净水。水质应符合《混凝土用水标准》JGJ 63 的水。

2) 施工设备、工具准备

首先仔细阅读喷涂机使用说明书，掌握操作机械要点。喷涂发泡机（含配套用空压机）接通电源后，发泡机试运行、物料循环、试喷，喷涂发泡机应达到能正常工作状态。

强制式砂浆搅拌机、手提搅拌器、垂直运输机械、水平运输车、外墙脚手架、室外操作吊篮等等，均应检查完毕，应能达到正常使用。

常用抹灰和检测工具：手电钻、手锤、放线工具、水桶、剪刀、滚刷、托线板、方尺、靠尺、塞尺、探针、钢尺等瓦工施工工具和专用检测工具、经纬仪，以及用于处理基层用的扫帚、铁锨、凿子、涂刷等工具。

保护门、窗，防止污染的遮挡、覆盖材料。遮挡保护门、窗、脚手架等非涂物。

3) 基层要求

基层墙体应符合《混凝土结构工程施工质量验收规范》GB 50204 和《砌体工程施工质量验收规范》GB 50203 的要求，合格验收，并达到干燥。

4) 施工工艺

酚醛泡沫涂料饰面及面砖饰面系统，施工工艺流程如图 3-68 所示。

(1) 涂料饰面操作工艺要点

① 基层处理

首先将基层灰渣、浮物等处理干净，施工孔洞架眼或残缺部分用水泥砂浆或细石混凝土修补整齐。

检查基干燥程度时，将 $1m^2$ 防水卷材平坦铺地铺在基层墙上，静置 3～4h 后掀开检查。若覆盖部位与卷材上未见水印，即可认为基层干燥，否则应涂刷防潮底漆后，方可进行喷涂酚醛泡沫施工。

3.4 喷涂法施工

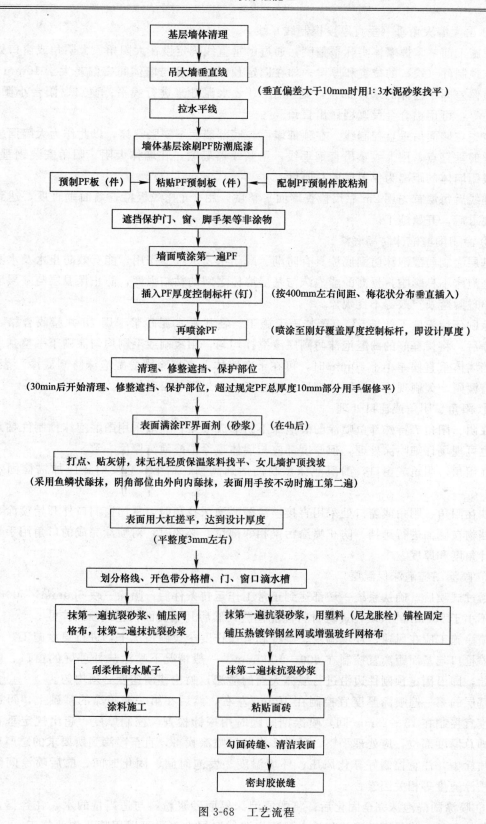

图 3-68 工艺流程

② 吊大墙大角垂（垂直厚度控制线）线

在施工前，掌握墙体实际平整度，通过吊垂直线确定设在大阳角、大阴角或窗口处酚醛泡沫预制件（块）的位置和厚度，如在固定预制件厚度与墙体间有偏差大于 10mm 时，应对负偏差即不达标的墙体部位，则应用 1:3 水泥砂浆进行找平；窗口、阳台小阳角、小阴角等，可用铝合金尺遮挡做出直角。

应先在墙面吊垂直控制线。在顶部墙面与底部墙面下膨胀螺栓，以此作为大墙面挂控制钢丝的垂直点。用大线坠吊直钢垂线，用紧线器勒紧，在墙体大阴、阳角安装钢垂线，钢垂线距墙体的距离为保温层的总厚度。

挂线后每层首先用 2m 靠尺检查墙面平整度，用 2m 托线板检查墙面垂直度，达到平整度要求后，开始施工。

③ 涂刷酚醛泡沫防潮底漆

基层涂刷酚醛泡沫防潮底漆具有防潮、封闭水及水汽的作用，能有效防止水及水蒸气对酚醛泡沫不良影响，提高酚醛泡沫与基层墙体之间的粘结强度，防止保温层与基层墙体之间出现脱落及空鼓等不良现象。

涂刷环境温度不低于 5℃，严禁雨天施工。在找平水泥砂浆干燥 7d 并验收合格、清理干净后，将稀释好的酚醛泡沫防潮底漆搅拌均匀，用滚刷或毛刷均匀涂刷于平整基层墙体（当墙体垂直偏差小于 10mm 时，可在干净墙体上直接涂刷酚醛泡沫防潮底漆）表面。不得有漏刷、欠刷现象，涂刷结束后，能达到全面封闭基层毛细孔。

④ 阳角、阴角或窗口处理

在阴、阳角等特殊部位喷涂酚醛泡沫不易形成棱角，一般采用酚醛泡沫预制件粘贴固定，也可现场仔细喷涂处理，但厚度都应与墙体喷涂酚醛泡沫厚度一致。

在阳角、阴角或窗口，酚醛泡沫预制件达到满粘、粘牢，必要时还应加锚栓固定预制件。

如在阳角、阴角或窗口处采用直接喷涂酚醛泡沫找角时，从门窗洞口外开始喷涂，并用遮挡物在侧面进行遮挡，防止喷涂污染相邻部位。必要时，对喷涂完成的口角用手锯修出设计角度和厚度。

⑤ 喷涂酚醛泡沫保温层

通过试喷后，确认系统一切都达到正常工作运转条件后，喷涂三块 500mm×500mm、厚度不小于 50mm 的试块，进行材料性能检测，然后开始大面积正式喷涂作业。

喷涂施工应在风速、环境温度、湿度和有操作安全设施情况下，进行喷涂施工。

喷枪口与基面距离宜控制在 800~1000mm。一般情况下喷涂从处理好的窗口、阴阳角开始，即沿固定预制件边沿进行墙体大面的喷涂，喷枪移动速度必须均匀。

基层的第一遍喷涂厚度宜控制在 10mm 左右，然后在第一遍喷涂的基础上，每遍喷涂厚度宜控制在 15~25mm 间，喷涂期间随时用探针检查、控制厚度，超出规定垂直控制线即总厚度部位，应处理平整，通过多次分层喷涂找平，直至喷涂到所要求的总厚度。

喷涂中，注意控制好雾化风压、环境温度、发泡时间、固化时间、前后喷涂间隔时间、喷涂速度等相关因素。

⑥ 喷涂酚醛泡沫完全固化后，将酚醛泡沫界面砂浆粉料与适当量的水，在容器内充分搅拌均匀后，将界面砂浆均匀涂于酚醛泡沫保温层上（也可以用喷斗作业施工），严禁

出现漏刮,搅拌好的界面砂浆应在 2h 内用完,过时界面剂不得再用。

⑦ 抹无机轻质保温浆料(或用胶粉聚苯颗粒复合保温浆料)找平层,先在墙体顶部和墙体底部预埋膨胀螺栓,作为大墙面挂钢垂线的垂挂点,用经纬仪打点,用紧线器安装钢垂线。

在无机轻质保温浆料找平层之前,先用 2m 铝合金靠尺检查平整度,发现墙面有凹陷处进行抹灰找平,未超出保温层总厚度但有凸起处可不进行抹灰处理。

沿水平和垂直方向用无机轻质保温浆料做找平的厚度控制层,即按保温层设计总厚度打点、粘饼,贴厚度控制灰饼作用是控制找平墙平整度、厚度,抹灰厚度以略高于厚度控制灰饼为宜。

最后用大杠刮平,再用抹子将局部修补平整,使无机轻质保温浆料在酚醛泡沫表面找平达到整体面层平整,并与保温层结合牢固。

用 2m 靠尺和托线尺检测墙面平整度、垂直度,要求墙面平整度、垂直度偏差控制在 ±2mm 范围内。

⑧ 无机轻质保温浆料找平层施工完成后,在保温层上用壁纸刀沿线划开设定的凹槽,开分格槽及门、窗滴水槽,槽深 15mm 左右。用抗裂砂浆填满凹槽,将滴水槽嵌入凹槽与抗裂砂浆粘结牢固,收去两侧沿口浮浆,滴水槽应镶嵌牢固、水平。

⑨ 抗裂砂浆压入耐碱玻纤网格布

抗裂砂浆均匀涂抹在保温浆料找平层上,随即将裁好的耐碱玻纤网格布(用量约:$1.1 \sim 1.2 m^2/m^2$)压入,然后将网格布未压入砂浆的部位适量补抹抗裂砂浆。

⑩ 刮柔性腻子、涂料

抗裂砂浆层固化干燥后满刮柔性耐水腻子。当面层有凹凸等特殊部位,如平整度不够的墙面、阴角、阳角、色带以及需要做平涂的部位,可先刮柔性耐水腻子找补,然后墙面满刮柔性耐水腻子。

墙面应满刮两遍柔性耐水腻子,达到表面平整、光洁(外墙用浮雕涂料可不刮柔性腻子,直接在抗裂砂浆上进行喷涂)。

待腻子层干燥后,采用丙烯酸等外墙涂料在满刮腻子的表面进行刷涂或喷涂。

(2) 面砖饰面操作工艺要点

① 抗裂砂浆压入热镀锌焊接钢丝网(或增强玻纤网格布)

在无机轻质保温浆料找平层达到一定强度后,开始抹第一遍满抹抗裂砂浆,达到平整,不得有漏抹之处,厚度控制在 3mm 左右,待抗裂砂浆固化后,开始进行铺钉钢网,使镀锌钢丝网置于抗裂砂浆中间层部位。

铺贴热镀锌钢丝网时,分段接续进行铺贴,首先将钢网在墙面就位,钢网张开后弯曲面(凹面)朝向墙面,防止形成网兜。将网按顺方向依次平整铺贴,铺钉钢网应按从上至下、从左至右的顺序施工。其搭接宽度不应少于 4 个网格(网孔为 10~15mm)。

已铺贴好的热镀锌网可先用金属或塑料 U 形卡子卡住热镀锌钢丝网,使网紧贴于抗裂砂浆表面,尽可能使网片达到平整,然后将墙体上热镀锌钢丝网,用电动冲击钻在钢网上部打两个孔,在孔中插入尼龙胀栓,用手锤将胀钉钉牢,将其锚固在基层上,之后,随押平下面钢网随用尼龙胀栓固定钢网。

采用双向间距 500mm 梅花状分布,用塑料锚栓将热镀锌钢丝网固在基层墙体上,控制锚栓密度不少于 4 个/m²，锚栓固定钢网钉入结构墙体，钉入基层有效深度应不小于 30mm，钢丝网固定在基层示意如图 3-69 所示。如果基层为轻质混凝土砌块墙体，应在墙中预埋肩钢固定件替代膨胀螺栓。

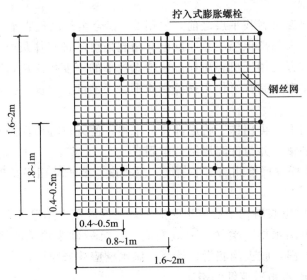

注：10 层以下的保温系统取图中最大值，10 层状上的保温系统取图中最小值。

图 3-69　钢丝网固定在基层示意

铺钉施工时，使钢网尽量贴近墙面，钢网铺钉要紧贴墙面保证平整达到±2mm，钢网有局部翘起的部分应用约 5～6cm 长 U 形的 12♯铅丝插入保温层并压平固定，要求钢网局部翘起高度应<2mm。钢网边相互搭接宽度应在 40mm 左右（约两格网格），搭接部位以≤300mm 的间距用镀锌铅丝将两网绑扎在一起。

相邻热镀锌钢丝网的搭接宽度不应小于 40mm，相互搭接处不得超过 3 层，在搭接部位也按间距 500mm 用塑料锚栓固定于基层。

窗洞等侧口部位钢丝网收口处的固定胀栓数每延长米不少于 3 个，窗口钢网边应直接固定于基层并铺至辅框外。

门窗洞口四角的外表面处应各加盖一块（$\phi1.5mm$，网孔为 40mm×40mm，长×宽为 300mm×400mm）热镀锌钢丝网，热镀锌钢丝网与窗角平分线成 90°角放置，贴在最外侧。

窗洞口内阴角处加盖一块钢丝网，其宽度应贴至窗框外边缘，在窗洞口阴角处形成等边增强角网。

在阴阳角、窗口、女儿墙、沉降缝、墙身变形缝等特殊部位热镀锌钢丝网的收头应固定在主体结构上，达到牢固。

热镀锌钢丝网铺铺贴平整度达到±2mm 后，再在热镀锌钢丝网表面进行第二遍抗裂砂浆层涂抹，直抹至规定最终厚度。

热镀锌钢丝网全部被抗裂砂浆覆盖内，抹完抗裂砂浆面层必须达到平整、稳固而无松动，抗装砂浆面层的平整度、垂直度偏差应控制在±2mm 之内。

抗裂砂浆面层抹灰完成 2～3h 内，用木抹子将抗裂砂浆面层搓毛，在抗裂砂浆层终凝前进行喷水养护，约 7d 后进行粘贴面砖。

② 贴面砖

在基层弹线、排砖、浸砖后贴砖。先将基层喷水湿润，以不流淌为宜。在面砖的背面抹 5~8mm 厚的面砖粘结砂浆，口角砖交接处呈 45°，面砖卧灰应饱满，防止形成渗水通道受冻后，造成面砖起鼓、脱落。

常温施工 24h 后进行适当喷水养护，不得有流淌。

③ 勾面砖缝

面砖粘结层终凝后，进行勾缝。先勾水平缝再勾竖缝。面砖缝要凹进面砖外表面 2mm，纵横交叉处要过渡自然，不能有明显痕迹。砖缝应达到连续、平直、深浅一致、表面压光，随勾随用棉纱蘸清水擦净砖面，勾缝完成并在常温 3d 后，即可清洗残留在砖面的污垢。

④ 柔性装饰砖操作工艺要点

当采用柔性装饰砖施工时，在基层验收并弹线挂线后，使用 4mm×4mm 带齿的抹刀在基层墙体上满涂一层粘结剂，沿基准砖采用浮动法将柔性装饰砖铺贴在粘结剂之上，用搓板或其他工具轻拍砖面，使之与基层达到 100% 粘结。

在阴角处粘贴时，使用壁纸刀在砖的反面需要弯曲处划一道 0.5~1mm 深的痕迹，在划痕处将柔性装饰砖弯曲，将弯曲好的柔性装饰砖粘贴到阴角处。

在阳角处粘贴时，使用壁纸刀在砖的正面需要弯曲处划一道 0.5~1mm 深的痕迹，在划痕处将柔性装饰砖弯曲，将弯曲好的柔性装饰砖粘贴到阳角处。

在粘结剂固化前，用勾缝刷沿砖缝将粘结剂压实抹平，最后用刷涂、滚涂或喷涂方式，保证砖及砖缝均匀罩上面漆。

⑤ 分格缝用耐候硅酮密封胶做防水嵌缝，布胶达到饱满、均匀、密实。

4. 工程质量标准

1) 涂料饰面

(1) 主控项目

① 所有材料品种、质量、性能、规格，必须符合设计要求和相关标准规定。

检验方法：观察、尺量检查；核查质量证明文件。

② 保温层与墙体以及各构造层之间必须粘接牢固，无脱层、空鼓及裂缝，面层无粉化、起皮、爆灰。

检验方法：观察检查。

③ 涂层严禁脱皮、漏刷、透底。

检验方法：观察检查。

④ 酚醛泡沫保温层厚度必须符合设计要求，不允许有负偏差。

检验方法：按施工顺序，用钢针插入、尺量。

(2) 一般项目

① 表面平整、洁净，接茬平整、线角顺直、清晰，毛面纹路均匀一致。

检验方法：观察检查。

② 护角符合施工规定，表面光滑、平顺、门窗框与墙体间缝隙填塞密实，表面平整。

检验方法：观察检查。

③ 孔洞、槽、盒位置和尺寸正确、表面整齐、洁净，管道后面平整。

检验方法：观察、尺量检查。

(3) 允许偏差及检验方法如表 3-42 所示。

允许偏差及检验方法 表 3-42

项　目	允许偏差（mm）	检验方法
立面垂直	4	用 2m 托线板检查
表面平整	4	用 2m 靠尺和楔尺检查
阴阳角垂直	4	用 2m 托线板检查
阴阳角方正	4	用 20cm 方尺和楔尺检查
分格条（缝）平直	3	拉 5m 小线和尺量检查
立面总高垂直度	$H/1000$ 且 $\leqslant 20$	用经纬仪、吊线检查
上下窗口左右偏移	$\leqslant 20$	用经纬仪、吊线检查
同层窗口上、下	$\leqslant 20$	用经纬仪、吊线检查
保温层厚度	不允许有负偏差	探针、钢尺检查
保温层平整度	1.5cm	用 2m 靠尺和楔尺检查

2）面砖饰面

(1) 主控项目

① 所有材料（面砖的品种、规拾、颜色）质量、性能必须符合设计要求。

检验内容：检查产品合格证和出厂检测报告。

② 酚醛泡沫保温层厚度必须符合设计要求，不允许有负偏差。

检验方法：按施工顺序，用钢针插入、尺量。

③ 面砖粘贴必须牢固，粘结强度应符合《建筑工程饰面砖粘接强度检验标准》JGJ 110 标准要求。

检验方法：观察检查。

④ 保温层、饰面砖与墙体以及各构造层之间必须粘结牢固，无脱层、空鼓及裂缝。

检验方法：用小锤轻击和观察检查。

⑤ 钢丝网应铺压严实，不得有空鼓、翘曲、外露等现象，搭接尺寸符合要求。

检验方法：观察检查。

(2) 一般项目

① 抗裂砂浆的表面和接茬应平整、洁净，线角顺直、清晰，毛面纹路均匀一致，勾缝材料色泽一致，无裂痕和缺损。面砖接缝应平整、光滑，填嵌应连续、密实；宽度和深度应符合设计要求。

检验方法：观察检查。

② 酚醛泡沫保温层平整度符合设计要求。

检验方法：观察检查。

③ 门窗框与墙体间缝隙填塞密实，表面平整。孔洞、槽、盒位置和尺寸正确、表面整齐、洁净，管道后面平整。

检验方法：观察检查。

④ 阴阳角处搭接方式、非整砖使用部位应符合设计要求。

检验方法：观察检查。

⑤ 墙面突出物周围的面砖应套割吻合，边缘应整齐。墙裙、贴脸突出墙面的厚度一致。

检验方法：观察检查。

⑥ 有排水要求的部位应做滴水线（槽）。滴水线（槽）应顺直，流水坡向应正确、坡度应符合设计要求。

检验方法：观察检查。

（3）允许偏差及检验方法如表 3-43 所示。

允许偏差及检验方法　　　　表 3-43

项　目	允许偏差（mm）	检验方法
立面垂直	3	用 2m 托线板检查
表面平整	4	用 2m 靠尺及塞尺检查
阴阳角垂直	3	拉 5m 小线，不足 5m 通线，钢尺检查
阴阳角方正	4	用 20cm 方尺和楔尺检查
接缝直线度	3	用钢尺检查
接缝高低差	1	用钢尺和塞尺检查
接缝宽度	1	用钢尺检查

3.4.2 喷涂酚醛泡沫与外挂板饰面系统

喷涂酚醛泡沫与外挂板饰面系统，是在新建建筑墙体（如幕墙、轻体夹芯墙、砌块或混凝土墙体等）基层的轻钢龙骨框架腔体内，喷涂酚醛泡沫。通过在酚醛泡沫表面涂刷防护层或防火层面层后，再在龙骨上安装外挂板材（如石材、水泥板等装饰板）。

在该系统使用喷涂酚醛泡沫技术，不但提高了施工速度，而且克服了填充保温方法的不足。在墙体基层喷涂酚醛泡沫后，使墙体、墙体安设挂件部位整体达到保温、密封效果，可隔绝墙体基层因潮气、热桥引起腐蚀、霉菌等问题。

为防止酚醛泡沫长时间受紫外线照射降低性能，提高防火性能，应在泡体表面喷、刷，或涂抹具有防护和提高防火性能的材料。

1. 设计要点

1）酚醛泡沫保温层的导热系数修正系数按 1.15 选取。

2）在外挂板材（如石材）与酚醛泡沫保温层之间设置的间隔空气层，不能形成流动气流。

3）该系统构造可在泡体与外挂板间可留 10～20mm 空气层（包括吸声空气层、防潮空气层、去湿空气层、集热空气层、通风空气层等）。

在墙体结构中所设置的空气层，相当于用空气作为保温材料或作成保温空气层，空气层不仅降低泡沫用量，具有优良的热功能，而且空气层增加墙体热阻，既免于表面，也免于内部产生凝结水。

2. 施工

喷涂酚醛泡沫前，承重结构部位已安装龙骨预埋件，要求埋设必须达到稳固。在龙骨预埋件上安装主龙骨，按设计布局及石材大小在外墙挂线、在主龙骨上安装次龙骨及挂件，以及墙体基层设有管线安装完毕、验收。

喷涂酚醛泡沫施工，避开 3 级以上大风天，墙体基层湿度不大于 15%。施工环境温度宜在 25℃以上。

发泡设备（输料管线长度、具备喷涂发泡机可用电源）调试完毕，达到喷涂操作条件。

根据工作面设置安装数量，认真检查脚手架安装质量要求，必须达到上下运行安全使用。

1) 施工工艺

喷涂酚醛泡沫与外挂板饰面系统工艺流程如图3-70所示。

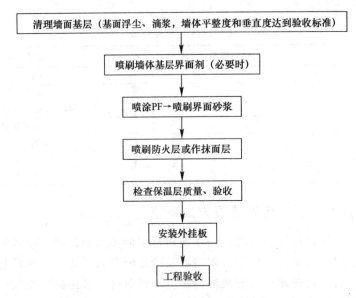

图3-70 喷涂酚醛泡沫与外挂板饰面工艺流程

2) 操作工艺要点

(1) 检查墙体基层，如有灰渣、尘土应彻底清除。如有严重凹陷应用同等墙体材料（或用水泥砂浆）抹平。

(2) 在喷涂酚醛泡沫前，通过试喷来确定喷枪嘴与墙体基层的最佳距离（喷距），试喷主要依据所选用喷涂发泡机的单位时间内的喷涂量、设定压力和施工现场风力大小等因素调整确定，通过各因素综合调整恒定喷距，在喷涂时应达到稳定状态。

该工艺流程采用先安装完主龙骨和次龙后，后喷涂酚醛泡沫方式，可防止在完成喷涂酚醛泡沫后，再有动用电焊等高温作业。

在喷涂中，喷枪嘴都应与墙体基层垂直。在墙体基层上可按泡体总厚度冲筋，最后喷涂到冲筋同厚度，也可按喷涂经验不设冲筋，边喷涂边检测厚度的方式进行连续施工到最终厚度。喷涂不得污染安装挂板部位，避免给安装挂板工序带来偏差。

单元龙骨内连续喷涂，使龙骨与墙体连接的固定件同墙体共同喷涂成一体，前后喷涂泡体相互间不得有接茬，使墙体达到全面封闭系统。

防火层或抹面层，在喷涂酚醛泡沫固化后即刻进行。

在进行挂板等工艺安装时，严禁在无可靠消防措施准备的情况下进行任何产生明火的施工，严禁在其上凿孔打洞或受重物撞击。

(3) 安装挂板

在石材上开设挂槽、利用挂件将石材固定在龙骨上、调整挂件紧固螺栓，对线找正石材外壁安装尺寸，挂槽内用云石胶满填缝。

3. 工程验收

1) 酚醛泡沫保温隔热层的平均厚度应符合设计要求。
2) 酚醛泡沫保温隔热层应连续，不得有间断、空腔等不良现象。
3) 酚醛泡沫保温隔热层平均厚度与设计厚度的误差应在±15mm范围之内。
4) 在现场喷涂酚醛泡沫试块后，材料性能检测达到合格。

3.5 模浇法施工

模浇酚醛泡沫外墙外保温系统，包括可拆模板浇注和免拆模板浇注酚醛泡沫两种施工方法，且分别构成涂料饰面和面砖饰面。

模浇法酚醛泡沫施工，是在模板固定支护的条件下，在现场向模板内浇注酚醛泡沫液态原料，根据设计泡沫厚度可自由调整模板位置，酚醛泡沫充满模板内整个空间，实现低损耗、零污染，泡沫稳固、不脱落、不开裂。

模浇酚醛泡沫的泡体在基层墙体与模具之间产生压力发泡，不但加强酚醛泡沫对基层墙体的附着力、形成泡沫断面密度均匀、泡体密度容易控制，而且酚醛泡沫表面平整度和线角精度可控制在3～5mm。在阴阳角和窗口等特殊部位可一次浇注成形，减掉在酚醛泡沫表面找平、阴阳角和窗口等特殊部位采用酚醛泡沫预制件粘贴步骤。

模浇酚醛泡沫构造系统适用于新建、扩建、改建和既有的公共建筑、民用建筑节能工程；适用于砌体、混凝土和填充墙体的基层，如钢筋混凝土、混凝土空心砌块、页岩陶粒砌块、烧结普通砖、烧结孔砖、灰砂砖、炉渣砖等材料构成，以及抗震设防烈度≤8度的地区的外墙保温工程。

3.5.1 可拆模浇酚醛泡沫系统

可拆模板浇注酚醛泡沫系统，在可重复使用的可拆滑模板（含滑轨）内在现场完成浇注酚醛泡沫，泡体固化拆除模板（脱模）后，形成表面平整的酚醛泡沫保温层，可分别完成涂料饰面和面砖饰面系统。

可拆模浇酚醛泡沫涂料饰面系统基本构造如表3-44所示。

可拆模浇酚醛泡沫真石漆饰面系统基本构造　　　表3-44

基层墙体	构造示意图			
	界面层	PF保温层	真石漆饰面层	
混凝土墙或砌体墙（砌体墙需用水泥砂浆找平）①	墙体基层界面剂②	浇注PF③	界面剂+真石漆底涂层④ + 真石漆中涂层⑤ + 真石漆面漆层⑥	① ② ③ ④ ⑤ ⑥

1. 专用可拆模板及系统所用材料技术性能要求

1）专用可拆模板技术性能要求

专用可拆模板可选用胶合板复合高分子材料模板、金属复合高分子材料模板、竹质复合高分子材料模板、增强高分子材料模板等多种材质，要求模板承受酚醛泡沫发泡鼓胀力，表面应平整，达到安装方便、拆卸容易，而且酚醛泡沫应不粘模。

2）酚醛泡沫、墙体基层界面剂（防潮底漆）、酚醛泡沫界面剂、抗裂砂浆、耐碱玻纤网格布技术性能、柔性耐水腻子、粘结面砖砂浆、热镀锌电焊网、饰面砖、面砖勾缝料，同 3.2.1 或 3.2.2 节中有关技术性能要求。

3）单组分聚氨酯泡沫填缝剂是自身发泡、自身吸收潮湿熟化和粘接、密封间隙，用于窗框与墙体间、饰面板缝间等，其物理性能 JC 936—2004 见表 3-45。

物理性能指标　　　　　　　　　　　　　　　　　　　表 3-45

项　目			指　标
密度（kg/m³）			10～20
导热系数（35℃）[W/(m·k)]			≤0.050
尺寸稳定性（23±2℃，48h）(%)			≤5
燃烧性			B2 级
剪切强度（kPa）			≥80
拉伸粘结强度（kPa）	铝板	标准条件（7d）	≥80
		浸水（7d）	≥60
	PVC 塑料	标准条件（7d）	≥80
		浸水（7d）	≥60
	水泥砂浆板	标准条件（7d）	≥60

4）其他材料技术性能

(1) 真石漆的主要技术性能应符合《合成树脂乳液砂壁状建筑涂料》JG/T 24 的要求。

(2) 硅酮型建筑密封膏技术性能同表 3-29 要求。

(3) 用作嵌缝背衬材料的聚乙烯泡沫塑料棒，其直径宜按缝宽的 1.3 倍采用。

(4) 墙身变形缝盖缝板采用 1mm 厚带表面涂层的铁皮，或 0.7mm 厚镀锌薄钢板制作。

2. 设计基本要求

1）在墙体变形缝处（基层墙体的伸缩缝、防震缝）酚醛泡沫保温层应设分隔缝，缝隙内沿墙外侧满铺低密度聚苯乙烯泡沫塑料板或酚醛泡沫等弹性保温材料密封材料封口。

2）变形缝温度修正系数 $n=0.7$ 对建筑物外墙的传热系数进行修正后，作为变形缝墙体的传热系数要求值，据此确定保温材料厚度。

3）酚醛泡沫温层沿墙体层高宜每层留设水平分隔缝，纵向以不大于两个开间并不大于 10m 宜设竖向分格缝。

4）高层建筑和地震区、沿海台风区、严寒地区等应慎用面砖饰面。当必须采用面砖饰面时，应严格遵守本构造系统有关面砖饰面的各种配套材料的技术性能指标和施工要求。

5）饰面涂料和面砖的品种、规格、颜色等，由个体工程设计制定。

6）模浇酚醛泡沫的基层构造设计要结合实际工程的结构种类，提出具体的技术要求和基层处理方案及质量控制措施。

7)验收合格标准的砌体墙体、混凝土墙体及各种填充墙体,可不用抹面砂浆找平,酚醛泡沫可直接浇注。

8)模浇酚醛泡沫的基层为承重砌体墙的,块材的强度等级不应小于MU10.0;填充砌体墙的,块材强度等级低于MU5.0;锚栓间距500mm,且梅花布置;进入基层的有效锚固长度应大于25mm。

9)砌体的砌筑砂浆应饱满,且应符合清水墙的技术质量要求。

10)填充砌体与混凝土剪力墙、梁、柱的连接处,应铺设镀锌钢丝网,并抹水泥砂浆。

11)水泥砂浆抹面的平整度的允许偏差(用2m靠尺检查)应小于±1.5mm,经验收合格后方可进行模浇酚醛泡沫保温层的施工。

既有建筑的砌体墙在进行模浇酚醛泡沫外保温前,均应先处理好基层(清除外墙表面涂料、脱皮、空鼓、粉化层),并通过施用墙体基层界面剂处理后,再抹M10水泥砂浆。

12)细部构造

涂料饰面细部节点构造如图3-71～图3-75所示。

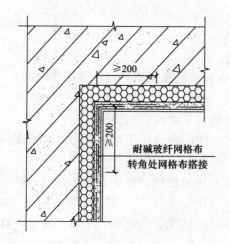

图3-71 阴角构造

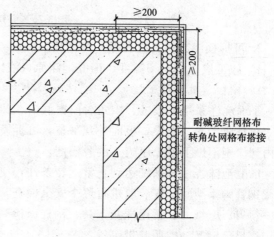

图3-72 阳角构造

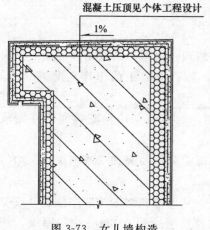

图3-73 女儿墙构造

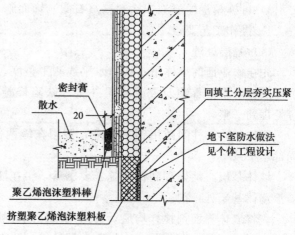

图3-74 勒脚构造

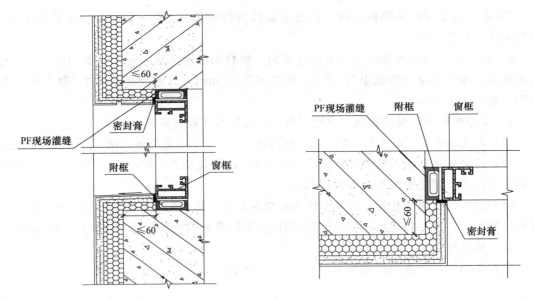

图 3-75 窗口构造

3. 可拆模浇涂料（真石漆）饰面施工

1) 施工应考虑现场温度、酚醛泡沫原（液）料在模具内流动指数及泡体固化时间。

2) 模板、机具及工具

平面浇注采用平模板，阳角、门窗洞口、凹凸装饰线采用角模板浇注。

模具应干净、干燥，板面外观平整，可拆模板与浇注酚醛泡沫不粘连，必要时可在模板内侧涂刷不影下道工序施工的脱模剂。

酚醛泡沫浇注机系统达到正常运转条件，使用垂直运输机械、水平运输车、门式脚手架或钢管脚手架时，安装前进行逐个安全检查，达到使用安全。

剪刀、壁纸刀、常用抹灰工具、刮杠、检测工具、经纬仪、手电钻、手锤、探针、直尺、塞尺、钢叉、透明胶带等。

电动螺丝刀、射钉枪、砂浆搅拌机、手提电锯、手提压刨、电动砂布机等。

3) 可拆模浇酚醛泡沫涂料（真石漆）饰面施工工艺流程如图 3-76 所示。

4) 操作工艺要点

(1) 基层处理

先在作业面的墙体吊垂线、水平线测平整度。彻底清理外墙基面的灰结、混凝土浮块及浮灰等所有附着物及混凝土梁外胀等缺陷修整合格，如有混凝土凸出物高度＞6mm，应处理到平整。

砌体与梁、柱间隙用钢网处理，钢网在缝两侧搭接≥200mm。门窗安装完毕并完成局部填平。

墙体基层必须处理到符合施工要求后，再在墙体基面上采用喷雾式（或辊涂式）均匀喷涂墙体基层处理剂。

先将墙体界面剂搅拌均后，再采用涂抹或雾喷方法，从始端向终端按顺序涂刷（或喷涂），不得有漏涂、欠喷和流淌等不良现象，最终要求界面层达到 0.3mm 均匀厚度，能够达到封闭墙体潮气和增强基层与泡体达到所规定粘结的效果。

3.5 模浇法施工

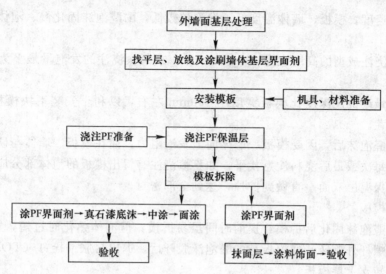

图 3-76 可拆模浇酚醛泡沫涂料（真实漆）饰面施工工艺流程

(2) 测量放线

根据每层放的水平线及墙大角阳角处的竖直线，确定模板位置，控制保温层的厚度。

(3) 安装专用模板

在墙体基层界面剂施工结束 2h 后，安装模板。根据吊垂线、水平线测量墙面平整度。在建筑物外墙大角（阴角、阳角）及其他必要处挂垂直基准线。

支模板每层必需挂垂直、水平线，以控制垂直度和平整度，确定定型模板部位。在墙面上预先安装与酚醛泡沫保温层相同厚度的垫块，作为浇注酚醛泡沫的标准厚度。

支模板应从阴角（阳角）开始（采用角型模板），支模板顺序由下往上，TOX 尼龙套胀钉固定标准化防粘模板（600mm×2400mm）。角处的模板也可采用两块模板直接碰头，缝隙用胶带封口的方法，其他模板也采用直接拼接方法。

按模板定位孔钻孔，安装模板。用调节螺杆调整与基面的平行和垂直，支撑螺杆支撑在墙面上，确定保温层厚度，用锚栓钉拉紧模板，利用自胀锚栓 TOX 钉，使模板安装达到稳定、固定牢靠。

模板垂直度及平整度不大于 3mm，预调整好浇注酚醛泡沫保温层的厚度。

在浇注酚醛泡沫发泡中，泡体必然对模板产生膨胀作用，必要时为了抵抗对模板可能产生较大鼓胀作用力，可在模板外安装加强肋。

在浇注酚醛泡沫前，应按基层的部位，正确选择适用模板和配套支护工具。如在平面墙体浇注应采用平模板，在阳角部位浇注应采用阳角板浇注，在门窗洞口、凹凸装饰线部位浇注应采用角模板浇注。

(4) 浇注酚醛泡沫

浇注酚醛泡沫的顺序由远至近，浇注中保持注料枪移动速度要均匀，以便保证浇注量的均匀，浇注料要全部浇注在墙面上。

单块模板应连续浇注，不得发生断层现象，并且单块模板浇注应沿高度方向分三次浇注，即后次浇注应在前次浇注达到充分发泡、固化后进行。

酚醛泡沫固化时间与墙体和模板温度有直接关系，因墙体和模板温度的高低直接影响反应热移走的速度。模板、墙体温度低，发泡倍数低，酚醛泡沫固化慢、泡体密度大且表皮厚。

通常一次浇注成型的高度宜为300～600mm，或每次浇注的发泡量最多为单块模板的50%左右。

单块模板最终浇注深度比模板宽度小100mm左右，以利于安装下块模板再浇注时，避开泡体间接茬。

在浇注酚醛泡沫后，因受模板、墙体向上发泡阻力，而在模板、墙体与硬泡发泡间产生发泡影响，每次或最后浇料注意找平，如不慎浇注有冒出模板的泡体部分应清除。

女儿墙处保温层双面一直做到护顶，达到全部密封。

(5) 拆除模板

在模浇酚醛泡沫固化后拆模，提前时间虽易拆模，但泡体熟化时过短，易损坏泡体。拆模时将支撑螺杆外旋转，使模板与酚醛泡沫脱开后，退出自胀锚栓钉（TOX钉），把模板拆除，再周转支上层模板。

浇注的酚醛泡沫泡体不得有虚粘、空鼓、酥软等缺陷，表平整度≤3mm，表面局部裂纹长度＜50mm，宽度＜1mm，窗口上下左右偏移不大于20mm。

拆模后的酚醛泡沫保温层，应充分熟化后再进行下道工序施工。

(6) 涂酚醛泡沫界面剂

为增加保护层对泡体表面粘接强度，在拆除模板后，酚醛泡沫保温层经验收合格后，刮涂酚醛泡沫界面剂。

(7) 涂真实漆饰面料

① 喷涂底漆：为使底材的颜色一致，避免真石漆涂膜透底而导致的发花现象，底漆喷涂带色底漆，以达到颜色均匀的良好装饰效果。

基层着色处理材料应选用附着力、耐久性、耐水性好的外用薄涂乳胶漆。根据所确定天然石材的颜色或样板的颜色进行调色配料，尽可能使涂料的颜色接近真石漆本身的颜色。

② 喷涂真石漆：为了达到仿石材的装饰效果，同时也利于施工操作，可以对真石漆进行分格涂喷，并且在分格缝上涂饰所选择的基层着色涂料，在大面喷涂时对分格缝部位应完全遮挡或进行刮缝处理。

喷涂真石漆的必要时，可加少量水调节，但喷涂时应严格控制材料施工黏度恒定，以及喷口气压、喷口大小、喷涂距离等应严格保持一致，遇有风的天气时，应停止施工。

真石漆施工如果控制不好，涂膜容易产生局部发花现象。因此在真石漆喷涂时应注意以下几个操作要点：

注意出枪和收枪不在正喷涂的墙面上完成；

喷枪移动的速度要均匀；

每一喷涂幅度的边缘，应在前面已经喷涂好的幅度边缘上重复1/3，且搭界的宽度要保持一致；

保持涂膜薄厚均匀。

涂料的黏稠度要合适，第一遍喷涂的涂料略稀一些，均匀一致、干燥后再喷第二遍涂料。喷第二遍涂料时，涂料略稠些，可适当喷得厚些。

当喷斗的料喷完后，用喷出的气流将喷好的饰面吹一遍，使之波纹状花纹更接近石材效果。如果想达到大理石花纹装饰效果,可以用双嘴喷斗施工,同时喷出的两种颜色,或用单嘴喷斗分别喷出的两种颜色,达到颜色重叠、似隐似现的装饰效果。

③ 喷涂罩光清漆:为了保护真石漆饰面、增加光泽、提高耐污染能力,增强真石漆整体装饰效果,在真石漆涂料喷涂完成,且待真石漆完全干透后(一般晴天至少保持3d),可喷涂罩光清漆。

在罩光清漆施工时,为保持其适宜黏度,可适量添加稀释剂调配。在喷涂操作时注意保持气压恒定、喷口大小一致,防止罩光清漆出现流挂现象。

④ 在细部构造应做到:

在大面喷涂时对分隔缝部位,应完全遮挡或进行刮缝处理;

上窗口顶应设置滴水沿(槽或线);

装饰造型、空调机座等部位必须保证流水坡向正确;

窗口阴角、空调机座阴角,落水管固定件等部位均留嵌密封胶槽,槽宽4~6mm,深3~5mm。嵌密封胶,不得漏嵌或不饱满。

4. 可拆模浇酚醛泡沫面砖饰面施工工艺

1)可拆模浇酚醛泡沫面砖饰面施工工艺流程如图 3-77 所示。

2)操作工艺要点

(1)基层处理、墙体基层界面层

基层处理的施工方法及质量标准,同本节涂料饰面基层处理的施工方法及质量标准。

(2)墙体基层界面层施工、涂酚醛泡沫界面剂方法,同本节涂料饰面施工方法及质量标准。

(3)钢丝网锚固

在抗裂砂浆层内,应铺设热镀锌电焊网(直径 $\phi1.5@40\times40$)一层,热镀锌电焊网应用锚栓固定于基层上,每平方米不少于4个,相邻网之间应对接。阴阳角、窗口、女儿墙、墙身变形缝等部位网的收头处均应固定。

按(间距)水平500mm、垂直500mm距离或按采用TOX钉间距 400mm×400mm 距离,排列锚栓钉(或TOX钉),选用 $\phi8$ 钻头钻孔,主体墙内钻孔深度不小于55mm,压入主体墙内尼龙胀塞,严禁用锤直锤砸进胀栓钉,防止日久受力松动而降低拉力。

将镀锌钢网铺平,用胀栓钉和压片压紧,各钉压紧力应均匀,钢网间对接。保持钢网与保温层贴紧局部间隙不得过大,应≤3mm。

钢网对接处用双股 22# 镀锌捆扎牢靠,间距 200~250mm。阳角处钢网对接按间距 100~150mm 用双股 22# 镀锌绑线捆扎。在阳角边部必须用锚栓钉压紧。

(4)抹聚合物抗裂砂浆面层

浇注完的聚氨酯陈化时间为 2d 之后方可施工聚合物抗裂砂浆抹面层。

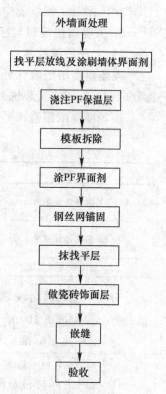

图 3-77 可拆模浇酚醛泡沫面砖饰面施工工艺流程

① 配制聚合物抗裂抹面砂浆：按干粉砂浆与水的比例，混合后搅拌3~5min，达到均匀状态。

抹面砂浆现用现配，每批配制的抹面砂浆应在2h之内用完，在抹面砂浆使用中有增稠现象，应增加搅动，出现固化、硬结不得再使用。

② 抹面层施工时，将电焊网完全覆盖在抹面层内，不得露出表面。抹完抹面层表面的平整度和线角应符合设计要求，并将抹面层表面搓麻。

抗裂砂浆抹面层达到一定的强度后，应适当喷水养护，约7d后方可粘贴面砖。

(5) 贴面砖

配制的贴砖胶浆，应在2h之内用完。粘贴面砖前，应先将基层喷水湿润（以不流淌为宜）。如使用面砖的吸水率大于1%，在面砖粘贴前应将其浸水2h以上，晾干后再用。

粘贴面砖的粘结砂浆厚度为5~8mm。面砖缝宽不小于5mm。常温施工24h后应喷水养护，喷水不宜过多，不得流淌。

(6) 面砖勾缝

用面砖勾缝胶进行勾缝，先勾水平缝，后勾竖缝。口角砖交接呈45°，勾缝面应凹进面砖表面2mm。最后，窗口等部位面砖缝注密封胶。

在该保温工程系统中，不得用水泥砂浆替代抗裂砂浆、粘结砂浆和面砖勾缝胶。

5. 工程质量控制与标准

1) 工程质量控制

现场模浇酚醛泡沫外保温工程应按现行国家标准《建筑节能工程施工质量验收规范》GB 50411 及《建筑装饰装修工程质量验收规范》GB 50210 相关规定进行施工质量验收。

现场模浇酚醛泡沫外保温工程的分项工程和工序按表3-46进行划分。

现场模浇酚醛泡沫外墙外保温工程分项和工序划分　　　　表 3-46

分 项	工 序
PF 涂料饰面系统	基层处理、墙体基层界面砂浆（剂）、模板安装、PF 保温层、变形缝、PF 界面砂浆（剂）、抹面层、饰面层
PF 面砖饰面系统	基层处理、墙体基层界面砂浆（剂）、模板安装、PF 保温层、变形缝、PF 界面砂浆（剂）、抹面层、贴面砖
PF 装饰板饰面系统	基层处理、墙体基层界面剂、模板安装、PF 保温层、变形缝、密封胶嵌缝

分项工程以墙面每500~1000m^2划分为一个检验批，不足500m^2也应划分为一个检验批；每个检验批每100m^2应至少抽查一处，每处不得小于10m^2。细部构造应全数检查。

2) 工程质量标准

(1) 主控项目

① 所用主体材料及配套用材料规格、质量、性能应合格。

检查方法：检查出厂合格证、近期检测报告和进入现场复试报告。

② 酚醛泡沫保温层的厚度符合设计要求，保温层平均厚度不允许出现负偏差。

检查方法：用尺测量和观察。

③ 保温层与墙体以及各构造层之间必须粘接牢固，不应脱层、空鼓及裂缝。

检查方法：现场观察检查。

④ 安装模板和自膨胀金属锚固螺栓，应使模板、钉与尼龙套准确对位，并安装牢固。
检查方法：用直尺测量和观察。
⑤ 模板与塑料板之间不得有缝隙。
检查方法：用直尺测量和观察。
⑥ 模板拆除后，模浇酚醛泡沫不应粘模板。
检查方法：现场观察检查。
⑦ 酚醛泡沫的密度、厚度应符合设计要求。
检查方法：检查复验报告，用探针和直尺测量检查。
⑧ 饰面嵌缝连续、饱满、均匀。
检查方法：现场观察检查。

(2) 一般项目
① 基层应无脱层、空鼓和裂缝，基层应平整、洁净，含水率应符合施工要求。
检查方法：现场观察检查。
② 界面砂浆（剂）喷涂均匀，严禁有漏底现象。
检查方法：现场观察检查。
③ 界面砂浆刮涂厚度均匀，严禁有漏底现象。
检查方法：现场观察检查。
④ 穿墙套管、脚手架、孔洞等，按照施工方案要求施工。
检查方法：现场观察，全数检查。
⑤ 阴（阳）角、门窗洞孔及与不同材料交界处等特殊部位，按设计要求施工，并应达到密封牢固、无空隙。
检查方法：现场观察检查。
⑥ 酚醛泡沫保温层必须达到熟化时间后方可进行下道工序施工。
⑦ 模板表面应平整、光洁。
检查方法：用靠尺、直尺、塞尺测量、观察检查。
⑧ 模板的接缝不应有漏出酚醛泡沫。
检查方法：观察检查。
⑨ 拆除模板后，已浇注成型的酚醛泡沫表面及棱角应无损伤。
检查方法：观察检查。

3) 模浇酚醛泡沫质量检查允许偏差
(1) 模浇酚醛泡沫的模板安装允许偏差值如表 3-47 所示。

模浇酚醛泡沫模板安装允许偏差值 表 3-47

项 目		允许偏差（mm）	检验方法
轴线位置		≤5	钢尺检查
截面尺寸	柱、墙、梁	+4，-5	钢尺检查
层高垂直度	不大于 5m 时	≤6	经纬仪或吊线、钢尺检查
	大于 5m 时	≤8	经纬仪或吊线、钢尺检查
相邻两板表面高低差		≤2	2m 靠尺和直尺及塞尺检查
表面平整度		≤4	2m 靠尺和直尺检查

(2) 模浇酚醛泡沫的外观质量允许偏差如表 3-48 所示。

模浇酚醛泡沫的外观质量允许偏差　　　　表 3-48

项　目		允许偏差值	检验方法
外观质量		表面平整光滑	2m 靠尺、直尺和观察检察
酚醛泡沫厚度（mm）	厚度≤50	-1，+5	用 φ1mm 钢丝探针和直尺检查
	50≤厚度<100	-2，+4	
	厚度≥100	供需双方商定	
表面平整度（mm）		±2	2m 靠尺和塞尺检查

(3) 模浇酚醛泡沫真石漆饰面系统允许偏差项目及检验方法如表 3-49 所示。

模浇酚醛泡沫真石漆饰面系统允许偏差项目及检验方法　　　表 3-49

项　目	允许偏差	检查方法
立面垂直度	4	用 2m 托线板检查
表面平整	4	用 2m 靠尺及塞尺检查
阴阳角垂直	4	用 2m 托线板检查
阴阳角方正	4	用 2m 靠尺及塞尺检查
立面总高度垂直	$H/1000$ 不大于 20	用经纬仪吊线检查
上下窗口左右偏移	不大于 20	用经纬仪吊线检查
窗口上下偏移	不大于 20	用经纬仪拉通线检查
保温层厚度	不允许有负偏差	用针钢尺检查
分格条（缝）平直	3	用 5m 小线和尺量检查

3.5.2 免拆模浇酚醛泡沫系统

免拆模板浇注酚醛泡沫技术系统，是利用各种清水板作为模板，如水泥基轻质板，或仿铝塑板饰面、仿面砖饰面等多种饰面风格装饰板作为模板。通过现场对模板内浇注酚醛泡沫后，模板与浇注酚醛泡沫连成无缝、无热桥、连续复合整体保温层构造。

在清水板保温构造外表面可按设计要求，进行涂料（真石漆）、面砖等进行面层装饰。而采用装饰板为模板，直接为面层饰面，在其装饰板内一次浇注成形的外墙外保温装饰系统。

清水板饰面或装饰板饰面，不变形、不褪色、不开裂、防水、耐候。

1. 免拆水泥基轻质板模浇保温系统

1）施工前的技术准备、材料准备、机具准备、施工条件，同本节可拆模板模浇酚醛泡沫外保温作业基本条件。

2）施工工艺

(1) 免拆模板浇注酚醛泡沫施工工艺流程如图 3-78 所示。

(2) 操作工艺要点

① 基层处理

彻底清除掉外墙基面上灰结、混凝土浮块等，如有影响施工的混凝土凸出物，应剔平整，表面上不得有浮灰、油污等，墙体基层应干燥、干净、坚实、平整，必须处理到符合施工要求，涂刷墙体基层界面剂。

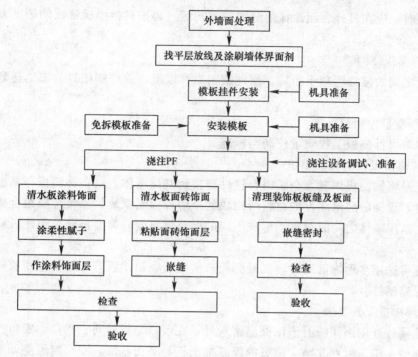

图 3-78 免拆模板浇注酚醛泡沫工艺流程

② 免拆模板安装

将在工厂预制标准化生产的模板（清水板、保温板或装饰板）用锚钉固定在墙面，在模板与墙体间预留 15mm 空隙或按设计要求预留，以便在空隙内浇注酚醛泡沫。

安装模板时，先进行垂直、水平放线。严格按设计饰面要求安装装饰板，保证水平、垂直方向直线性要求和表面平整度要求。

支模板应从阴角（阳角）开始，支模板顺序由下往上。阴、阳角处的模板采用两块模板直接碰头，缝隙用胶带封口的方法，其他模板也采用直接拼接方法。

免拆模板即装饰板安装方法，分为在板面锚栓直接固定和在板对缝处挂接两种方式。分别用厚型板和薄型板对缝处采用 L 形企口隼连接，装饰模板（如仿铝塑幕墙饰面时）采用耐候硅酮胶密封对缝处理。

③ 浇注酚醛泡沫液料

浇注顺序由远至近。一块模板沿高度方向分多次浇注，不得一次浇注成型。浇注完成后，清理装饰板板缝及板面，然后按设计要求做饰面。

④ 面砖饰面、涂料层饰面

模板之间的接缝用单组分酚醛泡沫填缝剂发泡剂密封，使用时不需要发泡机和电源，适当切开罐装大小管嘴，对准缝隙后借助罐内压力或借助外力边移动边挤出物料，做到施工速度与出料量同步。由于罐内压力发泡压力小，很容易控制操作，挤出物料在短时间内发泡、固化，达到填缝、粘结、密封、隔热等多种功能，能有效防止出现热桥。

酚醛泡沫填缝剂发泡剂密封后，将凸出部分处理平整。

水泥基轻质板面砖饰面、涂料层饰面（含真实漆饰面）做法，除减掉抗裂砂浆抹面层的施工步骤外，其他同本节中可拆模浇中面砖饰面、涂料饰面做法，其中以酚醛泡沫裸板为免拆模板时,应在其外表面涂抹酚醛泡沫界剂后,再按可拆模板饰面的施工方法进行后续饰面施工。

⑤ 装饰模板饰面

将模板之间的接缝清理干净后,用硅酮密封膏嵌缝,盖严膨胀钉,嵌缝达到连续、均匀、饱满。

3) 工程质量控制与标准

参照本节可拆模板工程质量控制与标准。

2. 干挂饰面板模浇保温系统

该系统是将饰面板用三维金属组合挂件连接到基层墙体上,在饰面板与基层墙体间的整体空腔内,现浇酚醛泡沫发泡材料所构成的外墙外保温系统,三维金属组合挂件可以调节饰面板与基层墙体之间的距离,形成不同的保温层厚度,饰面板缝隙用建筑硅酮密封膏封闭。

该系统可选用多种饰面面材,如纤瓷板、氟碳板、铝塑板等,干挂饰面板浇注酚醛泡沫外墙外保温系统。

1) 细部构造及其要求

除在连接件处用浇注酚醛泡沫保温密封外,在收口、板缝间、拐角、窗口连接处、落水管固定部位、阳台、女儿墙、勒脚的保温饰面板与平面基层、变形缝及空调等外装设备安装部位都应采用密封胶达到有效密封。细部节点连接及密封,如图3-79～图3-83所示。

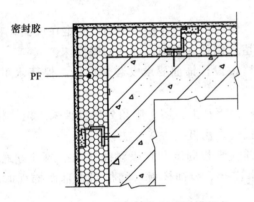

图3-79 外墙阳角保温饰面板连接节点

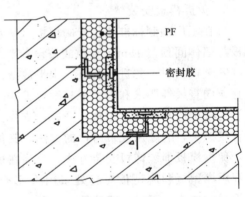

图3-80 外墙阴角保温饰面板连接节点

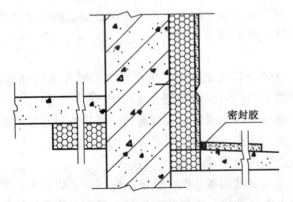

图3-81 外墙勒脚连接节点及密封

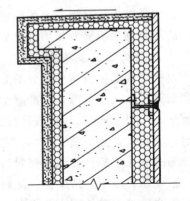

图3-82 女儿墙构造连接及密封

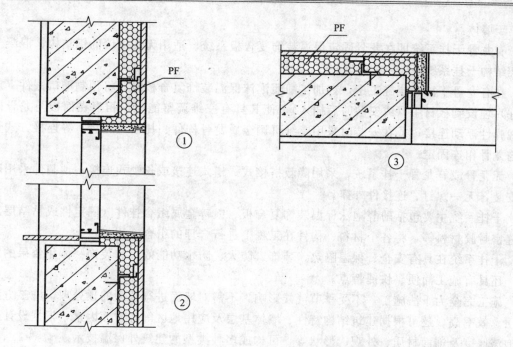

图 3-83 外墙窗口构造连接节及密封

2）施工

（1）干挂饰面板现场浇注酚醛泡沫的工艺流程如图 3-84 所示。

（2）操作工艺要点

饰面为独立饰面而不含复合的保温层，因而在安装时更应仔细严格。严格控制饰面与饰面板间距（当设计为无缝节点时，根据饰面板加工的外形，可将饰面板与饰面板间节点缝隙缩到很小间距）。

饰面板与挂件之间的连接稳定，间距按设计要求严格控制。挂件应形成最终不可改变位置的固定程度，在浇注酚醛泡沫期间会对饰面还有一定膨力，必须保证饰面板连接牢固、安全可靠。

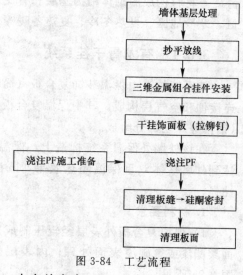

图 3-84 工艺流程

现场浇注酚醛泡沫、嵌硅酮密封胶、同本节一、中有关内容。

3.6 干挂板材法施工

干挂板材法施工，是作业在有龙骨系统或无龙骨外墙外保温系统（简称干挂系统），统称为保温防水装饰板一体化系统。

无龙骨干挂系统适用于有实体墙的干挂系统，不宜用于框架填充轻骨料混凝土砌块墙体。在无龙骨干挂系统施工中，在墙体基层合格情况下，酚醛泡沫保温装饰复合板可直接作业于墙体。

有龙骨干挂系统即在龙骨固定保温装饰复合板系统。适用无实体墙的钢结构、混凝土框架结构干挂系统。

在有龙骨干挂系统施工中，在加工酚醛泡沫保温装饰复合板时，将预制槽口嵌件（或角件）埋设到板材中（或安装时后插入），使其具有三维调整能力，相当在面板与龙骨间实现弹性浮动连接，或在安装时采用三维可调金属龙骨构件、托板（托盘）等连接方式直接与龙骨相连固定。

无龙骨或有龙骨干挂系统，采用隐蔽搭接式、槽式连接或长锁式连接，预制件采用隐蔽安装，无一螺钉、连接件外露。

干挂系统主要包括酚醛泡沫保温装饰复合板、镀锌金属组合挂件（固定件或粘结层）、嵌缝密封胶材料等，将各个材料、构件在工程上进行合理的组合应用。

干挂系统在具有安全、保温隔热、装饰、防火、防水功能效果和装饰一体化效果的同时，还具有施工简便、快捷特点。

施工完全为干法施工，不受季节气候影响，不需对墙面进行繁琐的预处理，施工方法简便、效率高。还可根据建筑结构特性、墙体基层及应用地区等各方面因素，根据设计酚醛泡沫厚度及饰面材质、外观、形状等，可构成多种类型的建筑外保温技术。

该系统广泛适用于有节能要求的钢筋混凝土、混凝土空心砌块、烧结普通砖、砖和炉渣砖等材料构成的砌体结构基层和有龙骨、无龙骨结构的外墙外保温工程，适用于严寒地区、寒冷地区、夏热冬冷、夏热冬暖等地区。

3.6.1 有龙骨干挂系统

该系统构造由保温装饰复合板（简称保温复合板）、复合材料龙骨（简称复合龙骨）、连接件和空气层构成。其中保温复合板由表面层（彩色铝板等）、酚醛泡沫保温层和内层（铝箔等）三部分组成。

在该外墙外保温系统构造上，保温复合板与外墙间安装形成25mm厚的空气层，可达到外墙整体双重保温隔热效果，既满足保温节能又防止外部湿气侵蚀墙体，且装饰性强。

1. 材料要求

1) 保温复合板外表层经辊压制成规定纹理的0.5mm厚的铝板，在铝板面层进行表面聚酯漆或氟碳漆表面处理；内表层是0.06mm厚的铝箔。保温复合板规格、尺寸如图3-85所示。

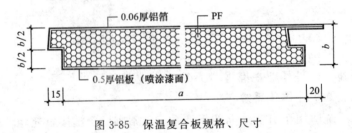

图3-85 保温复合板规格、尺寸

2) 保温复合板芯材采用酚醛泡沫导热系数小于0.035W/(m·k)，密度为40～

55kg/m³。

3) 保温复合板规格如表3-50所示。

保温复合板规格（mm）　　　　　　　　　　表 3-50

宽度 a	厚度 b	长度 h	备 注
300	25	≤1200	板厚及长度可根据工程需要确定
400	40		
500	50		

4) 保温复合板实测性能如表3-51所示。

保温复合板实测性能指标　　　　　　　　　　表 3-51

项 目		检测值
抗风压性能（Pa）	变形检验	正、负压 2000
	安全检验	正、负压 5000
燃烧性能（级）		A2
铝板与保温材料粘结强度（MPa）		0.12
漆面耐冲击性能		1kg 重锤 500mm 高度冲击，漆膜无裂纹、皱纹及剥落现象

5) 配件材料性能

（1）龙骨：分为复合材料龙骨和木龙骨（经防火、防腐及防虫蛀处理）两种，矩形截面尺寸为 50×25。

复合材料龙骨是用植物纤维、轻质矿石粉、无机胶凝材料等按一定比例配合组成，用玻纤网格布增强。复合材料龙骨性能见表3-52。

复合材料龙骨性能指标　　　　　　　　　　表 3-52

项目	密度（kg/m³）	抗压强度（MPa）	浸水后抗压强度（MPa）	抗折强度（MPa）	浸水后抗折强度（MPa）	湿胀率（%）	螺钉拉拔力（N/mm）	导热系数[W/m·k]
指标	≥1000	≥22.0	≥17.0	≥18.0	≥32.0	≤0.27	≥147.0	≤0.280
项目	抗弯承载力							
指标	400N 时，挠度值≤0.32；500N 时，挠度值≤0.42							

（2）连接胀管螺丝及螺钉

龙骨与基层墙体采用胀管螺丝固定。胀管螺丝抗拉设计参考值：M10×100 采用 0.8kN；M8×80 采用 0.65kN。

保温复合板与龙骨连接采用 $\phi 2.85×25$ 的钢钉或用自攻螺丝连接。在阳角、阴角、收口、无企口配有各类型 0.5~1.0mm 厚度的连接件。

（3）保温复合板用做外墙装板面层时需做防侧击雷电位联结。防侧击雷镀锌扁钢必须采用热镀锌，镀锌厚度 50~70μm。防侧击雷连接螺丝均用不锈钢平头螺丝。

（4）密封胶：选用优质硅酮耐候胶。

2. 设计基本要求

1) 保温复合板保温材料厚度选用见表3-53。

厚 度 选 用　　　　　　　　　　　　表 3-53

酚醛泡沫厚度 b (mm)	基层墙体		
	180厚钢筋混凝土墙传热系数 [W/(m²·k)]	190厚砌块墙传热系数 [W/(m²·k)]	240厚多孔砖传热系数 [W/(m²·k)]
25	0.76	0.74	0.62
40	0.54	0.53	0.46
50	0.45	0.44	0.40

注：酚醛泡沫修正系数 1.1，导热系数按：$0.035 \times 1.1 = 0.039$ [W/(m·k)] 计算。

2）保温复合板的保温材料厚度应根据各地的气候条件确定。

3）细部构造

（1）外墙外保温基本做法如图 3-86 所示。

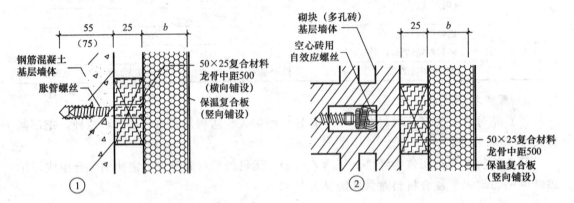

图 3-86　外墙外保温基本做法

（2）阴阳角构造如图 3-87 所示。

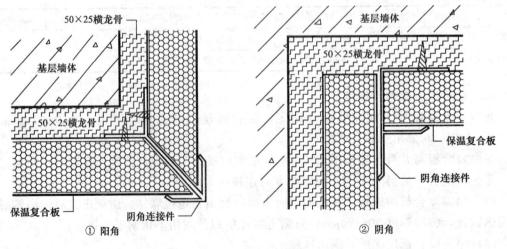

图 3-87　阴阳角构造

(3) 收口、企口连接如图 3-88~图 3-90 所示。

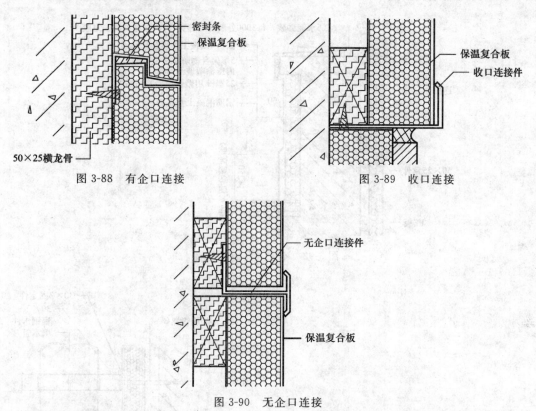

图 3-88 有企口连接

图 3-89 收口连接

图 3-90 无企口连接

(4) 窗口基本做法

窗口板、流水板及其连接件由厂家配套供应。在流水板两端加配塑料封堵，连接件与板面相连处均打密封胶。窗口基本做法如图 3-91 所示。

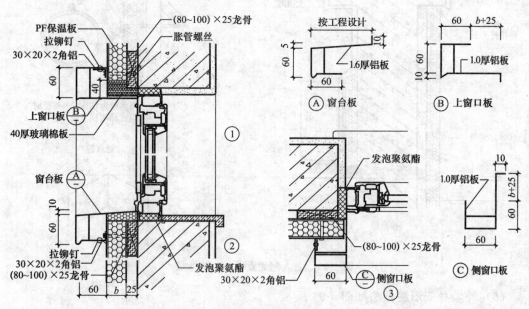

图 3-91 窗口做法

(5) 女儿墙做法如图 3-92、图 3-93 所示。

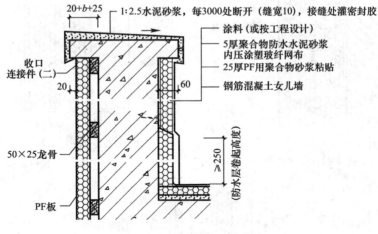

图 3-92 不上人屋面女儿墙

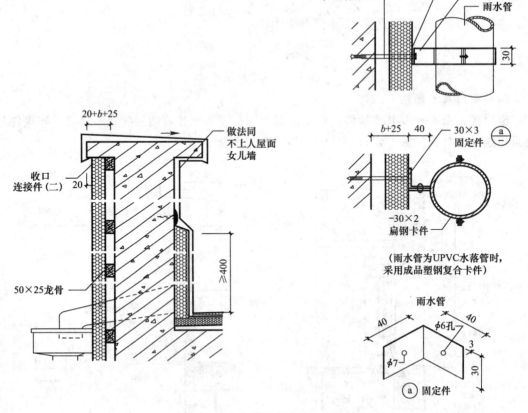

图 3-93 上人屋面女儿墙、雨水管

(6) 外墙身变形缝做法如图 3-94 所示。

3.6 干挂板材法施工

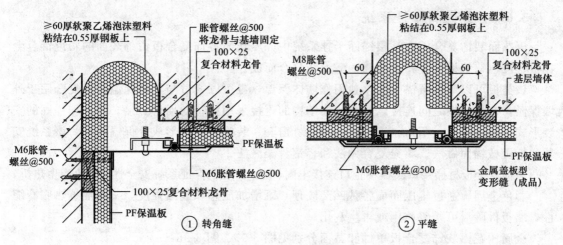

图 3-94 墙身变形缝

3. 施工

1) 施工准备

施工前,对基层墙体的平整度进行检查,基层墙体不平整处,在龙骨和墙面之间加垫片或用水砂浆找平,以保证龙骨的平整。

准备经纬仪、电动单头锯、冲击钻、铁榔头、电动或气动改锥、铅坠。

2) 操作要点

(1) 弹线:根据图纸要求定出龙骨位置和距离(龙骨端部的固定点距端头150~180mm),标出其中心线并放出龙骨的边线,然后根据已打孔的龙骨定出基层墙体上孔圆心。

(2) 打孔、连接胀管螺丝及螺钉:龙骨与基层墙体采用胀管螺丝固定(保温复合板与龙骨的连接采用$\phi 2.85 \times 25$的特制钢钉或用自攻螺丝连接),间距≤500mm。胀管螺丝抗拉设计参考值:M10×100采用0.8kN;M8×80采用0.65kN。根据弹线确定的基础墙体上的孔圆心打孔,将膨胀螺栓的塑料塞子塞进孔内。

(3) 安装龙骨:预先在龙骨上用台钻打孔,再将龙骨横放紧贴在墙体上,使龙骨上的孔与墙体上的孔对齐,将胀钉从龙骨的孔内用气动改锥打入,使钉顶部与龙骨外表面平齐。可采用自上而下的顺序安装。

(4) 安装保温复合板

保温复合板排列可分竖排和横排两种:

① 竖排方式:复合龙骨横向布置,间距500mm,在阴阳角(1000mm范围内)部位,横向龙骨加密,间距250mm;

② 横排方式:复合龙骨竖向布置,间距500mm,并在每一楼层(或≤3000mm)处布置一道横向龙骨,以便将空气层竖向分隔。

按设计图纸规格裁切好保温复合板,先安装墙体阴阳角,从一侧开始拼装,一般按自上而下、自左而右的顺序装板。板就位后用特制钢钉将保温复合板上伸出的铝单板与龙骨连接,并固定在龙骨上,保温板间缝用硅酮胶密封,依次重复施工步骤安装完毕。

3.6.2 无龙骨干挂系统

压花面装饰复合板与基层锚固干挂系统中，压花面装饰复合板由外表面的彩色铝合金花板、镀铝锌钢板等金属面板和酚醛泡沫复合而成。

该类板可以用机械锚固法单独用作墙体保温，也可以通过与其他保温材料复合用于外墙保温，在板与板之间连接以及与主体结构的连接采用独特的插口（接）镶入和锚固的安装形式。通过阴角、阳角、连接件、扣边、窗套、装饰线条等形成外保温体系，该系统安装包括机械锚固做法、填充复合做法和轻钢骨架做法。

装饰复合板材插接口及板端企口连接牢固、防水严密，保证系统安全性，避免产生热桥。

彩色金属板通过辊压而成各种凹凸纹理，既增加质感和表面强度，又增加抗热胀冷缩性，墙板拆除后可重复使用或再生利用。

金属压花面装饰复合板单件和截面分别见图 3-95、图 3-96。

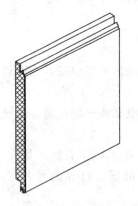
图 3-95 金属压花面复合板单件示意

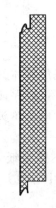
图 3-96 金属压花面复合板型截面图

1. 板材规格尺寸

板宽为 383mm、483mm；厚度 d 根据热工设计要求选用，长度根据外墙立面设计排板裁切。复合保温板规格尺寸如图 3-97 所示。

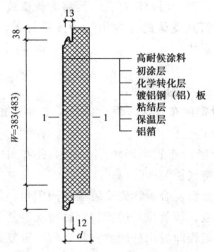
图 3-97 复合保温板规格尺寸

2. 板材（铝型材）配件

铝型材配件（金属压型阴阳角及接口用材料1mm镀锌钢板、不锈钢板或铝板，卡件为0.5mm镀锌钢板压型）如图3-98所示。

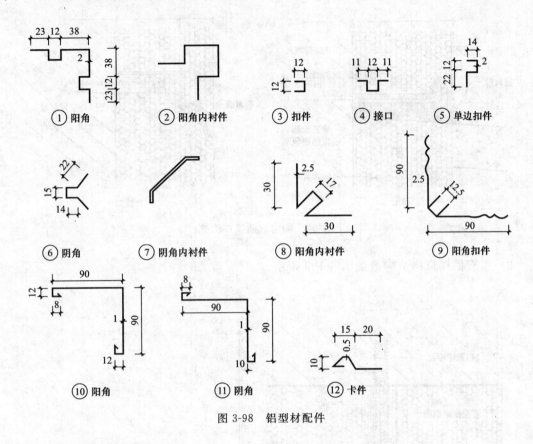

图 3-98 铝型材配件

3. 胀管螺丝抗拉力值要求

如表 3-54 所示。

胀管螺丝抗拉力值　　　　　表 3-54

墙体材料	胀管螺丝尺寸	埋入墙体深度(mm)	平均拉力值(kN)	设计参考值(kN)
钢筋混凝土墙	$\phi 8 \times 80$ 胀管，$\phi 5 \times 100$ 螺丝	50	1.74	0.65
	$\phi 10 \times 80$ 胀管，$\phi 6.5 \times 100$ 螺丝	50	1.91	0.80
混凝土小型空心砌块（壁厚26～36）	$\phi 8 \times 80$ 胀管，$\phi 5 \times 100$ 螺丝	50	1.26	0.65
	$\phi 10 \times 80$ 胀管，$\phi 6.5 \times 100$ 螺丝	50	1.97	0.80
轻集料（陶粒）小型空心砌块（壁厚25～38）	$\phi 10 \times 80$ 胀管，$\phi 5 \times 100$ 螺丝	50	1.64	0.65
	$\phi 10 \times 80$ 胀管，$\phi 6.5 \times 100$ 螺丝	50	1.99	0.80
烧结多孔砖	$\phi 10 \times 80$ 胀管，$\phi 5 \times 100$ 螺丝	50	1.37	0.65
	$\phi 10 \times 80$ 胀管，$\phi 6.5 \times 100$ 螺丝	50	1.97	0.80

4. 细部构造及其要求

1) 勒脚、插接口构造如图 3-99 所示。

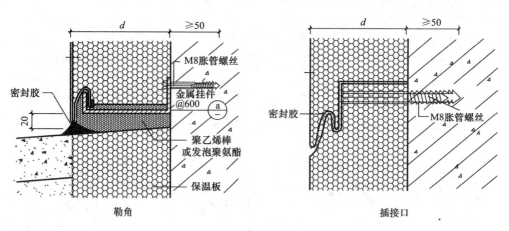

图 3-99 勒脚、插接口构造

2) 垂直插接口构造构造如图 3-100 所示。

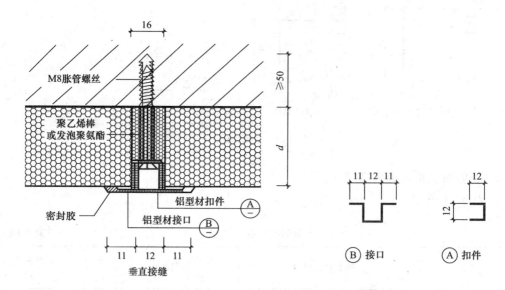

图 3-100 垂直插接口构造

3) 窗口保温构造如图 3-101 所示。

4) 女儿墙、空调外机板保温构造如图 3-102～图 3-104 所示。

5) 阴阳角构造

金属压型阴阳角及接口用材料 1mm 镀铝锌钢板、不锈钢板或铝板铝塑板等。卡件为 0.5mm 镀锌钢板压型。

安装卡件时，将卡件插入金属压花板与保温材料中间用拉铆钉锚固。伸缩缝用 10mm 聚乙烯片材填入，最后用密封胶封口。阴阳角构造如图 3-105、图 3-106 所示。

3.6 干挂板材法施工

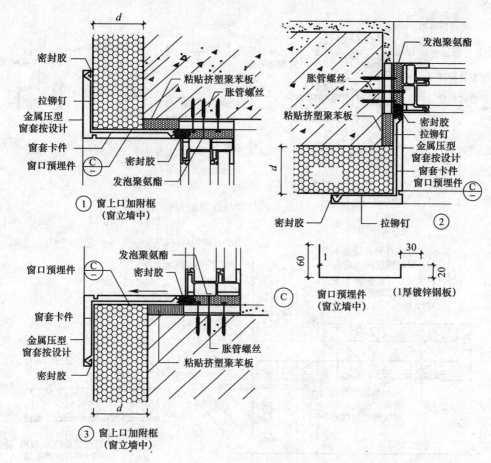

图 3-101 窗口保温构造

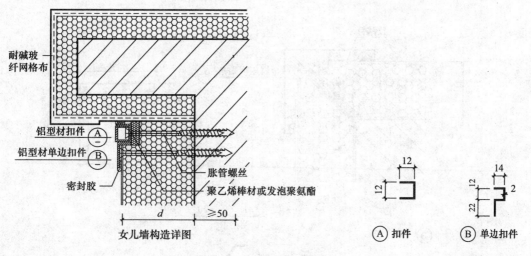

图 3-102 女儿墙构造详图

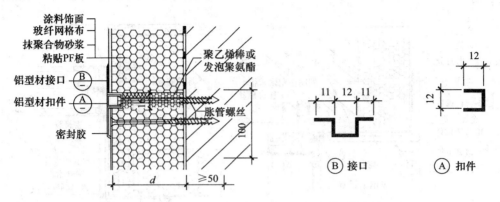

图 3-103 复合板与涂料饰面混合做法

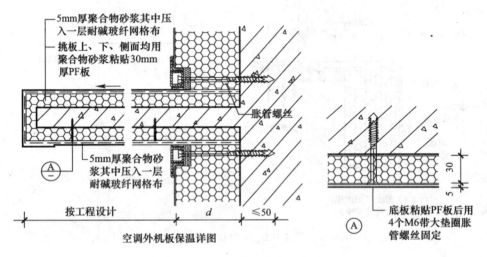

图 3-104 空调外机板保温构造

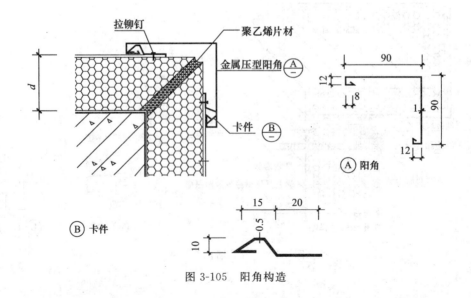

图 3-105 阳角构造

3.6 干挂板材法施工

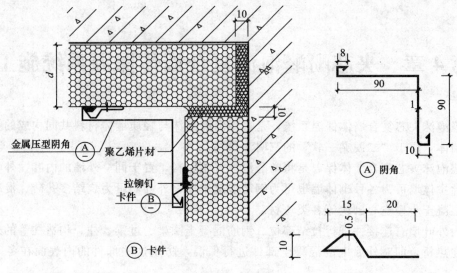

图 3-106 阴角构造

6) 复合板避雷措施设置构造

在建筑物外墙顶部、底部及中间部位（中距 18~20m）设置水平通长热镀锌扁钢 50×3（镀锌厚度≥50~70μm）。

用胀管螺丝与建筑主体固定，并与建筑设计中的避雷引下线焊接，金属饰面板通过胀管螺丝与扁钢连接，扁钢又与避雷引下线焊接，形成闭合的避雷系统。复合板避雷措施设置构造如图 3-107 所示。

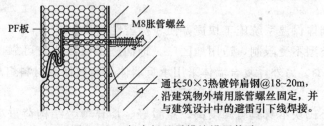

图 3-107 复合板避雷措施设置构造

5. 安装要点

用胀管螺丝将板材锚固于墙体上（墙面不平时，应用水泥砂浆找平），锚固墙体有效深度≥50mm。楼层高度在 40m 以下时，锚固中距为 500mm；楼层高度在 40m 以上时，板材与墙体固定采用粘、钉结合，粘贴面积应大于 40%，锚固中距为 400mm。

在伸缩缝处，在板收头处留有 10mm 填充缝内，填充聚乙烯泡沫棒或酚醛泡沫，填密封胶后锚固金属构件。

安装外墙安装阳台护栏、空调支架、装饰线条及室外进线等构件开孔时，应使用专用工具开孔。

安装避雷措施设置时，可在建筑物外墙顶部、底部及中间部位设置水平通长热镀锌扁钢并用胀管螺丝与建筑主体固定，金属饰面板通过胀管螺丝与扁钢连接，形成闭合的避雷系统。

酚醛泡沫保温装饰复合板也可以在其他轻钢龙骨结构，采用锚栓均能进行很方便的安装。

第4章 夹芯酚醛泡沫复合墙体保温系统施工

酚醛泡沫夹芯复合墙体保温系统，是采用酚醛泡沫与轻质墙体材料共同构成的夹心保温复合墙体，属于"二硬夹一软"的三明治作法。

酚醛泡沫夹芯复合墙体保温是将酚醛泡沫保温材料，置于同一外墙的内叶、外叶墙之间，内叶主体墙可为各种砌体墙也可为钢筋混凝土墙，外叶墙可为烧结多孔砖、混凝土多孔砖、混凝土小型空心砌块等各类块材。

在内外叶墙有连接件进行拉结部位、钢筋混凝土圈梁、过梁、柱、构造柱等的外侧在墙体存在热桥，即对外墙上的混凝土部件进行保温，防止这些部件的内表面在冬季出现结露。

在热桥部位处理不当，这种砌体夹芯外保温墙体结构在严寒地区达不到65%的节能率，因此必须在结构上采取措施。

4.1 砌体夹芯酚醛泡沫板复合墙体系统

4.1.1 夹芯复合墙体特点及适用范围

1. 特点

1) 外墙复合墙体保温系统施工快捷方便、抗震性能强。

2) 饰面选用类型不受限制，适用地区广。饰面施工质量比较可靠，发生饰面脱落而导致质量事故相对少。另外，复合墙体采用承重墙体与高效保温材料组成能承重，又有良好保温隔热效果。

3) 混凝土空心砌块本身具有强度高、重量轻、墙体薄、结构荷重小特点，同时具有多种强度（包括承重、非承重等）等级和配块，砌筑方便灵活。

4) 保温复合墙综合造价较低、施工快捷方便、整体性好等优点。

2. 适用范围

1) 适用于抗震设防烈度≤8度地区，框架结构、普通民用建筑外围护墙体结构。

2) 适用于全国严寒及寒冷地区及其他各地区民用、公用节能结构使用。

4.1.2 材料要求与设计要点

1. 材料要求

1) 酚醛泡沫板材技术性能应符合设计要求。

2) 外叶墙块体材料的强度等级不应小于MU10，且软化系数及碳化系数应不小于0.9。块材用强度等级不低于M5.0的砂浆砌筑（其中混凝土块材必须采用专用砂浆砌筑）。

3) 内外叶墙体的拉结件必须进行防腐处理，即热浸镀应≥290g/m²。对安全等级为一级或使用年限大于 50 年的房屋内外叶墙宜用不锈钢拉结件。

2. 设计要点

1）基本要求

（1）酚醛泡沫保温层与外叶墙间应设置空气间层、其厚度不应小于 20mm（这是排除夹层内湿气及水分的必要措施，否则造成保温层失效和外叶墙开裂，严重影响墙体质量，造成夹芯复合墙的室内结露、墙上长毛，墙外侧开裂渗水），且在楼层处采取排湿构造措施。

（2）多层及高层建筑的夹芯墙，其外叶墙应由每层楼板托挑。在严寒和寒冷地区，外露托挑板应采取有效的外保温措施。

（3）外叶墙上不得吊挂重物及承托悬挑构件。

（4）当内、外叶墙竖向变形相差较大或内、外叶墙为不同材料时，应在每层外叶墙顶部设置水平控制缝；墙体高度或厚度突变处应在门窗洞口的一侧或两侧设置竖向控制缝。

（5）房屋阴角处的外叶墙（除建筑物尽端开间外）宜设置竖向控制缝。三层及三层以上的房屋可在一至二层和顶层墙体设置控制缝。

（6）楼、地面和屋面的竖向定位在结构面标高，即圈梁顶面与楼、屋面板取平。

（7）在屋盖及每层楼盖处的各层纵横墙设置现浇钢筋混凝土圈梁，且圈梁应闭合，遇有洞口时应上下搭接。

（8）夹芯保温墙设置的芯柱、构造柱，在圈梁交接处，纵筋应穿过圈梁，与各层圈梁整体现浇，保证上下贯通。芯柱、构造柱可不单设基础，但应伸入室外地面以下 500mm，或与埋深小于 500mm 的基础圈梁连接。

（9）墙体应设计耐火极限。夹芯墙酚醛泡沫保温板紧密衔接、紧贴内叶墙墙。外叶墙内侧的空气层厚度不宜小于 20mm，拉结钢筋网片或拉结件应压入保温板内（夹芯墙采用现场注入酚醛泡沫发泡保温材料时，夹芯层不设空气层）。

（10）在严寒及寒冷地区外窗不宜设计成飘窗形式，尽量减少热损失。

2）结构设计

（1）内叶墙可采用各种砌体墙或混凝土墙，外叶墙可采用烧结砖或混凝土多孔砖、混凝土小型空心砌块、蒸压砖等块材。

（2）中高层建筑外叶墙上所承受的风荷载，应按高层建筑维护构件所受的风压进行计算。

（3）应考虑内、外叶墙变形不协调的影响，多孔（空心）块材墙体内拉结筋的锚固长度，应按实际情况进行计算。

（4）在砖砌体夹芯外保温墙体结构中，由于建筑结构的需要，需设置一定直径的拉结钢筋把内、外叶墙拉结成稳固的整体。这些拉结钢筋都穿透夹芯板保温层，因钢筋的导热系数比夹芯保温板导热系数高 1000 多倍，因拉结钢筋的存在而导致降低酚醛泡沫保温板原有的保温性能。

当对面积为 3.6m×2.8m 的薄壁混凝土岩棉复合墙体（墙中有 $\phi 8$ 的 56 根钢筋拉结）冷桥影响能耗的分析时，经实际测试得出结论是：采用拉结钢筋所产生冷桥的能耗比无冷桥的能耗约增加 35.6%。

（5）我国南、北方气候差异较大，在砖砌体夹芯体保温墙体构造中，设同一酚醛泡沫材料取不同厚度进行建筑热工计算，并把内、外叶墙和他的抹灰层的热阻，以及内表面空气的换热阻和外表面空气的换热阻，一并计入对应的保温层（厚度）的传热阻中，再求出相应的传热系数选用。

（6）酚醛泡沫材料的导热系数与其修正系数的乘积，就是该保温材料的计算导热系数。酚醛泡沫材料的计算导热系数是按《民用建筑热工设计规范》取值，再乘以穿透钢筋的影响系数后，再进行最后计算。

3）细部构造

（1）细部构造示意如图 4-1～图 4-4 所示。

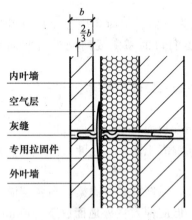

图 4-1 酚醛泡沫板拉固示意

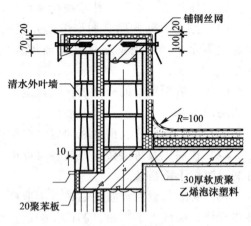

图 4-2 女儿墙节点

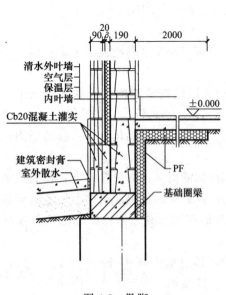

图 4-3 勒脚

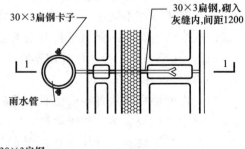

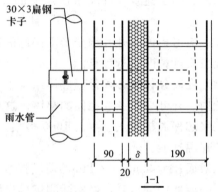

图 4-4 雨水管固定

(2) 窗口节点如图 4-5 所示。

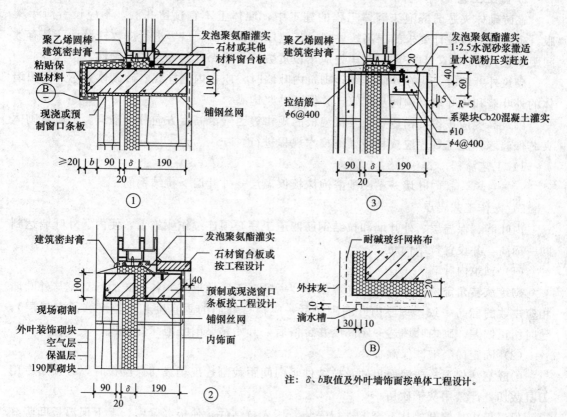

图 4-5 窗口节点

4.1.3 砖砌体夹芯复合墙体系统

1. 施工准备

熟悉设计图纸，掌握复合墙体各部分的构造和门窗洞口的位置、尺寸、标高以及拉结钢筋设置等方面的具体要求等，确定保温板的规格尺寸。

按设计酚醛泡沫板的技术性能、规格尺寸准备，按工程计划组织进场。运进施工现场的砖，必须按品种、规格和强度等级分别堆放，以免用错。

酚醛泡沫保温板在装车、运输、存放过程中，板下应垫平、垫实，分层摆放，防止雨淋。装卸时应轻搬轻放，堆放应整齐，避免破损、受潮或雨水浸泡。

在水泥砂浆中所用的水泥，应使用近期生产的水泥砌筑，不得使用过期或结块水泥。砌筑砂浆强度级别必须满足设计要求。

内、外叶墙的拉结钢筋必须具有可靠的防腐能力。应对预应力混凝土空心板两端外露的预应力钢筋进行修整，防止损坏保温板。

除砌筑必用常规瓦工工具外，准备在现场用裁切酚醛泡沫刀具等。

施工环境温度宜在 5℃ 以上，在负温下砌筑施工时应采取防冻措施，当日最低气温高于或等于 −15℃ 施工时，采用抗冻砂的强度等级应按常温施工提高一级，气温低于 −15℃ 时，不得进行施工。

2. 施工工艺

在砖砌体夹芯酚醛泡沫墙体工程的施工中，墙体上不宜预留孔洞，不应设置脚手架眼。砌筑时应按设计要求的层高、块型、灰缝厚度、门窗洞口等进行皮数杆设计，其有效间距不宜大于15m，且在阴、阳角处应增设皮数杆，确保挂线砌筑的准确性。

砌筑外叶墙时，应在外侧挂线；砌筑内叶墙时，应在内侧挂线。砖砌体夹芯外保温墙体的外叶墙和内叶墙必须同步砌筑，并保证砂浆饱满。

砌筑高度应按设计构造要求及保温板的规格等因素沿高度方向分段砌筑。每段砖砌体夹芯保温墙体施工顺序应按相应操作技术规程进行。

1) 工艺流程

内叶墙→粘贴酚醛泡沫板保温层→外叶墙→拉结钢筋

2) 操作工艺要点

内叶墙、保温层、外叶墙和拉结钢筋四道工序必须连续作业施工，使内、外叶墙达到同一标高，并设置拉结钢筋。

（1）砌筑内叶墙

砌筑从转角定位开始，砌内叶墙采用"一顺一丁"的形式，各皮砖的标高应与外叶墙相应皮数的标高一致。每段内叶墙砌完后，应检查墙面的垂直度和平整度（留空气层），随时纠正偏差。砌内叶墙达一定高度并合格后，开始粘贴酚醛泡沫保温板。

（2）固定酚醛泡沫保温板

酚醛泡沫保温板按墙面尺寸及拉结件竖向间距裁割，现场裁切保温板时，必须用专用刀具裁切，严禁用灰铲砍切。

保温板由一侧开始从下至上进行安装，压入拉结件，使板缝紧密。上下保温板间竖缝应错开不小于100mm错缝，板缝处宜用胶带粘贴固定。

在外墙转角部位，上下保温板应压槎错缝搭接，保温板端面涂胶与邻板粘牢后，用胶带粘贴固定板缝。外墙阴角及丁字墙处夹心层内酚醛泡沫保温板应保持连续、避免产生热桥。

在安装酚醛泡沫保温板时，保温板水平缝要挤紧，竖向缝应错开，竖直缝处做好酚醛泡沫保温板的L形或板的处缘沿短边方向切成45°斜角错口搭接，不得留有空隙。每块保温板两侧边应切割成45°坡口，确保保温板四周接缝挤紧严密，一旦保温板间出现空隙、缺欠，应用同厚度酚醛泡沫保温板条料塞严。

安装酚醛泡沫保温板时，还应采取临时固定措施，防止保温板歪斜或倾倒。当一段外叶墙砌完后，必须立即清除落在已夹砌好的保温板上的砂浆，防止砂浆粘结在保温板上出现空隙，产生热桥。

施工当中避免雨雪进入空腔，防止酚醛泡沫保温板受潮。每安装好一段保温墙，应经质量检查合格并做好隐蔽工程记录后，方可砌筑外叶墙。

（3）砌外叶墙

砌外叶墙时，应先砌筑好摆底砖，务必使拉结件在外叶墙的灰缝中，外叶墙砌筑宜比内叶墙滞后一个拉结件的竖向间距。砌外叶墙至内叶墙齐平，后放置防锈拉结钢筋网片或拉结件。

砌筑承重内叶墙时，拉结件不应置于竖缝处，内外叶墙片间的水平缝和竖缝应随砌随原浆刮平勾缝,防止砂浆、杂物落入两片墙的夹缝中。

外叶墙宜采用顺墙形式砌筑,竖缝应错开。在门窗洞口转角处应设阳槎与内叶墙搭接。外叶墙竖向灰缝应采用挤浆法和加浆法,使竖缝砂浆饱满密实。每段外叶墙砌完后,应检查墙面的垂直度和平整度,并随时纠正偏差,在外叶墙的内侧面应随砌随用原浆勾缝刮平,清除凸出墙面的砂浆,严禁事后砸墙。

夹心墙的外叶墙为清水墙面时,外露墙面应由装饰砌块所组成;门窗洞口的现浇(或梁上的挑板)应适当凹入墙面,使其表面贴饰面砖后与相邻墙面平齐。

砌筑水平和竖向灰缝的饱满度不应低于90%。砌筑或调位时,砂浆应处塑性状态,严禁用水冲浆灌缝。

每日砌筑一步脚手架的高度,不得在墙中留脚手架孔。

(4) 拉结筋

设置在内、外墙间的拉结钢筋直径为6mm,形状为Z形。对设置拉结筋要求:

① 拉结筋在墙面上应为梅花形设置,其竖向和水平向的间距不宜大于500mm和1000mm;

② 拉结筋的直钩应水平搁置在内、外叶墙上,其搁置长度宜分别为180mm和60mm(不含直钩长度);

③ 内外叶墙间的拉结钢筋不应与墙、柱拉结筋搁置在同一条缝内;在砖墙上的所有拉结筋均应埋置在砂浆层中。

(5) 墙体特殊部位施工要求

底层酚醛泡沫保温板应从防潮层上开始安放。门窗洞口边,外叶墙应设阳槎与内叶墙搭接,且应沿竖向每隔300mm设置"冂"形拉结钢筋。

外墙窗台下应做好防水、防渗处理,宜设高为40~60mm、宽度与外墙一致、长度为窗洞宽加2×250mm、强度等级为CL15的轻骨料混凝土(如火山渣混凝土、陶粒混凝土)现浇板带。

门窗洞口的预埋木砖、铁件等应采用与砖厚度一致的规格;外墙上的圈梁及过梁的挑耳外侧应采用保温条板(如钢丝PF板或憎水珍珠岩块等)进行保温,且在浇灌混凝土前设置,避免事后填塞。

在过梁内侧应抹30mm左右厚度的保温砂,代替该处的石灰水泥砂浆;构造柱与内外叶墙的连接应符合设计要求和有关规定。

构造柱部位内、外叶墙的砌筑砂浆强度应大于1MPa,且外叶墙能承受住混凝土产生的侧压力时方可浇筑混凝土;楼梯间墙体槽口的背面,应在混凝土框施工前或表箱安装前设置酚醛泡沫保温板。

砌体施工分段位置宜设在伸缩缝、沉降缝、防震缝、构造柱或门窗洞口处。相邻施工段的砌筑高度差不得超过一个楼层高度,也不能大于4m。

洞口、槽沟和预埋件等,在砌筑时预留或预埋,严禁在砌好墙体上剔凿或钻孔。固定膨胀螺栓的部位应采用混凝土灌实。

3. 质量标准

1) 主控项目

(1) 砖的品种、规格、强度等级必须符合设计要求及有关规定。

检查方法：观察检查，检查出厂合格证或试验报告。

（2）砂浆品种、强度等级必须符合设计要求和有关规定。

检查方法：检查试验强度及试验报告。

（3）砖砌体（包括接搓部位）的竖向灰缝密实饱满，无透亮及明显空隙，水平灰缝砂浆饱满度不小于85%。

检查方法：用百格网和观察检查。

（4）酚醛泡沫板的规格、密度、导热系数及其他必须符合设计要求和有关标准规定。

检查方法：尺量、检查出厂合格证及复试报告单。

（5）安装的每块酚醛泡沫板，其水平、竖向接缝必须严密，接触面无错位。

检查方法：观察、查看施工隐蔽验收记录。

（6）连接内、外叶墙的拉接钢筋规格、尺寸、防腐处理，必须符合设计要求及有关规定。

检查方法：观察、查看施工隐蔽验收记录。

2) 一般项目

（1）砖砌体的基本项目要求及评定同《建筑工程质量检验评定标准》GB 50300 中的"砖砌工程的基本项目"。

（2）酚醛泡沫板应平直规方，无破损、坡棱、圆角。

检查方法：观察。

（3）酚醛泡沫板与砖墙应靠紧、稳固、接缝处应无杂物。

检查方法：观察和用手触碰。

3) 允许偏差项目

（1）砖砌体夹芯保温墙体中的砖砌体，应符合《建筑工程质量检验评定标准》GBJ 301 中的允许偏差项目的要求。

（2）酚醛泡沫板的接缝局部缝隙宽度不大于2mm。

4.1.4 混凝土空心砌块夹芯复合墙体系统

混凝土空心砌块夹芯板复合墙体保温（简称砌块夹心外保温墙体），其外叶墙和内叶墙是采用混凝土空心砌块，在两层混凝土空心砌块中夹一层酚醛泡沫保温板所构成。

在施工时，外墙的内、外叶墙多采用承重混凝土空心砌块，在高层框架建筑和其他框架建筑中，都采用非承重混凝土空心砌块作外墙的内、外叶墙。保温层把外墙上的钢筋混凝土柱、构造柱、圈梁、过梁等都同时进行保温，共同构成砌块夹心外保温墙体系统。

1. 施工准备

熟悉工程设计图纸，认真掌握墙体各部位构造、芯柱及门窗洞口位置以及所用小砌块、砌筑砂浆、芯柱混凝土的强度等级及具体要求，掌握保温板材主要性能和安装要点。

混凝土空心砌块、装饰砌块等品种、规格、质量和砌筑砂浆的强度等级应符合设计要求；

芯柱混凝土应按《混凝土小型空心砌块灌孔混凝土》JC 861标准，其强度等级、坍落度等必须满足设计要求。

拉结筋应有防腐功能，其规格应符合设计要求。

酚醛泡沫保温板规格及物理性能必须符合设计要求,进入现场的保温板材应有产品合格证。

根据设计图纸,按墙面、门窗洞口尺寸及拉结钢筋的设置要求,确定保温板材的现场加工尺寸。

施工前准备好用做砌筑的专用工具。

2. 施工工艺

1) 工艺流程

砌块夹芯复合墙施工时,其砌筑高度应按拉结钢筋位置确定,并沿高度方向分段砌筑。每段夹芯复合墙按内承重墙→酚醛泡沫板→外围护墙→拉结钢筋的循环顺序连续施工。

2) 操作工艺要点

(1) 混凝土小型空心砌块夹芯外保温墙体应在地基或基础工程验收后,方可施工。

(2) 基础施工前,应用钢尺校核房屋的放线尺寸,放线尺寸不得超过允许偏差。

(3) 砌完基础后,应在两侧同时填土,并分层夯实。当两侧填土高度不等或仅能一侧填土时(如地下室墙等),其填土时间、施工方法、顺序等应保证墙体不致破坏或变形。

(4) 夹芯复合外墙由内往外的材料组成分别为混凝土空心砌块承重墙、保温板、混凝土空心砌块(饰面块)围护墙。墙体施工时,内外二叶墙体必须连续砌筑,并用钢筋把内叶墙拉接成整体,不得间断施工。

(5) 砌体内不宜设置脚手架,如必须设置时,可用190mm×190mm×190mm小砌块侧砌,利用其孔洞做脚手眼,砌完后用C15混凝土灌实。

复合外墙砌筑时宜搭设内脚手架,在墙体下列部位不得设置脚手眼:宽度不大于800mm的窗间墙;过梁上部,与过梁或60°角的三角形及梁跨度1/2范围内;梁和梁垫下及其左右50mm范围内;门窗洞口两侧200mm内和墙体交接处400mm的范围内。

(6) 砌筑内、外叶墙、安装保温板和拉接钢筋的技术,同本节三、2中有关技术要求。

3. 质量标准

同4.1.3节3.中有关技术要求。

4.2 空心墙体浇注酚醛泡沫复合墙体系统

该系统在建筑外墙的空腔(夹层)中采用浇(灌)注酚醛泡沫施工技术,酚醛泡沫处在墙体中间,克服利用传统农作物壳类和其他散状等保温材料填充许多不足,浇注酚醛泡沫液体料在墙体空腔中自由膨胀填充任意缝隙、空间,施工后为全封闭系统。

浇注酚醛泡沫方法施工,可在墙体分段砌筑中或砌筑完毕后,利用墙体上部空腔或其他适当位置预留的孔洞或现场钻孔,向墙体空腔内充填发泡保温材料。

用夹芯板与浇注酚醛泡沫发泡方式在在同等条件下,与夹芯复合墙外保温性能比较,板材受复合双层墙体中间有连接件以及板材尺寸限制,且在板材与板材间易产生缝隙,在施工中板缝处容易落上砂浆,稍清理不净就形成热桥,最终导致节能效果下降。

浇注酚醛泡沫对多种基层材料附着力强、在冲满墙内任何空腔内发泡有密封、无接缝，有结构性能。

空心墙体浇注酚醛泡沫复合墙体构造示意如图 4-6 所示。

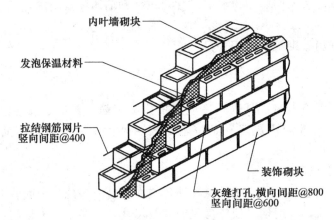

图 4-6　空心墙体浇注 PF 复合墙体构造示意

4.2.1　空心浇注保温墙体特点及适用范围

1. 浇注酚醛泡沫复合墙体保温特点

1）隔热保温性能优越，可减少保温层厚度。在同样节能标准的前提下，用该施工方法可提高建筑物的使用面积。

2）酚醛泡沫能充满任何不规则的空间，密封性好，不存在任何缝隙。

3）可增强建筑强体的保温、隔热和隔声性能，而不损坏原建筑墙体，泡沫在固化过程中无排出的湿气、完全干燥、产品无毒、憎水、保温隔热效果耐久、防火、防水。

4）整体保温工程造价低，施工简便快速，综合经济效益好。

2. 浇注酚醛泡沫适用范围

主要用于工业与民用建筑混凝土砌块和空砖（或实心砖）等砌筑成的，双层墙空腔以及混凝土空心砌块空腔（如：普通混凝土空心砌块、硬矿渣混凝土空心砌块、钢筋混凝土复合墙，以及火山渣混凝土空心砌块、轻质混凝土空心砌块和黏土多孔砖复合墙）的发泡保温。

1）用于承重混凝土空心砌块复合墙体或非承重混凝土空心砌块复合墙。

2）用作保温建筑物结构应预留泡沫填充空间。

3）应用在砌块或砌块与黏土砖等所组成的有预留夹芯层的复合墙。

4）用于混凝土砌块和空心砖（或实心砖）等砌筑成的双层墙空腔的发泡保温。

4.2.2　空心墙体浇注酚醛泡沫施工

酚醛泡沫填充在夹层中间，其抗压强度可低于外墙体所用的预制酚醛泡沫保温板、模浇和喷涂酚醛泡沫的物理性能。

在浇（灌）注施工时，酚醛泡沫原料必须有很好的流动性能，因而在配料时必须有足够的流动指数，使灌入发泡原料流满整体空间后，在常温膨胀发泡。

4.2 空心墙体浇注酚醛泡沫复合墙体系统

1. 施工准备

首先了解保温墙体构造，按实际保温的体积计划好酚醛泡沫用量，掌握当天环境温度和酚醛泡沫原料流动指数、发泡时间、固化时间、注料方式。

调试好浇（灌）注发泡机（空压机）、备用多根PVC管、手电钻等必须工具。

2. 作业条件

1）墙体按设计构造砌筑或已按设计要求砌筑完毕，外墙中预留的空腔宽度、内外墙拉结筋等都应符合设计要求，墙体夹层不应有建筑垃圾和溢出砂浆，灌料空腔应干燥。

2）现场应有整洁工作区域和安全工作环境，应安放发泡机位置。现场应有动力电源，电线及设备应安设漏电保护器。

3）对±0.00线以上的墙体进行发泡填充时，现场应有安全通道，以便施工人员顺利操作。

4）现场应搭设脚手架等设施，便于墙体顶部保温作业。

3. 浇注酚醛泡沫操作要点

1）浇注酚醛泡沫方式

根据砌筑墙体高度，酚醛泡沫原料可从墙体顶部注入墙体夹层。浇注时，施工人员在墙体顶部，用出料枪将物料从墙体底部一直浇注到墙体顶部。

必要时可用一根直径为25mm的PVC管与软管做中间连接到墙体夹层底部，将该PVC管插入夹层中，以控制最大浇注高度，将所有的空间充满保温材料。视工程具体情况，尽可能缩短或不用PVC管注料，减少管壁挂料或发泡堵管现象。

另一种浇注酚醛泡沫方式，是利用在砌墙时预留孔或施工时用电钻打孔，作为酚醛泡沫原料浇注孔。电钻打孔时，钻孔位置应设在砂浆灰缝中，在墙角处应增设孔洞，孔距不应过大，以免产生空隙或死角。

施工人员可以从地坪线上1.5m处开始浇注施工，然后垂直向上每隔3m左右作为一个工作区域，直至过到墙体顶部。

2）浇（灌）注酚醛泡沫步骤

（1）从墙体顶部浇注墙体保温层

① 将施工设备固定到位，接通管线、电源，调试到能正常工作状态。

② 检查墙体夹层的清洁度，应达到作业要求的条件。

③ 检查墙体夹层密封度，是否在浇注物料时出现漏料。

④ 检查墙体夹层宽度，操作时心中有数。

⑤ 检查墙体高度，对整体工程进度、操作心中有数。

⑥ 将PVC喷枪放置在墙体中间，且在夹层底部以上约1m的位置。

⑦ 将酚醛泡沫物料浇注到夹层内，如发现酚醛泡沫材料从墙体中溢出，则将浇注枪沿着夹层向上移动，以缓解局部膨胀压力。如在夹层内遇有障碍物时，应避开后再施工，灵活控制出料枪浇注。

⑧ 当全部物料浇注完毕后，清理现场，清除多余的保温材料。

⑨ 根据质量控制步骤进行质检。

（2）钻孔式浇注物料进入墙体夹层

① 将施工设备固定到位，接通管线、电源，调试到能正常工作状态。

② 在地坪线上 1.1~1.5m 处开始沿墙体方向每隔 1m 钻一个孔（孔距为 1m），孔径为 16mm。

③ 垂直向上每隔 3m 作为一个工作区域，并重复上述步骤，直至到达墙体顶部。

④ 钻孔时必须注意孔心的水平位置，并不得破坏墙体表面。

⑤ 孔洞应清晰，确保物料能通过孔洞注入夹层。首先从底排的中间孔洞处开始注射保温材料，直至物料从孔洞中溢出。

移至第一个注射的孔洞右边第一个孔洞，重复上述步骤。移至第一个注射孔洞左边第一个孔洞，重复上述步骤。

移至第一个注射孔洞右边第二个孔洞，重复上述步骤。移至第一个注射孔洞的左边第二个孔洞，重复上述步骤。直至地坪线上 1.2~1.5m 处所有的墙体都注满保温物料。

⑥ 向上移动 3m，进行另一个区域施工，重复上述浇注顺序和步骤。

⑦ 酚醛泡沫物料全部注射完毕，完成夹层保温后，将多余的保温料清除。

⑧ 注料口的孔洞用水泥砂浆进行填充，并勾缝，将墙体表面清理干净。

⑨ 按质量监控步骤进行质量检查。

3）施工注意事项

(1) 设计的钻孔位置必须准确。

(2) 钻孔角度应正确。

(3) 夹层内不得有建筑垃圾，避免影响发泡效果，从而导致增加热桥和保温材料导热系数。

(4) 应按泡沫凝固速度，控制好浇注枪移动速度和每个区域的浇注时间。

(5) 对墙体开口处周密检查，发现有渗漏应及时将其封闭。

(6) 墙角应增设孔洞，视具体情况，一般孔距宜为 0.5m 左右，避免发泡产生空隙或死角。

(7) 当选用钻孔式浇注施工时，应连续浇（灌）注发泡物料，直至从洞中溢出为止。

在浇（灌）注中应沿墙体空腔连续进行，当中有间断浇注时，在关闭出料枪后，立刻开通空压机气体，将管道内物料吹扫干净，以免在管壁上余料在管内发泡，减少 PVC 管的浪费数量。

4. 质量要求

1）浇（灌）注的酚醛泡沫体应连续、充满保温的空腔，不得有少灌、浮灌现象。

2）酚醛泡沫各项技术性能指标应达到标准。

3）施工结果符合设计要求，一次抽检合格率应达到 98%。

第5章 酚醛泡沫围护结构内保温（冷）系统施工

围护结构内保温（外墙内保温）系统，是针对外墙外保温施工方法因无法实现时而采用的施工方式，外墙内保温系统是将酚醛泡沫置于围护结构（外墙、屋面）的内侧。

外墙内保温的酚醛泡沫在楼板处被分割，施工时仅在一个层高内进行保温施工，施工时不用脚手架或高空吊栏，施工比较安全方便，不损害建筑物原有的立面造型，施工造价相对较低。由于绝热层在内侧，在夏季的晚间墙内表面温度随空气温度的下降而迅速下降，减少闷热感。

外墙内保温相对外墙外保温比较，外墙内保温缺点是占用室内一定使用面积，不便于住户二次装饰和重物吊挂，用于既有房节能改造对住户的正常生活干扰较大。

另外，由于抗震和其他建筑结构的需要，一般要把外墙上的钢筋混凝土梁、圈梁、柱、构造柱都要与内墙上的钢筋混凝土梁、圈梁连接，都要与现浇的钢筋混凝土楼板、屋盖板连接，在对外墙进行内保温施工时，在这些连接处保温层不可避免地要被断开，即在这些连接处没有保温层。

因此，在外墙上的钢筋混凝土梁、柱、板的连接处；外墙与钢筋混凝土的梁、板、柱的连接处；外墙与外墙的连接处；外墙与内墙的连接处；外墙与地板、楼板、屋面板的连接处；外墙与外门窗的连接处；挑出外墙和伸出屋面的钢筋混凝土装饰件与墙和屋顶的连接处；伸出屋顶的女儿墙、烟囱、排气通道与屋顶的连接处，外墙角、外门窗的上下左右侧、阳台板、挑出的屋面板等结构上会出现较多的热桥。外墙内保温与外墙外保温直观比较如图5-1所示。

热桥自身热阻很小，传热系数很大，室内的采暖热能很容易通过这些部位传至室外，降低室内应有热量。

在内保温外墙上的贯通热桥，其内表面（在冬季）普遍结露、长霉、变黄、发黑，当表面结露发生后，如果在一个热循环周期（24h）内水滴的重量达到临界重量，则结露形成滴水、流水。

结露水浸润热桥附近的保温材料，使其受潮、吸水，由于水的传热性能远大于空气，这样就大大降低了保温材料原有的保温性能，严重者使结露区逐渐扩大，甚至波及大部分的外墙内表面，久之形成恶性循环。这不仅影响居室美观，也影响居住卫生，而且恶化了居住环境。

保温系统合理的设计应为内隔外透理念，这种将蒸气渗透阻大的墙体设在外侧而将渗透阻小的酚醛泡沫设在内侧，当湿迁移时（室内湿度大于室外的湿度）必然会在保温层与墙的连接界面处形成热桥而影响节能效果。所以，内保温构造的外部墙体应选用蒸汽渗透阻较小的材料或设有排湿构造，外墙内保温作法不宜在寒冷和严寒地区应用。

根据外墙内保温结构特点，多数选择酚醛泡沫板材粘贴法和喷涂保温施工方法，在构造设计合理的情况下，通过精心施工，外墙内保温系统可达到节能设计标准。

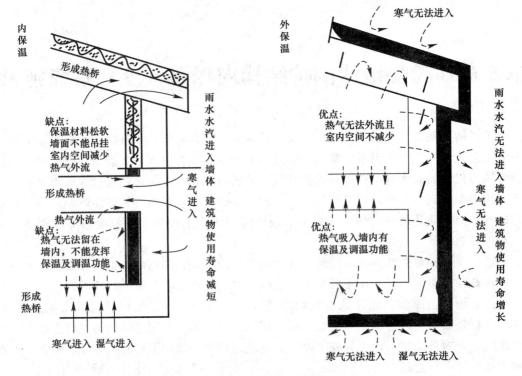

图 5-1 外墙内保温与外墙外保温优缺点比较

5.1 喷涂酚醛泡沫内保温（冷）隔热系统

酚醛泡沫围护结构的内喷涂体系，常用于大型公共建筑墙体或屋顶内喷，如体育馆、展览馆、机场、会场，以及冷藏库保冷等，尤其适用于建筑结构形状不规则、拱形金属屋顶、复杂的屋顶，即结构不宜采用外保温的建筑。

除喷涂施工速度快、整体性好、无接缝等特点外，由于保温构造相对外墙简单，要求酚醛泡沫平整度相对低，可在其泡体表面喷涂与泡体相容性好的装饰涂料，或采取粗装修的节能建筑工程。

1. 大型公共设施内保温喷涂施工

大型公共设施喷涂酚醛泡沫的基层材质有多种形式，而且构造形状不等，往往在基层还存在或多或少的缝隙，如预制钢筋混凝土板与钢筋混凝土梁搭建屋顶、金属板与钢结构组装屋顶、角钢与木板组装，甚至还有全质木质拼装等。

基层材质、缝隙和形状复杂特性，往往采取常规纤维保温材料、泡沫保温板等不易达到与基层固定、密封效果，即使达到预期效果也会延长工期的同时，也增大总成本造价。因而，在结构特定条件下，经常利用喷涂酚醛泡沫的进行施工。

1）材料要求

大型公共设施的屋顶占有较大面积，在室内顶层喷涂施工时，泡体由喷涂后的基层向下方发泡，要求喷涂物料对顶层能达到足够粘结力的同时能正常发泡，而物料不脱落，即除保证酚醛泡沫物理性能合格外，应保证喷涂酚醛泡沫有非常适宜的固化时间。

根据现场施工环境温度、湿度和被喷涂基层材质粘结性等各因素后,配制最佳酚醛泡沫发泡混合原料。

2) 喷涂酚醛泡沫

根据工程量大小配置一台或多台喷涂发泡机,输料管线达到足够长度。根据工程现场具体情况,可采用移动脚手架或桥式脚手架等搭设设施。

发泡机系统达到正常后,先试喷,当基层温度或环境温度较低时,应通过设备或管路适当加热发泡混合料再喷涂。

先在基层薄喷一层(打底层)酚醛泡沫,以缓解基层低温而吸热(尤其是钢结构基层,其次混凝土基层),以免影响保温层正常发泡,并将缝隙密封,同时有利于提高发泡体对基层的粘结强度。

喷涂顺序应从一侧向另一侧连续喷涂,在顶层喷涂时喷枪应朝上,在屋顶和墙体喷涂中可随时用随钢探针插入泡体测试,直至达到最终厚度,经检查泡体厚度、外观平整度和性能合格并验收后,方可进行下步其他工序施工。

2. 冷藏库内保冷喷涂施工

冷藏库是通过冷冻设备向室内提供制冷源,在喷涂酚醛泡沫保冷隔热作用下,使冷藏库内长期处于恒定低温和湿度状态。

1) 设计要点

(1) 工程处于高水位地区(包括沿海地区),地面基层应做防水层,如工程处于地下或半地下,基层与墙体均应做整体的连续防水层,而后在再做喷涂酚醛泡沫保温层。当工程处在低水位或地面,由水文地质资料证明无渗水时,地面可不设防水层。

(2) 根据地面通车或负重要求,应提高地面酚醛泡沫保温层抗压强度。通常在地面喷涂酚醛泡沫后,在泡沫表面采用钢筋混凝土保护层。

(3) 墙体酚醛泡沫表面设置抗裂砂浆压入热镀锌钢丝网保护层,其高度不宜小于2m。根据具体情况决定对酚醛泡沫设否全覆盖保护层,保护层可防止保温层受破坏,同时在一定程度上阻止室内水蒸气浸入保温层。

(4) 同一个冷库内的深冷间、中冷间酚醛泡沫,应根据相关标准计算后,确定厚度。

(5) 根据具体情况决定墙体中设否空气层。空气层可切断液态水分的毛细渗透,防止酚醛泡沫受潮,同时外侧墙体结构层有吸水能力,其内侧表面由于温度低而出现的冷凝水,被结构材料吸入并不断向室外转移、散发,空气间层有增加一定的热阻作用。

2) 施工要点

(1) 在主体工程完成(含需要作防水的工程)后,基层必须无尘土、砂、灰渣及其他浮物,应达到干净、平整、坚实、稳定。穿墙管道等已安装完毕,且所有细部节点部位应经验收合格。

(2) 根据室内高度可选用移动式升降脚手架或扣件钢管移动平台架、门式钢管移动平台架。

(3) 喷涂酚醛泡沫操作方法与外墙外保中操作技术相同。

(4) 施工者必须穿戴全劳保用品,室内通风不畅时应采取排风或引风措施,保持良好施工环境。

(5) 在墙体酚醛泡沫表面上铺设热镀锌钢丝网,并按适当间距采用塑料膨胀钉固定,然后进行厚抹灰，具体操作技术要求同外墙外保温厚抹灰系统施工。

施工完成后，酚醛泡沫性能、厚度及保护层达到设计要求。

3. 酚醛泡沫板粘贴内保温施工

在外墙内侧，完成粘贴固定酚醛泡沫板后，在房间一侧使用石膏板或木板、装饰性外露砌砖或石膏砌砖，对酚醛泡沫板保温隔热层进行包覆装饰。

5.2 酚醛泡沫板材安装冷库系统

酚醛泡沫夹芯板按面层材料分有镀锌钢板夹芯板、热镀锌彩钢夹芯板、电镀锌彩钢夹芯板、镀铝锌彩钢夹芯板和各种合金铝夹芯板；按建筑结构的使用部位划分有面层板、墙板、隔墙板、吊顶板等；酚醛泡沫夹芯板系列划分有拼接式、插接式、隐藏式、扣盖式、咬口式和阶梯式等。

1. 金属面酚醛泡沫夹芯板主要性能

1）酚醛泡沫夹芯板的芯材密度

芯材的密度对导热系数、强度有直接影响。密度愈大，强度愈高，承重能力愈强。但对导热系数而言，密度愈大，导热系数也随之增大；同时原材料消耗量增加。相反，密度愈小，原材料消耗量变小，成本则降低，但产品质地松软，强度也随之降低。

2）酚醛泡沫夹芯板导热系数

酚醛泡沫的导热系数除受密度直接影响外，还与温度、吸湿、老化时间和闭孔率等因素有直接关系。酚醛泡沫的导热系数随时间发生变化，经一定时效处理后，导热系数才基本趋于稳定。

在冷库工程中由于夹芯板长期受到潮湿环境和水蒸气渗透的影响，含湿量将会增加，在低温环境中，必然增大导热系数，为确保冷库能够正常使用，在进行热工设计时，留有足够余地，对导热系数应加以修正。

3）芯材与金属板的粘结力

金属面夹芯板的粘结力大小除选用粘结剂类型外，还与金属面板的类型、金属板粘结一侧的清洁度和粗糙程度有关。夹芯板受力破坏时，不得在粘结界面破坏，应为芯材破坏。

4）隔音性与燃烧性

酚醛泡沫具有很好隔音性能。酚醛泡沫芯材复合而成的金属面酚醛泡沫夹芯板的燃烧等级应为B1级。

5）金属面夹芯板质量参见表5-1。

金属面夹芯板质量　　　　表5-1

泡沫密度 (kg/m³)	闭孔率（%）	耐高低温（℃）	导热系数 [W/(m·K)]	抗弯强度 (kg/cm²)	抗拉强度 (kg/cm²)	燃烧性能
35~100	≥92	−185~+150	≤0.035	1.7~2.2	≥2	A~B1

2. 金属面酚醛泡沫夹芯板主要特点

1）自重轻、强度高、高效绝热（冷）、隔声、防火、防水、耐老化和装饰等功能。

2）可施工性好，且可多次拆卸，可变换地点重复安装使用，施工方便、快捷。

3）带有防腐涂层的彩色金属面夹芯板有较高的耐久使用性。

4）特别适用于空间结构和大跨度结构的建筑，如插接式酚醛泡沫夹芯冷库板如图5-2所示。

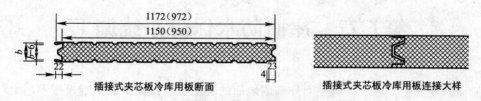

图 5-2　插接式夹芯冷库板

冷藏库板采用插接式或凹凸槽结构，提高了板材接缝处的绝缘气密性，适用于建造大中型冷库而设计的特别板型，它与轻钢框架结合拼装冷库，其外形、面积、容积能够根据不同的需求自由设计。

采用较深的凹凸槽结构板材，提高了板材接缝处的绝缘气密性。保温板材凸槽深入凹槽25～30mm，使每块板企口相连，无论作为墙板，还是吊顶板，均具良好强度。

挂钩板（偏芯钩板）是专为组装中小型冷库及其他需要保温隔热的房间、箱体而设计的。每块预制板四周均埋有高强度锁具，组装十分方便。特别设计的角板、T形板能十分方便地组同不同库容、温度要求的隔断间、套间或数间连体冷库。

在一定的模数内，库体可在长、宽、高三个方向自由变化，能够依需要扩大或缩小，也可将拼装板拆开，异地再装。

5）夹芯酚醛泡沫板均匀稳固，隔热性能极佳、防水性能好、自重轻、外观优美、经久耐用、安装简易快捷。

3. 酚醛泡沫夹芯板安装要点

墙板与顶板的搭接，墙板与钢架的加固，吊顶板与构架的吊装，均配有专用组合附件和特别形式，以确保冷库绝缘气密、牢固安全。

每块预制板四周均埋有高强度锁具，组装十分方便。特别设计的角板、T形板能十分方便地组同不同库容、温度要求的隔断间、套间或数间连体冷库。

安装时，屋面、墙面板材搭接阴阳角需要考虑配置配套的专用封边包角成型材料。安装完毕后，及时清理板面污物、铁屑、螺钉和杂物，及时撕掉面板上薄膜。

4. 酚醛泡沫板粘结固定

酚醛泡沫板粘结固定保温系统，必须在土建工程完成后，在基层采用粘贴板材方式施工，常在上方采用吊顶。

采用普通酚醛泡沫板粘贴具体操作方法，参见外墙外保温粘贴施工法。采用这种施工方式较简单，施工环境较好、简单，但在板缝必须很好密封，否则很容易产生热（冷）桥。

第6章 屋面防水保温系统施工

屋面的耗热量,大于任何一面外墙或地面的耗热量。屋面节能工程根据不同地域,所采取节能措施有所区别。对南方炎热地区屋面,主要通过提高抵抗夏季室外热作用的能力,减少空调耗能,该类屋面可称为隔热屋面。隔热屋面包括蓄水屋面、种植屋面和架空屋面等,隔热屋面主要是通过采用建筑结构设计降低辐射热,能最大限度杜绝室外的热量向室内传递。

对北方寒冷、严寒地区屋面(其次是夏热冬冷地区的建筑结构),主要是抵抗冬季室外冷作用的能力,降低采暖费用,该类屋面可称为保温屋面。保温屋面使用酚醛泡沫保温材料,可封闭屋面,最大减少室内的热量向室外传递。

屋面不但应具备良好的保温隔热效果外,还应具有很好防水功能。酚醛泡沫保温层与防水层在平屋面(上人或非上人屋面)或坡屋面施工方法,共同构成防水保温节能建筑屋面。

6.1 屋面保温工程施工

保温屋面主要是喷涂酚醛泡沫保温屋面,其次是铺设酚醛泡沫板材、模浇酚醛泡沫屋面。

酚醛泡沫可广泛适用于工业与民用建筑的平屋面、斜屋面及大跨度的金属网架结构屋面、异形屋面,也适用于既有建筑屋面的维修和改造。

6.1.1 酚醛泡沫保温设计要点

1. 设计基本要求

1)酚醛泡沫保温工程设计的方案,应根据屋面结构形状(如平屋面、坡屋面),再结合我国各地区气候特征,各类建筑防水与保温隔热性能要求、区域气候条件、建筑结构特点、工程耐用年限、维修管理等因素考虑,使屋面的建筑热工要求满足所在地区现行节能标准的要求。

2)酚醛泡沫中发泡剂会因扩散作用,不断与环境中的空气进行置换,致使导热系数随时间而逐渐增大,外露使用酚醛泡沫会出现过早老化,导致各项物理性能指标下降。应在完成酚醛泡沫施工后,及时在泡体表面上做覆盖保护层将其密封。

3)伸出屋面的管道、设备、基座或预埋构件件等,应在酚醛泡沫施工前安装牢固,并做好密封防水处理。

酚醛泡沫施工后,不得在其上凿孔、打洞或重物撞击,以免出现热桥而降低保温功能。

4)采用酚醛泡沫板粘贴的保温屋面,在屋面的檐口、泛水、水落口、出屋面管道等细部节点部位,当不易粘贴保温板时,宜采用无机保温浆料涂抹或采用喷涂酚醛泡沫施工到规定厚度和高度。

2. 喷涂酚醛泡沫设计要点

1）用于结构空腔、缝隙、冷桥等部位密封时，宜有保护层。

2）平屋面的排水坡度应≥2%，天沟、檐沟的纵向排水坡度应≥1%。

3）屋面防水保温首选结构找坡，屋面找坡时，为了减轻屋面板负荷，确定屋面单向坡长9m为界，当屋面单向坡长≤9m，可用轻质材料找坡，如单向坡长为3m左右，可用水泥砂浆找坡。

单向坡长为5m左右，可用细石混凝土找坡；单向坡度为9m时，应采用陶粒混凝土或憎水珍珠岩等轻质材料作为找坡层。单向坡度长＞9m时，采用任何材料都会增加屋面负荷，应采用抬高室内柱头高度措施做结构找坡。

4）当喷涂酚醛泡沫屋面基层为严重不平整的现浇混凝土屋面板时，应用水泥砂浆抹成16～20mm厚度进行找平。

装配式钢筋混凝土屋面板的板缝，应用强度不低于C20的细石混凝土将板缝灌浆填密实，当缝宽＞40mm时，应在缝中放置构造钢筋，同时板缝端也要做好密封处理。

5）喷涂酚醛泡沫保温层上的水泥砂浆找平层，为防止砂浆找平层裂缝拉断泡体，除掺入增强纤维，找平层还应设分隔缝，缝宽宜为5～20mm，纵横缝的间距宜≤6m，在分隔缝内嵌填弹性密封材料。

6）喷涂酚醛泡沫非上人屋面采用复合保温防水层，在酚醛泡沫的表面，刮抹抗裂防护、抗冲击、抗冻融、防水、防火、耐穿刺作用的抗裂聚合物水泥砂浆。为了达到抗裂聚合物水泥砂浆功能，又不使其开裂，刮抹厚度宜为3～5mm，可不设分格缝。

7）上人屋面应采用细石混凝土、块体材料做保护层。当采用细石混凝土为保护层时，厚度宜为40mm，由于其收缩力大，应在其纵、横6m间距应留设分隔缝。又由于喷涂酚醛泡沫表面凹凸不平，细石混凝土与泡体的膨胀、收缩应力不同，因此在细石混凝土保护层与酚醛泡沫之间应铺设一层隔离材料。

8）上人屋面用的防水混凝土保护层应采用不低于42.5级普通硅酸盐水泥、中砂、砾石、防水剂等材料，配制强度等级不低于C20的混凝土。

9）屋面与山墙、女儿墙、天沟、檐沟以及突出屋面结构的连接处，以及基层的转角均应做成圆弧形连接，其圆弧半径宜为50～100mm。

3. 喷涂酚醛泡沫细部节点构造

1）屋面酚醛泡沫施工应与山墙、女儿墙等所有外露部位与墙体保温层连续施工成整体保温层，避免形成热桥。

2）在天沟、檐沟部位（宜铺有胎体增强材料的附加层，附加层收头应用柔性材料密封）应直接连续喷涂酚醛泡沫，其泡体厚度不应小于20mm（图6-1）。泡体收头采用压条钉压固定后，再用密封材料封严实。

3）屋面为无组织排水檐口时，酚醛泡沫应直接地连续喷涂酚醛泡沫至檐口附近100mm处（檐口平面端部），喷涂厚度应逐步均匀减薄至20mm为止，檐口泡体收头采用压条钉压固定后，再用密封材料

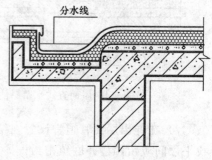

图6-1 屋面檐沟

封严实。

4) 在山墙、女儿墙泛水的部位,应直接地连续喷涂酚醛泡沫,喷涂高度不应小于250mm。

当墙体为砖墙时,可直接连续喷涂至山墙凹槽部位(凹槽距屋面高度不应小于250mm)或至女儿墙压顶下,泛水收头采用压条钉压固定后,再用密封材料封严实。

当墙体为混凝土墙时,在泛水处可直接地连续喷涂至墙体距屋面高度不小于250mm处,泛水收头应采用金属压条固定和密封材料封固,并在墙体上用螺钉固定能自由伸缩的金属盖板(图6-2)。

5) 在屋面与山墙间变形缝保温防水部位,应直接地连续喷涂至变形缝顶部(设计要求高度),在变形缝内宜填充泡沫塑料棒,上部填放衬垫材料,并宜用卷材封盖,在其顶部再加扣混凝土盖板或金属盖板,屋面变形缝构造如图6-3所示。

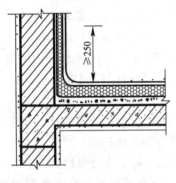

图6-2 山墙、女儿墙泛水

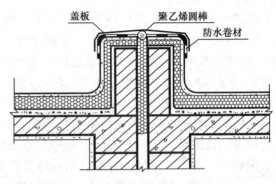

图6-3 屋面变形缝

6) 在水落口保温防水部位,水落口周围直径500mm范围内的坡度不应小于5%,并在水落口与基层接触处应留宽20mm、深20mm凹槽,嵌填密封材料。

喷涂酚醛泡沫距水落口500mm的范围内应逐渐均匀减薄,最薄处厚度不应小于15mm,并直接喷涂至水落口内50mm(图6-4和图6-5)。

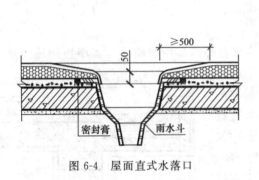

图6-4 屋面直式水落口 图6-5 屋面横式水落口

7) 在伸出屋面管道宜设置在结构层上,管道周围的找坡层应做成圆锥台,在管道与找平层间应留凹槽并嵌填密封。

在管道周围将酚醛泡沫直接连续喷涂至管道距屋面高度250mm处,酚醛泡沫收头处用金属箍紧后,再用密封材料封严(图 6-6)。

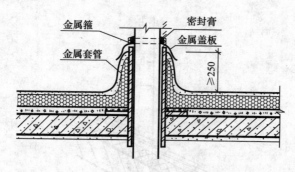

图 6-6 伸出屋面管道

8) 在屋面垂直出入口或水平出入口处,酚醛泡沫直接地连续喷涂至出入口顶部或混凝土脚踏步下,收头处采用压条钉压固定后,再用密封严实。

9) 女儿墙及伸出外墙或屋顶的混凝土构件,在距外墙或屋面的 1000mm 范围内,应全面做保温。

10) 喷涂酚醛泡沫保温防水屋面基本构造

酚醛泡沫保温防水屋面基本构造由找坡(找平)层、酚醛泡沫保温(防水层)和保护层组成。喷涂酚醛泡沫上人屋面保温防水系统如图 6-7 所示。

11) 喷涂酚醛泡沫非上人屋面保温防水系统如图 6-8 所示。

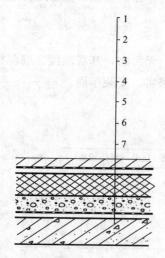

图 6-7 喷涂酚醛泡沫(正置式)上人屋面
保温防水系统

1—混凝土整体保护层(40 厚 C20 细石混凝土,配 ϕ6 或冷拔 ϕ4 的一级钢筋,双向中距 150,钢筋网片绑扎或点焊);2—10 厚低标号砂浆隔离层;3—防水层;4—20 厚 1:3 水泥砂浆找平层;5—PF 保温层;6—找坡层(最薄 30 厚轻集料混凝土±2%);7—结构层

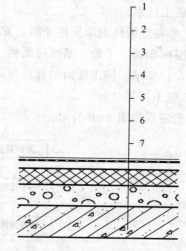

图 6-8 喷涂酚醛泡沫(正置式)非上人屋面
保温防水系统

1—保护层;2—防水层;3—找平层(5～10mm 厚聚合物抹面胶浆,或 20 厚 1:3 水泥砂浆层);4—PF 保温层;5—找坡层(最薄 30mm 厚轻集料混凝土或水泥膨胀珍珠岩 2%);6—隔汽层;7—结构层

12) 喷涂酚醛泡沫平瓦屋面保温防水系统如图6-9所示。

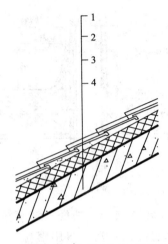

图6-9 喷涂酚醛泡沫平瓦屋面保温防水系统
1—平瓦；2—1：3水泥砂浆卧瓦层，最薄处≥20（内配φ6@500×500钢筋网与屋面板预埋φ10钢筋头绑牢）；
3—PF保温层；4—钢筋混凝土屋面板

6.1.2 酚醛泡沫保温工程施工

1. 喷涂酚醛泡沫保温系统施工

屋面喷涂酚醛泡沫施工技术，与外墙喷涂操作法相同，也是在屋面保温工程中最普遍采用的施工技术。

1) 准备好酚醛泡沫发泡原料、发泡机达到正常运转。

基层应牢固、干燥，基面应无锈、无油污、无浮尘、无污物，基层坡度、细部构造等应符合设计要求。伸出屋面的管道等结构，根部应填塞密实、安装牢固。

2) 施工工艺

工艺流程如图6-10所示。

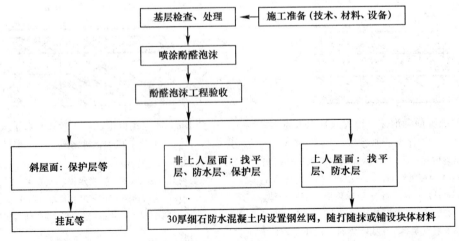

图6-10 工艺流程

3）操作工艺要点

（1）发泡机试运行

在发泡机料罐内分别加入酚醛泡沫原料（或高压输料泵分别插入各自料桶内）后，首先进行系统内物料循环、试喷，经试喷确定机械系统正常，喷涂酚醛泡沫试块合格后，可以进行大面积正式喷涂施工。

（2）大面喷涂酚醛泡沫施工时，按设计坡度及流水方向，找出屋面坡度走向，以确定保温层在规定的厚度范围。

喷涂酚醛泡沫原则是宜由远起始至近喷涂，一遍接一遍连续喷涂，喷涂酚醛泡沫时，应走速均匀，达到泡体连续均匀。

通过逐遍喷涂的同时，必须保证设计规定的排水坡度。喷涂中间随时用钢针插入法测试喷涂泡沫的厚度，喷涂中途发现厚度不够应及时补喷，直至喷涂最终设计规定的厚度。

（3）屋面细部构造处理

屋面细部是最容易出现质量问题的部位，主要涉及缝隙密封技术、屋面与外墙喷涂酚醛泡沫连接。在达到节能效果的前提下，还必须达到不渗透水、排水顺畅。

在细部构造处喷涂酚醛泡沫时，必须按细部构造特点达到均匀，喷涂酚醛泡沫的厚度、平整度等具体技术要求，必须按设计要求的标准进行。

在完成喷涂酚醛泡沫施工后，泡体达到完全固化后，应及时按设计要求进行上人屋面或非上人屋面的保护层施工。

（4）酚醛泡沫成品保护

① 完成喷涂酚醛泡沫后，不得随意踩踏，严禁锐物刮伤和重物撞击。

② 保持表面清洁，不得堆放重物、垃圾、有突出尖锐物。

③ 严禁电焊、明火或其他高温接触等作业，必须时应采取绝对安全的防火有效保护措施。

④ 在完成酚醛泡沫的表面自然形成憎水表面薄膜，保护层施工时，尽可能做到不损坏泡体表面的致密层。

4）保温工程质量控制

（1）主控项目

① 酚醛泡沫保温层不应有渗漏水、露底现象、断裂等现象。

检验方法：观察检查。

② 酚醛泡沫的密度、抗压强度、导热系数、吸水率必须符合设计要求。

检验方法：检查出厂合格证、质量检验报告和现场抽样复验报告。

（2）一般项目

① 酚醛泡沫保温层的厚度应符合设计要求。

检验方法：用钢针插入或尺量。

② 酚醛泡沫保温层表面应基本平整。

检验方法：观察检查。

③ 平屋面、天沟、檐沟等的表面排水坡度应符合设计要求。

检验方法：观察检查。

④ 屋面与山墙、女儿墙、天沟、檐沟以及突出屋面结构的连接处，连接方式与结构形式应符合设计要求。

检验方法：观察检查。

2. 喷涂酚醛泡沫复合防水涂膜保温系统施工

在酚醛泡沫复合防水涂膜保温系统中，酚醛泡沫为主要防水保温作用，防水涂膜起防水和界面处理作用，纤维增强抗裂腻子（或抗裂聚合物砂浆）起找平和非上人屋面保护层作用。

通过酚醛泡沫与防水涂膜复合材料的结合使用后，酚醛泡沫与基层整体达到全粘结的状态，并形成柔性保护层，它们共同构成双道防水功能，使该系统防水抗渗达到最高性能的同时，又使系统的保温层与基层及保护层之间有极其突出的粘附力，该系统构造简单、施工比较方便。

喷涂酚醛泡沫和防水涂膜施工方式特点所决定，特别适用于曲面和复杂形状的屋面的保温及防水。

1）设计

（1）结构找坡上人屋面

设计不用块材或地砖面层时，采用 40mm 厚 C20 细石混凝土面随捣随抹光（内配双向$\phi 4@200$），如结构层浇捣混凝土表面平整度满足施工要求，可略去 20mm 厚 1:3 水泥砂浆找平层。其构造如图 6-11 所示。

（2）轻集料混凝土找坡不上人屋面

水泥砂浆厚作保护层。坡度大于等于 2%，最薄处 30mm 厚。其构造如图 6-12 所示。

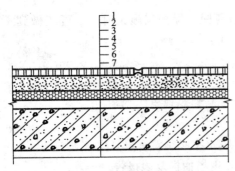

图 6-11 结构找坡上人屋面构造

1—块材或地砖面（1:3 水泥砂浆结合层）；2—40mm 厚 C20 细石混凝土保护层（内配双向 $\phi 4@200$）；3—无纺布或塑料薄膜隔离层；4—喷涂 PF 保温层；5—防水涂膜；6—20mm 厚 1:3 水泥砂浆找平层；7—结构层

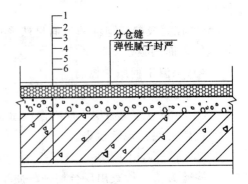

图 6-12 轻集料混凝土找坡不上人屋面

1—水泥砂浆保护层；2—防水涂膜；3—喷涂 PF 保温层；4—防水涂膜；5—轻集料混凝土（陶粒混凝土）找坡；6—结构层

（3）木挂瓦条块瓦坡屋面

顺水条用预埋 $\phi 6$ 钢筋固定，$\phi 6$ 钢筋伸出结构屋 110mm 以上 @$1000\times 500\sim 600$。顺

水条用φ5膨胀螺栓固定,膨胀螺栓伸出结构层100@1000×500~600。其构造如图6-13所示。

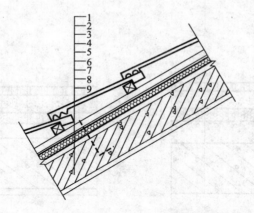

图6-13 木挂瓦条块瓦坡屋面构造

1—彩色水泥瓦、彩陶瓦;2—挂瓦条40×25(h)(L30×4挂瓦条);3—顺水条40×25(h)(—400×5顺水条);4—3~5纤维增强抗裂腻子;5—防水涂膜层;6—喷涂PF保温层;7—防水涂膜层;8—20mm厚1:3水泥砂浆找平层;9—结构层

(4) 酚醛泡沫板波形沥青防水板混凝土坡屋面构造如图6-14所示。

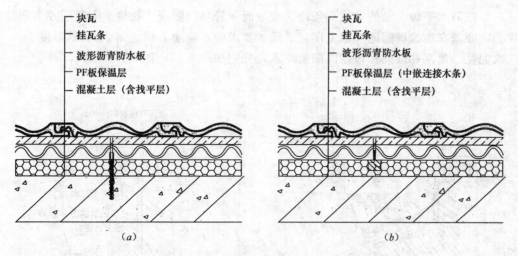

图6-14 酚醛泡沫板波形沥青防水板混凝土坡屋面构造

(5) 轻集料混凝土找坡上人屋面

设计不用块材或地砖面层时,采用40mm厚C20细石混凝土面随捣随抹光。坡度大于等于2%,最薄处30mm厚。其构造如图6-15所示。

(6) 水泥砂浆找坡上人屋面

设计不用块材或地砖面层时,采用40mm厚C20细石混凝土面随捣随抹光。该水泥砂浆找坡上人屋面构造,仅用于面积较小的平屋面。水泥砂浆找坡最薄处20mm厚;细石混凝土找坡最薄处30mm厚。其构造如图6-16所示。

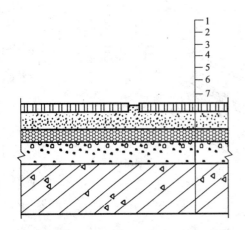

图6-15 轻集料混凝土找坡上人屋面构造
1—块材或地砖面（1:3水泥砂浆结合层）；2—40mm厚C20细石混凝土保护层（内配双向$\phi 4@200$）；3—无纺布或塑料薄膜隔离层；4—喷涂PF保温层；5—2mm厚防水涂膜；6—轻集料混凝土（陶粒混凝土）找坡；7—结构层

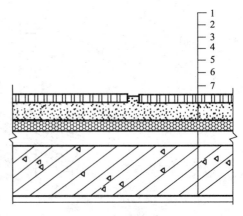

图6-16 水泥砂浆找坡上人屋面构造
1—块材或地砖面（1:3水泥砂浆结合层）；2—40mm厚C20细石混凝土保护层（内配双向$\phi 4@200$）；3—无纺布或塑料薄膜隔离层；4—喷涂PF保温层；5—2mm厚防水涂膜；6—1:3水泥砂浆C15细石混凝土找坡；7—结构层

（7）在防水等级Ⅰ级的木挂瓦条块瓦坡屋面、轻集料混凝土找坡上人屋面或多彩玻纤瓦屋面，要求在喷涂酚醛泡沫泡工序完成后，要求防水涂膜必须达到2mm的厚度。

水泥瓦、陶瓦和玻纤瓦坡屋面阳角泛水，分别如图6-17、图6-18所示。

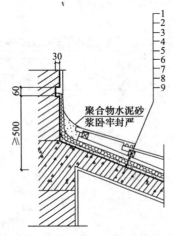

图6-17 水泥瓦、陶瓦坡屋面阳角泛水
1—屋面瓦；2—挂瓦条；3—顺水条；4—3~5mm厚纤维增强腻子；5—2mm厚防水涂膜层；6—PF保温层；7—2mm厚防水涂膜层；8—20mm厚1:2.5水泥砂浆找平层；9—现浇钢筋混凝土屋面板

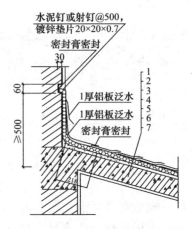

图6-18 玻纤瓦坡屋面阳角泛水
1—玻纤油毡瓦；2—3~5mm纤维增强腻子；3—2mm厚防水涂膜层；4—PF保温层；5—2mm厚防水涂膜层；6—20mm厚1:2.5水泥砂浆找平层；7—现浇钢筋混凝土屋面板

(8) 坡屋面变形缝

水泥瓦、陶瓦坡屋面阳角、阴角变形缝（金属盖板）分别如图 6-19、图 6-20 所示。

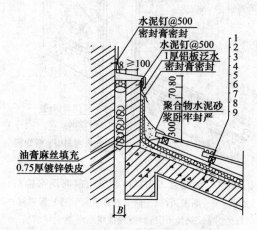

图 6-19 水泥瓦、陶瓦坡屋面阳角变形缝
1—屋面瓦；2—挂瓦条；3—顺水条；4—纤维增强腻子；5—防水涂膜层；6—PF 保温层；
7—防水涂膜层；8—水泥砂浆找平层；9—现浇钢筋混凝土屋面板

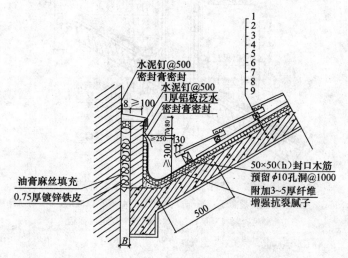

图 6-20 水泥瓦、陶瓦坡屋面阴角变形缝
1—屋面瓦；2—挂瓦条；3—顺水条；4—纤维增强腻子；5—防水涂膜层；6—PF 保温层；
7—防水涂膜层；8—水泥砂浆找平层；9—现浇钢筋混凝土屋面板

(9) 坡屋面出屋面构造

水泥瓦、陶瓦坡屋面和玻纤瓦坡屋面冷管道出屋面泛水构造，分别如图 6-21、图 6-22 所示。

(10) 平屋面落水口节点构造如图 6-23 所示。

2) 施工工艺

(1) 喷涂酚醛泡沫复合防水涂膜保温系统，基本工艺流程如图 6-24 所示。

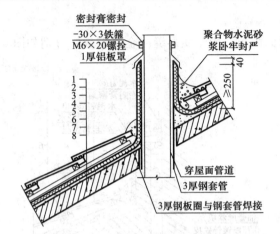

图 6-21 水泥瓦、陶瓦冷管道出屋面泛水构造

1—屋面瓦；2—挂瓦条；3—顺水条；4—防水涂膜层；5—PF 保温层；6—防水涂膜层；
7—水泥砂浆找平层；8—现浇钢筋混凝土屋面板

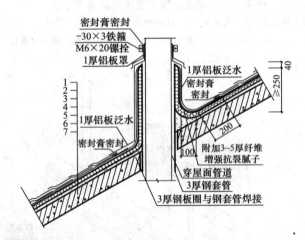

图 6-22 玻纤瓦冷管道出屋面泛水构造

1—玻纤瓦；2—纤维增强抗裂腻子；3—防水涂膜层；4—PF 保温层；5—防水涂膜层；
6—水泥砂浆找平层；7—现浇钢筋混凝土屋面板

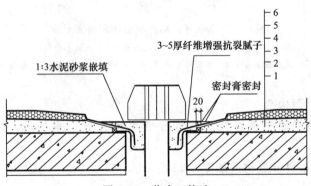

图 6-23 落水口构造

1—纤维增强抗裂腻子（3～5mm 厚）；2—防水涂膜（2mm 厚）；3—PF 层；
4—防水涂膜（2mm 厚）；5—1:3 水泥砂浆找平层（20mm 厚）；6—结构层

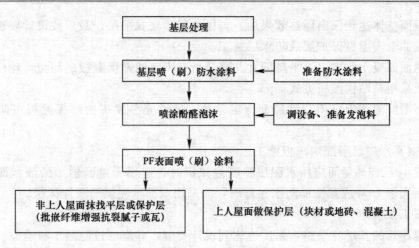

图 6-24 工艺流程

(2) 操作工艺

① 检查基层

首先做基层处理，使屋面（墙体）基层平整，无浮灰、油污。当基层（包括找坡层）平整度≤10mm，可不加找平层。

在喷涂酚醛泡沫前，应将屋面及墙面上的管线、设施基础、预埋安装构件等预先施工到位。

② 屋面防水保温首选结构找坡，当必须建筑起坡时应采用陶粒混凝土或憎水珍珠岩作为找坡层，坡度为≥2%，檐沟及天沟的坡度≥1%。

③ 基层涂刷防水涂层

基层处理达到合格后，在其表面均匀涂刷一道防水涂料，养护24h。

在屋面防水薄弱处（如阴脊、檐沟、阴角、洞口）需附加3～5mm厚纤维增强抗裂腻子，垂直面的泛水上翻250mm。

④ 喷涂酚醛泡沫

基层防水涂膜养护达到24h并干燥后，通过发泡设备将酚醛泡沫原料喷涂在基面上发泡成型。

根据保温层的厚度，一个施工作业面可分几遍喷涂，对当日施工的作业面，必须当日连续喷涂到设计厚度，在酚醛泡沫保温层达到完全固化后，可用手提刨刀对局部进行修整。

⑤ 酚醛泡沫表面涂刷防水涂层

酚醛泡沫表面涂刷防水涂料时，为增加其粗糙度，可加入适量细砂搅拌均匀。然后在酚醛泡沫表面均匀涂刷一道，涂刷完成后，约养护24h，使其彻底干燥。

⑥ 屋面保护层

养护一周后，按设计构造要求进行非上人屋面瓦或上人屋面保护层等工序进行施工。

3) 工程质量标准

参照 6.1.2 节 1. 中喷涂酚醛泡沫工程质量控制要求。

3. 酚醛泡沫板材屋面系统施工

酚醛泡沫板（如酚醛泡沫水泥层增强复合板，简称水泥层增强复合板）粘在屋面的基层上，在屋面整体达到保温隔热效果后，再做水泥砂浆找平层，最后按设计要求，再进行上人屋面或非上人屋做保护层或防水层施工。

在坡屋面混凝土的檐口、平屋面女儿墙及所有不宜铺贴保温板的部位，均应涂抹无机保温浆料或采用粘贴保温板方式保温。

水泥层酚醛泡沫板应用在坡屋面保温系统，能够充分发挥槽形保温板可防止下滑的优势。

1）坡（瓦）屋面酚醛泡沫板施工

在坡度小于15%屋面应用水泥层酚醛泡沫板时，适用于单面槽型酚醛泡沫板，当用于屋面坡度大于15%或瓦屋面防水保温时，应采用双面水泥层酚醛泡沫板。

（1）施工条件

对新建建筑的基层应平整，强度应达到设计要求，并应通过隐蔽工程验收。当采用槽形板对既有建筑屋面进行改造应用时，应彻底清除屋顶表面尘土，对空鼓、脱层的基层清理、修补，直至达到符合保温板施工的要求。

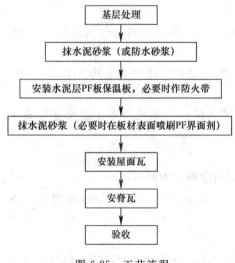

图 6-25 工艺流程

（2）施工工艺流程，如图 6-25 所示。

（3）操作工艺要点

① 将基层上洒水润湿基面，但不得有明水，然后在潮湿基面抹水泥砂浆（或混合砂浆）。

② 在双面水泥层酚醛泡沫板的一个表面上均匀满水泥砂浆，其厚度约为 10mm，并使槽中都能压满水泥砂浆，然后将已抹水泥砂浆面的板材粘贴在屋顶的基层上。

③ 板材的水泥层槽应沿屋脊平行，由屋面最低处向上进行，宜采用叉接法粘贴，叉接缝应错开，并使接缝严密，粘贴后随即揉压，使板材表面达到平整，板材接缝间酚醛泡沫发泡密封粘结牢固。

④ 在坡屋面的檐沟挑檐、阴角泛水和出屋面构造等不宜粘贴保温板部位，应配合喷涂酚醛泡沫或涂抹保温浆料施工。采用喷涂酚醛泡沫或涂抹保温浆料施工完成后，在其表面再做保护层施工。

⑤ 按设计要求处理好防火带。

（4）工程质量标准

① 主控项目

酚醛泡沫板材厚度、密度、导热系数，应符合设计要求。

检查方法：检查出厂合格证、检查质量报告和现场抽查复验报告；

水泥砂浆拉伸粘结强度应达到质量要求。

检查方法：检查复试报告；

瓦铺设的牢固、无松动。

检查方法：敲击和观察检查；

细部不便粘贴部位应涂抹保温浆料或其他措施，无渗水、不得产生热桥。

检查方法：观察检查；

防火带技术性能、宽度、厚度、设置部位符合设计要求。

检查方法：观察检查。

② 一般项目

板材接缝间酚醛泡沫发泡密封粘结牢固、饱满。

检查方法：观察检查；

板材间的铺设平整、拼缝严密。

检查方法：用 2m 靠尺或塞尺检查、观察检查；

平瓦铺设应平整、瓦缝平直。

检查方法：观察检查；

脊瓦安装间距均匀、封固严密、顺直无起伏。

检查方法：手搬和观察检查；

泛水做法顺直平整、结合严密、无渗漏。

检查方法：观察检查、雨后或淋水检查。

2）倒置式屋面酚醛泡沫板系统施工

在酚醛泡沫水泥层复合板的保温层上，可采用块体材料、水泥砂浆（或卵石做保护层，在卵石与酚醛泡沫保温层之间铺设隔离层）做保护层，防水材料设在保温层下面。倒置酚醛泡沫屋面保温基本构造示意如图 6-26 所示。

(1) 倒置法保温屋面特点

① 具有良好隔热效果

倒置式屋面施工为外隔热保温形式，在高温季节时，防水层上酚醛泡沫起到隔热的热阻作用，对室外综合温度波动首先进行了衰减，使屋面材料上的内部温度分布低于传

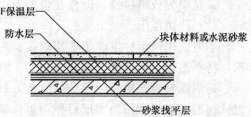

图 6-26 倒置屋面酚醛泡沫保温基本构造

统保温隔热屋顶内部温度分布，即在夏季热量经向室内传导，当传导到绝热层时，是绝热层阻挡热能向室内传送，继而产生隔热作用，所以屋面所蓄有的热量始终低于传统屋面保温隔热方式，向室内散热小，降低夏季空调费用。

② 具有良好保温效果

倒置式屋面在冬季时，处在外冷内热状态，热能由内向外传导，因防水材料上层有保护层的保护，阻挡室内热量损失，外冷的低温又被保温层阻挡而不能进入室内，减少能耗。

③ 可有效延长屋面防水层寿命

保温层设在防水层之上，大大减少防水层受太阳直接照射的影响，使防水层表面温度变化明显减小、不易老化，并免受紫外线照射及外界撞击等因素而破坏，使防水层受到充分的保护，防水层能长期保持其柔软性，使其基本处于相对恒定状态，又相当减少防水材料的冻融循环次数，因而延长使用年限。

据有关资料介绍，倒置式屋面施工法可延长防水材料使用寿命 2～4 倍，并减少维修次数。

特别应用在湿度的结构，可使围护结构蒸汽渗透传湿过程通顺，不易使蒸汽在屋面内部集聚而避免了传统屋面防水层下面水汽凝结、蒸发、造成防水屋鼓泡而过早失效的通病。因此倒置式保温屋面可取消传统保温屋面内加设的排汽道及排汽孔。

④ 保护防水层免受外界损伤

由于保温层具有一定缓冲性，防水层不易受到外界损伤，同时衰减外界对屋面冲击而产生的噪声。

⑤ 取消隔汽层、施工方便

倒置式保温屋面构造使围护结构蒸汽渗透传湿过程通顺，与传统保温屋面构造比较，不易使蒸气在屋面内部集聚而造成上部防水层起鼓破坏，因此对于高湿高温建筑或其他应设置隔汽层的建筑，采用倒置式保温层屋面可取消传统保温屋面内所加设置的排汽道及排汽孔，可用防水层替代隔汽层。

⑥ 倒置式屋面构造简单

找平层铺设在具有较高强度的找坡层或结构层上，容易保证施工质量。又由于省掉传统屋面中的隔汽层及找平层，施工简化、经济。

⑦ 酚醛泡沫性能稳定，板材施工不受季节、环境温度限制

酚醛泡沫具有良好的不透水性和较好的抗压强度，在正常使用环境下始终保持恒定的导热性能。

保温层为板材拼铺，即使在负温下也可施工。

(2) 适用范围

不但适用民用住宅、工业建筑，也用于特别重要、重要的高层建筑屋面的防水保温工程，特别适合在我国南方地区采用。

适用既有建筑屋顶保温节能改造工程，根据既有建筑屋面防水的情况，选用直接做倒置式保温屋面或翻修防水层后做倒置保温层屋面。

(3) 施工准备

① 技术准备

根据设计图纸内容，掌握施工图中施工部位、细部构造做法、质量要求等编制专项施工方案。

② 材料准备

根所采用保护层施工方式选用保护层材料和干铺或粘贴酚醛泡沫水泥层复合板，酚醛泡沫水泥层复合板可以是平头、企口或底面侧边开有凹槽板。

酚醛泡沫水泥层复合板在运输途中或进入施工现场存放，搬运应轻放，防止破损断裂、缺棱掉角，保证外形完整、注意保护、防止污染，存放应远离高温及明火的安全位置，防止长期暴晒。

按工程面积计算材料的总用量，备齐酚醛泡沫板及保护层材料等，经检查材料性能指标合格后，可进入现场，按类堆放。

③ 机具准备

除垂直、平行运输工具外，还应备齐高压吹风机、平铲、扫帚、滚刷、卷尺、粉线等工具。

④ 施工条件

屋面结构封顶后，首先将屋顶彻底清理干净。

基层应达到变形小、基面牢固、平整、不开裂，坡度应符合排水要求（坡度应增大到3%）。

结构层的现浇混凝土、屋面找平层厚度和技术要求均应符合有关规定。

天沟、檐口的排水坡度，必须符合设计要求。天沟、檐口、檐沟、水落口、泛水、变形缝和伸出屋面管道的防水构造，必须符合设计要求。

防水层应平整，不得有积水、结冰、霜冻现象。对于檐口抹灰抹灰、薄钢板檐口安装等项，应严格按照施工顺序，在找平层施工前完成。

倒置式屋面的檐沟、水落口等部位，应采用现浇混凝土或砖砌堵头，并做好排水处理。

干铺板材可在负温下施工，雨雪天、五级风以天气不得施工。

(4) 施工工艺

倒置式酚醛泡沫水泥层复合板施工工艺流程如图6-27所示。

(5) 铺设酚醛泡沫水泥层复合板施工要点

铺设酚醛泡沫水泥层复合板施工前，防水层施工已完成，经在防水层上存水24h试漏，检查防水层施工无渗漏或积水现象后，视为施工质量合格，确认防水层施工完全达到标准并经验收后，方可进行酚醛泡沫水泥层复合板铺设施工。

① 在非上人屋面可在基层采用干铺或粘贴酚醛泡沫水泥层复合板，在上人屋面应采用粘贴方式铺设保温板。

② 当酚醛泡沫水泥层复合板采用粘贴方式铺设时，应采用对防水层无腐蚀并与防水层材性有相容的胶粘剂（如聚合物水泥粘结砂浆等）。

③ 酚醛泡沫水泥层复合板膨胀性极低，基本上不需留伸缩缝，可直接板接板铺设，或斜缝排列，遇到屋面突出处应将泡沫板量好尺寸并切割后再铺设。

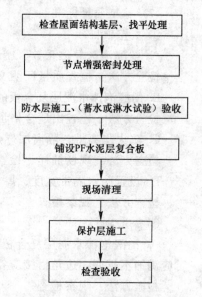

图6-27 倒置式酚醛泡沫水泥层复合板施工工艺流程

一般酚醛泡沫水泥层复合板与防水层之间不需要做任何贴合处理，如果为了避免在后续施工过程中发生走位影响整体施工，可以在泡沫板与防水层间采用适当点粘或机械固定。铺板时应特别注意对已作好的防水层的保护，一旦发现防水层损坏，应立即进行修补。

④ 酚醛泡沫水泥层复合板拼接处，如是平头、企口或底面侧边开有凹槽，板材拼缝处可以灌入密封材料或用同类材料碎屑后，密封使其连成整体。表面应达到平整无疵病（使渗流下来的雨水能够顺着凹槽或表面流向排水口，从而避免雨水的积存）。

⑤ 酚醛泡沫水泥层复合板铺设应平稳，紧粘（靠）防水卷材层，拼缝要严密、找坡正确。

(6) 保护层施工

酚醛泡沫水泥层复合板自身有横防火功能，为防止被风吹起、防止被人践踏而破坏设置保护层，保护层按上人屋面和非上人屋面要求进行施工。

在酚醛泡沫水泥层复合板保温层整体完工，并检查合格并经验收后，再进行保护层施工。

① 在非上人屋面采用水泥砂浆抹面。水泥砂浆抹面厚度宜为2cm。砂浆保护水泥层需要设计分格缝，分格缝间距2m，缝宽3～5mm，在酚醛泡沫水泥层复合板保温层上直接铺到所设计的厚度，在所设置的分格缝嵌填密封材料。

砂浆中宜掺入膨胀剂、纤维，即使用搅拌成的抗裂砂浆，防止砂浆表面出现裂纹。

② 在上人屋面做保护层可采用两种方式，一种是铺砌块，如石材、瓷砖、预制混凝土砖等；另一种为现浇细石混凝土内加钢筋。

采用不配筋的细石混凝土为保护层时，应设置分格缝，厚度4cm，留分格缝，间距1.2～1.5m，缝宽5mm，最后将分格缝用密封膏密封。捆钢筋时保护层厚度按设计要求确定，并在灌浆时钢筋网应适当垫高，确保抗拉作用。

采用混凝土块材为保护层时，应用水泥砂浆座浆平铺，板缝用砂浆勾缝处理。

(7) 施工质量标准

① 主控项目

A. 酚醛泡沫导热系数、密度、抗压强度或压缩强度、燃烧性能应符合设计要求。

检验方法：检查质量证明文件及进场复验报告；

B. 酚醛泡沫水泥层复合板的强度、燃烧性能、导热系数、含水率，必须符合设计要求。

检验方法：检查出厂合格证、质量检验报告和现场抽样复验报告；

C. 防火隔离带、隔离层燃烧性能、必须符合设计要求。

检查方法：现场抽样、检查检验报告；

D. 设置防水隔带宽度、厚度、部位必须符合设计要求。

检查方法：观察检查。

② 一般项目

A. 酚醛泡沫水泥层复合板紧贴（靠）基层，铺平垫稳，拼缝严密，找坡正确；铺设时应满铺不露底，边角搭接应符合设计要求。

检验方法：观察检查；

B. 酚醛泡沫水泥层复合板厚度允许偏差：±5%，且不得大于4mm。

检验方法：用钢针插入或尺量检查。

6.2 保温屋面防水工程施工

在酚醛泡沫保温层与防水材料复合使用屋面系统中，防水材料可用有机（或复合）类防水涂料、合成高分子防水卷材（片材）、高聚物改性沥青防水卷材、密封材料和聚合物防水砂浆，以及各种类型瓦进行复合使用等。

在坡屋面，酚醛泡沫多数与防水涂料、瓦复合；在上人平屋面酚醛泡沫主要与防水涂料、卷材和地砖等刚性承荷载的保护层构成复合；而在非上人平屋面，酚醛泡沫与防水卷材或防水涂料和水泥砂浆、抗裂聚合物砂浆等非承荷载保护层复合使用。通过各种方式复合施工后，使屋面达到具有不同防水等级的防火、保温隔热功能。

平屋面的防水施工综合成本相对低，但渗漏率高于坡屋面，且耗能较多，而坡屋面可提高屋面的热工性能，在出屋面的管口等细部做好情况下，由于流水快、不滞水，所以渗漏率相对较低，并有检修维护费用低、耐久之特点。

本节以非上人的喷涂酚醛泡沫保温平屋面，通过水砂浆找平后作防水施工为例，简要介绍采用普通防水涂料和防水卷材施工技术。

6.2.1 防水材料性能

屋面防水涂料可大体分成高聚物改性沥青防水涂料、挥发固化型防水涂料和反应固化型防水涂料。

按《环境标志产品技术要求防水涂料》HJ 457—2009 技术要求，适用中国环境标志产品认证挥发固化型防水涂料（双组分聚合物水泥防水涂料、单组分丙烯酸酯聚合物乳液防水涂料）和反应固化型防水涂料（聚氨酯防水涂料、改性环氧防水涂料、聚脲防水涂料）中，对于乙二醇醚及其酯类、邻苯二甲酸酯、二元胺、烷基酚聚氧乙烯醚、支链十二烷基苯磺酸钠烃类、酮类、卤代烃类溶剂不得人为添加。

对挥发性有机化合物、放射性、甲醛、苯、苯类溶剂、固化剂中游离甲苯二异氰酸酯等物质提出限值要求。

1. 聚氨酯防水涂料技术性能

聚氨酯防水涂料包括单组分和多组分（或双组分），双组分以油溶性为主，单组分以水溶性为主，两者均为反应固化型。

1) 单组分聚氨酯防水涂料物理力学性能，如表6-1所示。

单组分聚氨酯防水涂料物理力学性能指标　　　　表6-1

序号	项目		Ⅰ	Ⅱ
1	拉伸强度（MPa）	≥	1.90	2.45
2	断裂伸长率（%）	≥	550	450
3	撕裂强度（N/mm）	≥	12	14
4	低温弯折性（℃）	≤	−40	
5	不透水性（0.3MPa，30min）		不透水	
6	固体含量（%）	≥	80	
7	表干时间（h）	≤	12	
8	实干时间（h）	≤	24	
9	加热伸缩率（%）	≤	1.0	
		≥	−4.0	
10	潮湿基面粘结强度 a（MPa）	≥	0.50	

注：摘自《聚氨酯防水涂料》GB 19250—2003 中部分物理力学性能。

2) 多组分聚氨酯防水涂料物理力学性能，如表6-2所示。

多组分聚氨酯防水涂料物理力学性能指标　　　　表6-2

序号	项目		Ⅰ	Ⅱ
1	拉伸强度（MPa）	≥	1.90	2.45
2	断裂伸长率（%）	≥	450	450
3	撕裂强度（N/mm）	≥	12	14

续表

序 号	项 目		Ⅰ	Ⅱ
4	低温弯折性（℃）	≤	\multicolumn{2}{c	}{−40}
5	不透水性（0.3MPa，30min）		\multicolumn{2}{c	}{不透水}
6	固体含量（%）	≥	\multicolumn{2}{c	}{92}
7	表干时间（h）	≤	\multicolumn{2}{c	}{8}
8	实干时间（h）	≤	\multicolumn{2}{c	}{24}
9	加热伸缩率（%）	≤	\multicolumn{2}{c	}{1.0}
		≥	\multicolumn{2}{c	}{−4.0}

注：摘自《聚氨酯防水涂料》GB 19250—2003 中部分物理力学性能。

2. 聚合物水泥防水涂料技术性能

聚合物水泥防水涂料（防水涂膜）以丙烯酸酯为主体液料、以水泥和细砂为粉料，在共同构成现场混配的双组分防水涂膜材料，聚合物水泥防水涂料质量见表 6-3。

防水涂膜技术性能指标　　　　　表 6-3

项 目		指 标
固体含量（%）		≥65
干燥时间（h）	表干时间	≤4
	实干时间	≤8
拉伸强度	无处理拉伸强度（MPa）	≥1.2
	加热处理后保持率（%）	≥80
	碱处理后保持率（%）	≥70
	紫外线处理后保持率（%）	≥80
断裂伸长率	无处理（%）	≥200
	加热处理（%）	≥150
	碱处理（%）	≥140
	紫外线处理（%）	≥150
低温柔性（10mm 圆棒）		−10℃无裂纹
不透水性（0.3MPa，30min）		不透水
潮湿基面粘结强度（MPa）		≥0.5

注：摘自《聚合物水泥防水涂料》GB/T 23445—2009 质量要求。

3. 防水卷材技术性能

1）高聚物改性沥青防水卷材外观质量及技术性能

（1）弹性体改性沥青防水卷材技术性能

弹性体改性沥青防水卷材（简称 SBS 防水卷材、SBS 改性沥青防水卷材）是分别以聚酯毡（PY）、玻纤毡（G）、或玻纤增强聚酯毡（PYG）为胎基，以苯乙烯-丁二烯-苯乙烯（SBS）热塑性弹性体作石油沥青改性剂，通过对胎基浸渍和覆盖后，在其两面覆以隔离材料所制成的防水卷材。

卷材隔离材料：上表面隔离材料分为聚乙烯膜（PE）、细砂（S）（粒径不超过 0.60mm 的矿物颗粒）、矿物粒料（M）。下表隔离材料为细砂（S）、聚乙烯膜（PE）。

按材料性能划分为Ⅰ型和Ⅱ型。

卷材规格：宽度为1000mm；厚度：聚酯毡卷材厚度为3mm、4mm、5mm；玻纤毡卷材厚度为3mm、4mm；玻纤增强聚酯毡卷材厚度为5mm。SBS改性沥青防水卷材性能应符合现行国家标准《弹性体改性沥青防水卷材》GB 18242—2008的要求。

(2) 塑性体改性沥青防水卷材技术性能

塑性体改性沥青防水卷材（如APP改性沥青防水卷材）是分别以聚酯毡（PY）、玻纤毡（G）、或玻纤增强聚酯毡（PYG）为胎基，以无规聚丙烯（APP）或聚烯烃类聚合物（APAO、APO等）作石油沥青改性剂，通过对胎基浸渍和覆盖后，在其两面覆以隔离材料所制成的防水卷材。

卷材隔离材料、按材料性能划分、卷材规格同弹性体改性沥青防水卷材。

塑性体改性沥青防水卷材性能应符合现行国家标准《塑性体改性沥青防水卷材》GB 18243—2008的要求，材料主要性能见表6-4。

材料性能指标　　　　表6-4

项　目			指　标				
			Ⅰ		Ⅱ		
			PY	G	PY	G	PYG
耐热性	℃		110		130		
	≤	mm			2		
	试验现象				无流淌滴落		
低温柔性（℃）			−7		−15		
					无裂缝		
不透水性（30min）			0.3MPA	0.2MPA	0.3MPA		
拉力	最大峰拉力（N/50mm）≥		500	350	800	500	900
	次高峰拉力（N/50mm）≥		—	—	—	—	800
	试验现象		拉伸过程中，试件中部无沥青涂盖层开裂或与胎基分离现象				
延伸率	最大峰时延伸率（%）≥		25		40		—
	第二峰时延伸率（%）≥						15

(3) 高聚物改性沥青防水卷材外观质量如表6-5所示。

高聚物改性沥青防水卷材外观质量　　　　表6-5

项　目	质量要求
孔洞、缺边、裂口、	不允许
边缘不整齐	不通过10mm
胎基露白、未浸透	不允许
撒布材料粒度、颜色	均匀
每卷的接头	不超过1处，较短边的一般不应小于2500mm，接头处应加长150mm

2) 合成高分子防水卷材的外观质量及性能要求

(1) 合成高分子防水卷材的外观质量GB 50345—2004见表6-6。

合成高分子防水卷材外观质量 表 6-6

项 目	质量要求
折痕	每卷不超过 2 处，总长度不超过 20mm
杂质	大于 0.5mm 颗粒不允许，每 1m² 不超过 9mm²
胶块	每卷不超过 6 处，不处面积不大于 4mm²
凹痕	每卷不超过 6 处，深度不超过本身厚度的 30%；树脂类深度不超过 15%
每卷卷材的接头	橡胶类每 20m 不超过 1 处，较短的一段不应小于 3000mm，接头处应加长 150mm；树脂类 20m 长度内不允许有接头

（2）合成高分子防水卷材物理性能 GB 50345—2004 见表 6-7。

合成高分子防水卷材物理性能指标 表 6-7

项 目		性能要求			
		硫化橡胶类	非硫化橡胶类	树脂类	纤维增强类
断裂拉伸强度（MPa）		≥6	≥3	≥10	≥9
扯断伸长率（%）		≥400	≥200	≥200	≥10
低温弯折（℃）		−30	−20	−20	−20
不透水性	压力（MPa）	≥0.3	≥0.2	≥0.3	≥0.3
	保持时间（min）	≥30			
加热收缩率（%）		<1.2	<2.0	<2.0	<1.0
热老化保持率（80℃，168h）	断裂拉伸强度	≥80%			
	扯断伸长率	≥70%			

（3）高分子防水均质片材、复合片和点粘片的物理性能应符合 GB 18173.1 物理性能。

（4）配套材料

① 基层外理剂：施工性、耐候性、耐霉菌性好，其粘结后的剪切强度不小于 0.2N/mm²。

② 基层胶粘剂：用于防水卷材与基层之间的粘合，施工性好，具有良好的耐候性、耐水性等。其粘结剥离强度应大于 15N/10mm。浸水 168h 后粘结剥离强度不应低于 70%。

③ 卷材接缝胶粘剂：用于卷材与卷材接缝的胶粘剂，应具有良好的耐腐蚀性、耐老化性、耐候性、耐水性等。其粘结剥离强度应大于 15N/10mm。浸水 168h 后粘结剥离强度不应低于 70%。

④ 卷材密封剂：用于卷材收头的密封材料。一般选用双组分聚氨酯密封膏、双组分聚硫橡胶密封膏等。

6.2.2 屋面防水工程设计要点

防水材料品种繁多、形态不一，性能各异，价格高低悬殊，施工方式各具不同，因此要求选定的材料必须适应工程要求。其中，工程地质水文，结构类型，施工季节，当地气候，建筑使用功能以及特殊部位等，对防水材料都有具体要求。

1. 根据气候条件选材

我国地域辽阔，南方多雨，北方多雪，西部干旱。选材时应注意：

1) 江南地区夏季气温高，持续时间长，屋面防水层长时间暴露在外，因此建议选用耐紫外线强、软化点高的材料。而耐水性不好的涂料易发生再乳化或水化还原反应；不耐水泡的粘结剂将严重降低粘结强度，使粘结缝的高分子卷材开裂。因此还应选择耐水的胶粘剂来粘合高分子卷材。

2) 干旱少雨地区水分蒸发量远大于降雨量，对防水的程度有所降低。

3) 严寒多雪地区，防水材料经过低温冻胀收缩的循环变化，易过早断裂，不宜选用抗冻性不强、耐水不良的胶粘剂。如选用不耐低温的防水材料，宜做倒置式屋面防水。

2. 根据建筑部位选材

不同建筑部位，对防水材料要求不同。如屋面防水和地下室防水所要求材性不同；厕浴间防水和墙面防水的差别更大；即便同为屋面防水，坡屋面、外形复杂的屋面，其金属板基层屋面也不相同。

1) 屋面防水层如不做保护层，防水层长期暴露在外，受曝晒、风吹、雨雪侵蚀、温差胀缩等影响，没有优良的材料性能和良好的保护措施，将难以达到要求的耐久年限。因此应选择抗拉强度高、延伸率大、耐老化的防水材料。

2) 墙体渗漏防水不能同用卷材，只能用涂料，窗樘安装缝则只能采用密封膏解决。

3. 根据工程条件选材

如根据建筑、坡屋面、振动较大屋面等进行选材。

4. 根据功能要求选材

如根据屋面作园林绿化、屋面作娱乐活动和工业场地、倒置式屋面上选材、蓄水屋面选材等。

5. 材料评价

1) 材料的物理性能，如抗拉强度、断裂延伸率、耐高温低温柔性、不透水性和耐老化性等指标均较好，且施工方便，优于同类型材料，则评价为好材料。

2) 是否对建筑的某一部位防水适应性好。防水材料的类型不同，用途就不同。没有一种材料是万能的。比如卷材，铺贴大面积屋面很好，但对于厕浴间、墙面和面积小、凹凸较多的基面防水就显得无能为力；刚性防水非常适用于地下室墙体和底板，但如在大跨度屋面采用刚性防水则只能说明设计不合理了。

3) 是否能充分发挥材料特长性能。如能发挥材性之长，避其短，即为好材料。

4) 是否与防水等级匹配。匹配得当者即为好材料。如优质高价材料适合用于防水等级高的建筑，若用在Ⅴ级防水等级建筑就属匹配不当。因此，防水材料的类型应根据当地历年最高气温、最低气温、屋面坡度等因素，结合防水材料性能进行选择。

6.2.2.1 防水工程设计基本要求

1. 必须满足屋面防水功能要求

按照屋面防水功能、防水等级、使用年限、构造层次和当地自然条件进行设计。

2. 充分考虑防排结合，保证屋面排水畅通

屋面排水水系统能力达到畅通而不积水，控制在细部或其他薄弱防水部位发生渗漏。

3. 施工图纸应有一定设计深度和完整系统

设计图纸应有节点大样详图，能保证施工者照图顺利完成施工。

4. 有机防水材料表面应设保护层

为达到防火要求，应在防水材料表面设置无机类不燃材料为保护层，且屋面与外墙外保温的保护层应连接为一整体。

5. 防水卷材、涂膜与相邻材料间应有很好的结合性。

6.2.2.2 涂膜防水保温屋面防水材料设计

1. 涂膜设计要点

1) 应选择耐热性和低温柔性相适当的防水涂料，应有较好耐热（低温）、性能，防止涂膜发生开裂而出现渗水。

2) 在易开裂、渗水的部位，应留凹槽嵌填密封材料，并应设置胎体增强材料的附加层。在找平层的分格缝处，应增设带有胎体增强材料的空铺附加层，其空铺宽度不宜小于100mm。

3) 在防水涂膜表面应设保护层，当采用水泥砂浆（厚度不宜小于20mm）、块体材料或细石混凝土为保护层时，应在防水涂膜与保护层之间设置隔离层。

4) 涂料采用胎体增强材料施工时，屋面坡度小于15%时，可平行屋面铺设；屋面坡度大于15%时，应垂直于屋脊铺设。

2. 细部构造设计要点

1) 天沟、檐沟与屋面交接处的胎体增强材料附加层宜空铺，空铺宽度不应小于200mm。

2) 无组织排水檐口的涂膜防水层收头，应用防水涂料多遍涂刷或用密封材料封严。檐口下端应做滴水处理。

3) 泛水处的涂膜层，应涂刷至女儿墙的压顶下，收头通过多遍涂刷密严而不得吊空，收头与压顶防水连成整体防水。

4) 水落口周围直径500mm范围内坡度不应小于5%，用防水涂料密封厚度不应小于2mm。水落口与基层接触处应留宽20mm、深20mm凹槽，嵌填密封材料。

6.2.2.3 卷材防水保温屋面防水材料设计

1. 卷材设计要点

1) 卷材坡度小于3%，宜平行屋面铺贴；坡度小于3%～15%时，平行或垂直于屋脊铺贴；坡度大于15%时或屋面受振动，卷材应垂直于屋脊铺贴。

2) 当屋面设置设施基座与结构层相连时，防水层应包裹设施基座的上部，同时地脚螺栓周围做好密封处理。

在防水层上放置设施时，设施下部的防水层应做卷材增强层，必要时应在其上浇筑厚度不小于50mm的细石混凝土。

3) 当在屋面有需要经常维护的设施时，应在设施周围和屋面出入口至设施之间的人行道应铺设刚性保护层。

2. 细部构造及其要求

1) 在天沟、檐沟采用高聚物改性沥青防水卷材或合成高分子防水卷材时，宜设置防水涂膜附加层。

在天沟、檐沟与屋面交接处的附加层宜空铺，且空铺宽度不应小于200mm；天沟、檐沟卷材收头应固定密封。

2）无组织排水檐口800mm范围内的卷材应满粘，卷材收头应固定密封。檐口下端应做滴水处理。

3）泛水处的卷材防水层应采用满粘法。泛水收头应铺贴至女儿墙压顶下或压入凹槽内固定密封，其中凹槽距屋面找平层高度不应小于250mm，在凹槽上部应做防水处理。

4）防水卷材水落口构造及要求，同涂膜细部构造设计。

6.2.3 屋面防水工程施工

6.2.3.1 涂膜防水屋面施工

通用型防水涂料应在酚醛泡沫保温层的找平层上应用，防水涂料施工完成后，再做保护层。

在应用防水涂料后不再做保护层时，应使用相对耐老化防水涂料，如聚脲喷涂防水涂料、脂肪族聚氨酯防水涂料等。

在酚醛泡沫保温层上直接应用防水涂料时，所使用的防水涂料应与酚醛泡沫有很好的相容性，必要时在酚醛泡沫表面增加一层过渡层，然后再涂刷防水涂料，完成涂膜施工后，不得出现起皮、脱层等不良现象。通过防水涂膜作用，应达到保护酚醛泡沫性能同时，还应达到屋面的防水功能。

在酚醛泡沫保温屋面涂膜防水施工中，侧重介绍在非上人喷涂酚醛泡沫保温的平屋面，且完成找平层后，防水涂料通用施工技术。

1. 施工准备

1）技术准备

（1）施工单位应组织相关技术人员对涂膜防水屋面施工图进行会审，通过会审掌握施工图中的各种细部构造及有关设计要求。

（2）依据本项工程制订施工技术方案，包括每遍涂料应涂布的厚度和遍数、自检制度、记录等，并掌握工程验收标准。

2）材料准备

（1）所用丙烯酸防水涂料、硅橡胶防水涂料、聚脲防水涂料、聚氨酯防水涂料及聚合物水泥等防水涂料，胎体增强材料、密封材料等应有产品合格证书和性能检测报告，材料规格、性能等技术性能应符合现行国家产品标准和设计要求。

进场材料依据工程要求进行抽样复检，不合格材料不得使用。

（2）进场材料堆放在防水、避开高温场地

聚合物水泥防水涂料液料、粉料的生产单位在出厂时已分别按液料与粉料配比计量好，各自单独包装。液料应在保质期内，粉料应密封包装不得有吸潮结块现象。

（3）工具准备

施工用工具有：扫帚、拌料桶、油漆刷（圆滚刷）、手提电动搅拌器、计量器具等。聚脲防水涂料采用喷涂施工时，应配备专用喷涂机。

（4）施工条件

找平层突出屋面结构转角、屋面坡度、细部构造密封施工经过合格验收。

采用聚脲防水涂料、聚氨酯防水涂料（多组分、双组分）、硅橡胶等反应型防水涂料施工时，基层应干燥；当采用丙烯酸防水涂料、聚合物水泥等水溶性（挥发固化型）防水涂料施工时，基层可潮湿，但不得有明水。

施工避开雨天和五级大风天，溶剂型施工环境温度不低于-5℃，水乳型不低于5℃。

2. 施工工艺

1) 防水涂膜施工工艺流程如图6-28所示。

2) 铺贴胎体增强涂膜的施工工艺流程如图6-29所示。

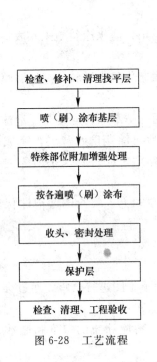

图6-28 工艺流程

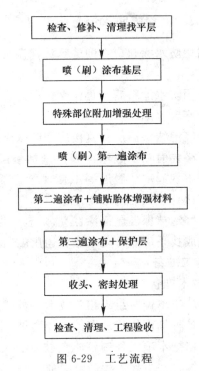

图6-29 工艺流程

3) 操作工艺要点

（1）检查基层

在完成酚醛泡沫施工的基层或在水泥砂浆找平等保护的基层，都应经施工经验收合格后，方可进涂膜施工。

基层有残灰渣、起砂、起皮、预埋件固定不牢缺陷，应及时修补并彻底清除干净。

基层湿度应符涂膜施工要求，尤其在采用反应固化型的防水涂料，如采用单组分、双（多）组分聚氨酯（聚脲）防水涂料施工时，其反应固化成膜是化学反应（或湿化固化）成膜，当基层含水分偏高或环境周围湿度过大时，施工会使聚氨酯防水涂料中异氰酸根（—NCO）优先与水分、潮气反应，并放出二氧化碳，使聚氨酯防水涂膜出现气孔、气泡。

使用挥发固化型防水涂料时，其反应过程是湿固化过程，所以对基层含水率适当放宽，其至使用聚合物水泥防水涂料或水泥基渗透结晶型防水涂料，在水泥砂浆找平作业的基层应为潮湿，基层干燥必须润湿，但不得有明水。

(2) 涂料搅拌（配制）

单组分聚氨酯防水涂料施工前应稍加搅拌，避免物料中的填料沉淀，桶内上下搅匀即可。

双组分聚氨酯（聚脲）防水涂料施工前，应将两个组分按供应商规定的重量比例放入圆桶内（在方桶内搅拌易有死角，搅拌时间相对延长），用带叶片的手电钻充分混合均匀后，进行刮涂施工。采用机械喷涂时，控制好各组分计量比例。

混匀后双组分的材料应在尽短时间内用完，物料应随拌随用；单组分开桶后也应在规定间内尽快使用。

聚合物水泥防水涂料是按经销单位规定液料与粉料的比例配料。首先将定量的液料倒入圆形容器内（如需加水，先在液料中加水），然后在液料搅拌情况下徐徐加入定量的粉料，边加料边搅拌，搅拌时间约在 5min 左右，彻底搅拌至混合物料中不含有料团、颗粒为止。

(3) 喷（刷）涂料

① 施工前先对细部构造处理

在大面积喷（刷）涂料施工前，首先对细部构造（节点、周边、拐角等）涂刷、作附加增强层预先处理，细部构造是渗漏水的关键部位，一旦处理不妥，必然留下渗漏水的隐患。

一般在涂料施工前，酚醛泡沫施工已在细部构造按具体技术处理好，在涂料施工时随酚醛泡沫保温层（或找平层）表面坡度等进行施工。

当原有细部没有得到处理时应按如下处理：

同一屋面上先凸出地面的管根、地漏、排水口（水落口）、变形缝、天窗沟、檐口、天窗下等细部构造做密封和附加增强防水层，同时保证四周加宽应大于 200mm；

水落口周围与屋面交接处做密封处理，并铺贴两层胎体增强材料附加层。涂膜伸入水落口的深度不得小于 50mm；

泛水处涂膜应沿女儿墙直接涂过压顶，在所有细部构造处理时，应增涂 2~4 遍防水涂料；

所有节点均应填充密封材料，在分格缝处空铺胎体增强材料附加层，铺设宽度为 200~300mm。特殊部位附加增强处理可在涂布基层处剂后进行，也可在涂布第一遍防水涂层以后进行。

② 大面积涂布防水涂料

大面积涂布施工时，首先进行立面、节点，后涂布平面。涂层按分条间隔式或按顺序倒退方式涂布。

涂布应分遍涂布涂膜施工应分遍（分道）涂布，不得一次涂成，应待先涂的涂层干燥成膜后，再涂后一遍涂料，最后涂到规定涂膜厚度。

凡是防水涂料在涂刷都有一个共性，即不论厚质涂料还是薄质涂料，防水涂膜在满足厚度要求的前提下，涂刷遍数越多对成膜的密实度越好，在涂刷时应多遍涂刷，不得一次或少次成膜。因此要求防水涂料在施工时，应该通过多遍数刮涂的方法来施工。

同层每道涂刷宜按一个方向，后遍涂刷应在前遍成膜固化后进行，前后二道涂刷方向应垂直，这样不仅增加与基层的粘结力，也使涂层表面平整，减少渗漏机会。同层涂膜施工时，涂膜的先后搭茬宽度宜为 30～50mm。

采用胎体增强材料施工时，胎体增强材料应在涂布第二遍涂料的同时（简称湿铺法）进行（简称湿铺法），即边涂布防水涂料边铺展胎体增强材料边用滚刷均匀滚压。也可在第三遍涂料涂布前（简称干铺法）进行，即在前一遍涂层成膜后，直接铺设胎体增强材料，并在其已展平的表面用橡胶刮板均匀满刮一遍防水涂料。

胎体长边搭接宽度不应小于 50mm，短边搭接宽度不应小于 70mm。胎体增强材料应加铺在涂层中间，胎体增强材料下面涂层厚度不小于 4mm；胎体增强材料上层的涂层厚度不小于 0.5mm。在铺贴时，不应将胎体拉伸过紧或太松，也不得出现皱折、翘边。

在刮涂施工时，当发现涂料出现明显交联反应，即混合物料变成稠度很大时，不得再继续使用，否则影响与前道涂层的粘结力，降低防水工程质量。

③ 收头处理

所有涂膜收头均应用涂料多遍涂刷密实或用密封材料压边封固，压边宽度不得小于 10mm；收头处的胎体增强材料应裁剪整齐，如有凹槽应压入凹槽，不得有翘边、皱折、露白等缺陷。

④ 保护层处理

为保证酚醛泡沫保温层、防水涂膜的防火和耐老化性能，应在涂膜干燥（固化）后，按设计具体要求，采用水泥浆等不燃材料做好保护层。

3. 工程质量标准

1) 主控项目

(1) 防水涂料和胎体增强材料质量必须符合设计要求和规范规定。

检验方法：检查出厂合格证、质量检验报告和现场抽样复验报告。

(2) 涂膜不得有渗漏或积水现象。

检验方法：雨后或持续淋水 24h 以后观察检查、蓄水检验。

(3) 涂膜防水层在天沟、檐沟、檐口、水落口、泛水、变形缝和伸出屋面管道的防水构造，必须符合设计要求和规范规定。

检验方法：观察检查和检查隐蔽工程验收纪录。

(4) 水泥砂浆、块材或细石混凝土保护层与涂膜防水层间必须设置隔离层；刚性保护层的分隔缝留置及嵌缝，必须符合设计和规范规定。

检验方法：观察检查。

2) 一般项目

(1) 涂膜防水层的平均厚度应符合设计要求，最小厚度不应小于设计厚度的 80%。

检验方法：针测法或取样量测，每处检测 2 点，取其平均值。

(2) 涂膜防水层与酚醛泡沫保温层（或其他材质基层）应粘结牢固，涂刷均匀，无裂纹、无流淌、无漏喷、皱折、无鼓泡、脱皮等缺陷。当有胎体增强时，不得有露胎体和翘边等缺陷。

检验方法：观察检查或检查隐蔽工程验收纪录。

(3) 排汽屋面的排汽道应纵横贯通，不得堵塞，排汽管应安装牢固，位置正确，密闭严密。

检验方法：观察检查和检查隐蔽工程验收纪录。全数检查。

6.2.3.2 卷材防水保温屋面工程施工

在喷涂酚醛泡沫保温层的表面，应将水泥砂浆找平层压光成稳固的基层后，才能实施合成高分子卷材粘贴，或进行高聚物改性沥青防水卷材热熔、热粘法施工。

1. 高聚物改性沥青防水卷材防水层施工

1) 施工准备

（1）技术准备

施工前应有技术交底，根据高聚物改性沥青防水卷材施工工程特点，必须有针对性制订施工方案。

（2）材料准备

按工程需用量备用卷材的规格、性能必须符合设计及规范要求；胶粘剂、橡胶改性密封膏、附加层用聚酯纤维无纺布、处理基层用冷底油（氯丁胶加入沥青及溶剂配制而成，简称基层处理剂）进场。

（3）工具准备

搅拌冷底油用的电动搅拌器及涂刷用滚动刷、长把滚动刷；粘贴卷材用的喷灯或可燃性气体焰炬、铁抹子和尺、线等。

（4）施工条件

① 基层表面干净，无尘土、杂物；表面必须平整、坚实、干燥。

② 找平层与突出屋面的女儿墙、烟囱等相连的阴角，应抹成光滑的圆角；找平层与檐口、排水沟等相连的转角，应抹成光滑一致的圆弧形。

伸出屋面的管道、设备或预埋件，应在防水层施工前安设完毕。

③ 施工避开雨天和五级大风天。热熔法施工最低环境气温不低于－5℃。

2) 施工工艺

（1）高聚物改性沥青防水卷材施工工艺流程如图 6-30 所示。

（2）操作工艺要点

① 涂刷基层处理剂：基层合格后，将搅拌均匀的基层处理剂，用长把滚刷均匀涂刷在基层表面上，要求涂刷均匀一致，切勿反复涂刷，当基层处理剂达到不粘脚时，方可铺贴卷材。

② 特殊部位附加层施工：基层处理剂干燥后，先对女儿墙、水落口、管根、檐口、阴阳角等细部先做附加层，在其中心 200mm 范围内，均匀涂刷 1mm 厚的胶粘剂，待胶粘剂干燥后再粘贴一层聚酯纤维无纺布，在其上再涂刷 1mm 厚的胶粘剂，干燥后形成一层无接缝和弹塑性的整体附加层。在其他部位附加卷材每边宽度（或高度）不小于 250mm。

无组织排水口：在 800mm 宽范围内卷材应满粘，卷材收头固定封严。

屋面与突出屋面结构的连接处，铺贴在立墙上的卷材高度应不小于 250mm，应用叉接法与屋面卷材相互连接，将上端头固

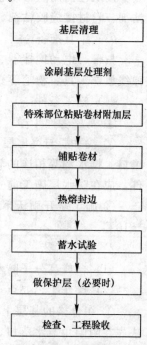

图 6-30 高聚物改性沥青防水卷材施工工艺流程

定在墙上,可用薄钢板泛水覆盖上,然后做钢板泛水。

水落口连接的卷材应牢固地粘贴在杯口上,压接宽度不小于100mm。水落口周围500mm范围,泛水坡度不小于5%;基层与水落口杯接触处应留20mm宽、20mm深凹槽,填嵌密封材料。

伸出屋面管道防水层收头处用钢丝箍紧,并嵌密封材料密严。

③ 铺贴卷材:严禁在酚醛泡沫保温层上直接进行防水材料热熔、热粘法施工。

铺贴方向应从低坡度向高坡度、从历年主导风向的下风方向开始。铺贴时随放卷随用火焰加热器加热基层和卷材的交界处,火焰加热器距加热面控制在300mm左右,经往返均匀加热至卷材表面发出光亮黑色,即卷材面熔化时,将卷材向前滚铺、粘贴,搭接部位应满粘牢固,满粘法长边搭接宽度不小于80mm,短边搭接宽度不小于100mm。

④ 热熔封边:将卷材搭接处用火焰加热器加热,趁热使两者粘结牢固,以边缘溢出沥青为度,末端收头可用密封膏嵌填严密。

⑤ 保护层处理

为保证酚醛泡沫、防水卷材的防火和耐老化性能,按设计在防水卷材基层按设计具体要求,设置不燃材料做好保护层。

2. 合成高分子防水卷材防水层施工

1) 施工准备

(1) 技术准备

施工前应有技术交底,针对合成高分子防水卷材施工必须制订专项施工方案。

(2) 材料准备

按工程需用量备用卷材的规格、性能必须符合设计及规范要求;基层处理剂、基层胶粘剂、卷材接缝胶粘剂、密封剂进场。

(3) 工具准备

扫帚、电动挽拌器、刷、橡胶刮板、小铁桶、压辊、嵌缝挤压枪、皮卷尺、钢卷尺、弹线放样工具、粉笔等。

(4) 施工条件

① 基层表面干净,无尘土、杂物;表面必须平整、坚实、干燥。

② 找平层与突出屋面的女儿墙、烟囱等相连的阴角,应抹成光滑的圆角;找平层与檐口、排水沟等相连的转角,应抹成光滑一致的圆弧形。伸出屋面的管道、设备或预埋件,应在防水层施工前安设完毕。

③ 施工避开雨天和五级大风天。冷粘法施工气温不低于5℃,热风焊接法不低于-10℃。

2) 施工工艺

(1) 合成高分子防水卷材防水层施工工艺流程如图6-31所示。

(2) 操作工艺要点

① 在合格的基层上涂刷基层处理剂:根据卷材性能选配基层处理剂,可用喷或刷方法先在阴阳角、水落口、管道和出屋面结构的根部均匀涂布,然后再涂布大面。保持基层处理剂厚度均匀一致,切勿反复来回涂刷,不得漏刷、露底。

② 特殊部位增强处理:在山墙、天沟、突出屋面的阴阳角,穿越屋面的管道根部等

6.2 保温屋面防水工程施工

除采用涂膜防水材料做增强处理外,还应采取相应措施:

在卷材末端收头必须用与其配套的嵌缝膏封闭;在檐口卷材收头,可直接将卷材粘到距檐口边 20～300mm 处,采用密封膏封边或将卷材收头压入预留凹坑内用密封膏封固。

卷材在天沟处应顺天沟整幅铺帖,尽量减少接头且接头应顺流水方向搭接,卷材幅宽不够时应尽量在天沟外侧搭接,外侧沟低坡向檐口水落口处搭接缝和檐沟外侧卷材的末端均用密封膏封固,内侧应贴进檐口不少于 50mm,并压在屋面卷材下面。

水落口处卷材铺贴时,水落口杯嵌固稳定后,在与基层接触处所预留的凹槽嵌填密封材料,并做成以水落口为中心比天沟低 30mm 的凹坑。在周围直径 500mm 范围内先涂基层处理剂,再涂 2mm 厚的密封膏,并宜加衬一层胎体增强材料,然后做一层卷材附加层,深入水斗不少于 100mm,上部剪开将四周帖好,再铺天沟卷材层,并剪开深入水落口,用密封膏封。

阴阳角卷材铺帖时,在圆弧半径约 20mm 涂刷底胶后再用密封膏涂封,其范围距转角每边宽 200mm,再增铺一层卷材附加层,接缝处用密封膏封固。

高低跨墙、女儿墙、天窗下泛水收头处理时,屋面与立墙交接处的圆弧形或钝角处,涂刷基层处理剂后,再涂 100mm 宽的密封膏一层,铺贴大面积卷材前顺交角方向铺贴一层 200mm 宽的卷材附加层,搭接宽度不少于 100mm。在高低跨墙、女儿墙、天窗下泛水收头应做滴水线及凹槽,卷材收头嵌入后,用密封膏封固。当卷材垂直于山墙泛水铺贴时,山墙泛水部位应另用一平行于山墙方向的卷材压贴,与屋面卷材向下搭接不少于 100mm。当女墙较低时,应铺过女儿墙顶部,用压顶压封。

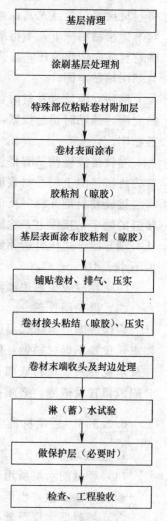

图 6-31 合成高分子防水卷材防水层施工工艺流程

排汽洞根部卷材铺贴和立墙交接处相同,转角处应按阴阳角做法处理。待大面积卷材铺贴完,再加铺两层附加层,然后将端部绑扎后再用密封膏密封。

③ 冷粘法铺贴操作要点

在基层表面排好尺寸,弹出卷材铺贴标准线。

涂刷胶粘剂:在基层和卷材背面均匀涂刷胶粘剂,要求涂刷一致,不得在一处反复涂刷,当涂刷的胶粘剂触干时,即可铺设卷材,满粘法短边搭接和长边搭接均不应小于 80mm。

将卷材反面展开摊铺在平整的基层上,在干净的卷材表面上均匀涂胶(当搭接缝采用专用胶时,在搭接缝 80～100mm 外不得涂胶),当涂胶达到触干时即可对位粘贴。视使用胶粘剂类型而定,有的胶粘剂仅在基层表面均匀涂刮后即可粘贴。

铺贴卷材时,依线将卷材一端固定,然后沿弹好的标准线向另一端铺展,铺展时不得将卷材拉得过紧（尤其在高温季节更应注意），应在松弛状态下铺贴，每隔1000mm左右对准标线粘粘一下，不得皱折。每铺完一幅卷材后，应立即用长把压辊从卷材一端开始，顺卷材横向依次滚压，排除卷材粘结层间的空气，然后用外包橡胶的大压辊滚压，使卷材与基层粘贴牢固。

铺贴立面泛水卷材时，应先留出泛水高度足够的卷材，先贴平面，再统一由下往上铺贴立面，铺贴时切忌拉紧，随转角压紧压实往上粘贴。最后用手持压辊从上往下滚压，使其粘牢。

卷材搭接缝粘贴有搭接法、对接法、增强搭接法和增强对接法，其中应用搭接法时，首先将搭接缝上层卷材表面每隔500~1000mm处点涂胶（如氯丁胶），待胶基本干燥后，将搭接缝卷材翻开临时反向粘贴固定在面层上，然后将接缝胶粘剂均匀涂刷在翻开的卷材接缝的两个粘接面上，涂刷时达到均匀、不堆积，胶面达到触干后，即可进行粘合。粘合从一端开始，边压合边驱除空气，然后用压辊依次滚压牢固，接缝口用密封膏封口，且宽度不小于10mm。

防止卷材收头翘边渗漏，应在收头处再涂刷一遍涂膜防水层。

(3) 保护层处理

为保证酚醛泡沫保温层、防水卷材的防火和耐老化性能，在防水卷材基层按设计具体要求，设置不燃材料做好保护层。

水泥砂浆、块材或细石混凝土保护层与卷材防水层间必须设置隔离层；刚性保护层的分隔缝留置及嵌缝，必须符合设计和规范规定。

6.2.3.3 质量标准

1. 主控项目

(1) 卷材防水层所用卷材及其配套材料、卷材厚度必须符合设计要求或规范规定。

检验方法：检查出厂合格证和质量检测报告及现场抽样复试报告。

(2) 卷材防水层严禁有渗漏或积水现象。

检测方法：雨后或持续淋水24h后观察检查、蓄水检验。

(3) 卷材在天沟、檐沟、檐口、水落口、泛水、变形缝和伸出屋面管道的防水构造，必须符合设计要求和规范规定。

检验方法：全数观察检查和检查隐蔽工程验收纪录。

(4) 保护层必须符合设计要求。

检验方法：观察检查。

2. 一般项目

(1) 卷材防水层搭接缝应粘（焊）结牢固，密封严密，不得有皱折、翘边和鼓泡等缺陷；防水层的收头应与基层粘结并固定牢固，缝口严密，不得翘边。

检验方法：观察检查。

(2) 排汽屋面的排汽道应纵横贯通，不得堵塞，排汽管应安装牢固、位置正确、密闭严密。

检验方法：观察检查。

(3) 卷材铺贴方向应正确并符合设计要求和规范规定。

检验方法：观察检查。

（4）卷材搭接宽度应符合设计要求和规范规定。

检验方法：观察和尺量检查和检查隐蔽工程验收记录，每处检查2点。

（5）卷材铺贴方向应正确，卷材搭接宽度的允许偏差为-10mm。卷材收头处理符合要求，无空鼓、滑移、翘边、起泡、皱折、损伤等缺陷。

检验方法：观察、尺量检查。

第7章 酚醛泡沫防火隔离带施工

在节能建筑保温工程中,酚醛泡沫防火隔离带主要用于有机类保温材料(燃烧性能在A级以下)的外保温(墙面、屋顶)系统中。

酚醛泡沫防火隔离带(板),可在酚醛泡沫板生产线上按具体规格生产,也可将生产后的板材按规格切割。

常规有机类保温材料燃烧性能的等级多数为B2级(属于可燃),只有少数达到B1级(属于难燃),常规有机类保温材料如不能合理设置防火隔离带,在保温工程施工过程中,或工程结束的日常使用中,一旦与明火接触后,容易引起火灾事故。

在外保温的常规保温材料中,根据建筑物类型(住宅、其他民用建筑和幕墙)、建筑物高度,按适当间距,用燃烧性能为B1级PF板与聚合物砂浆等无机材料预先复合达到A2级酚醛泡沫板,作为常规有机类保温材料防火隔离带,通过合理设置后,以达到安全防火目的。

酚醛泡沫防火隔离带(板)不但能防火,而且其他技术性能好,具有安装非常方便等特点。

7.1 防火隔离带设计要点

1. 民用建筑外墙外保温工程的防火隔离带

1)墙面用酚醛泡沫防火隔离带(板)厚度,应与墙面相邻保温层的厚度相同,防火隔离带高度≥300mm,长度宜>1.5m。墙体防火隔离带在窗上口或楼板处设水平防火隔离带,即在每层或每隔二层~三层墙体基层模板板带处沿水平方向连续、交圈设置。

2)酚醛泡沫防火隔离带应与基层全面积粘贴,并用防腐金属机械锚固件做辅助锚固。应与相邻保温层外的抗裂防护层采用同质不燃材料,并同步施工。

2. 幕墙建筑的幕墙与基层墙体、窗间墙、窗槛墙及裙墙之间,应在每层楼板处采用A级酚醛泡沫进行防火封堵。

在防火隔离带处的幕墙与保温层的空腔应采用A级(B1级PF板与聚合物砂浆等无机材料预先复合达到A级)酚醛泡沫封堵严密,且封堵高度不宜小于300mm。

3. 屋顶与外墙交界处、屋顶开口部位四周的保温层,应采用酚醛泡沫设置水平防火隔离带(板),其宽度≥500mm,长度宜>1.5m,厚度与屋顶保温材料相同。

4. 防火隔离带设置

设以燃烧性能为B1级喷涂聚氨酯硬泡(或其他保温材料)为外保温层,需要设置防火隔离带为例,说明防火隔离带(燃烧性能为A级酚醛泡复合板)在墙体、屋顶设置部位和最小宽度。

1)外墙防火隔离带细部构造见图7-1~图7-5。

7.1 防火隔离带设计要点

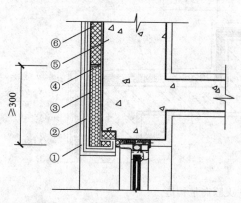

图 7-1 门窗顶防火隔离带构造
① 外饰面层；② 抹面砂浆层（含增强网）；③ PF 防火隔离带；④ 粘贴砂浆；⑤ 基层墙体；⑥ 喷涂聚氨酯硬泡保温层

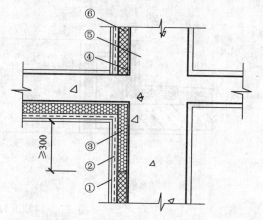

图 7-2 挑板下防火隔离带构造
① 外饰面层；② 抹面砂浆层（含增强网）；③ PF 防火隔离带；④ 粘贴砂浆；⑤ 基层墙体；⑥ 喷涂聚氨酯硬泡保温层

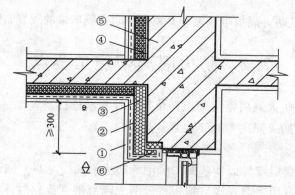

图 7-3 门窗顶及挑板下防火隔离带构造
① 外饰面层；② 抹面砂浆层（含增强网）；③ PF 防火隔离带；④ 粘贴砂浆；⑤ 基层墙体；⑥ 喷涂聚氨酯硬泡保温层
注：当 PF 防火隔离带高度达不到 300mm 时，挑板下保温材料采用 A 级（不燃）保温材料。

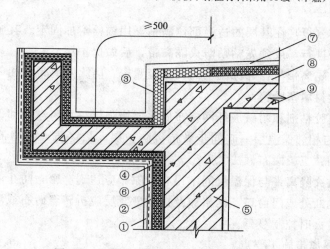

图 7-4 屋顶与外墙交界处防火隔离带构造
① 外饰面层；② 抹面砂浆层（含增强网）；③ PF 防火隔离带；④ 粘贴砂浆；⑤ 基层墙体；
⑥ 喷涂聚氨酯硬泡保温层；⑦ 防护层；⑧ 找坡层；⑨ 现浇钢筋混凝土屋面板

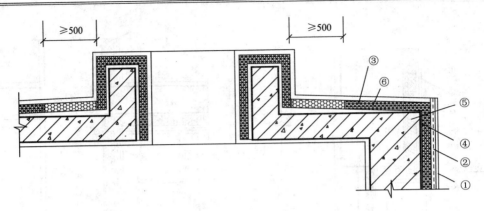

图 7-5 屋顶开口部位防火隔离带构造
① 外饰面层；② 抹面砂浆层（含增强网）；③ PF 防火隔离带；④ 粘贴砂浆；⑤ 基层墙体；⑥ 喷涂聚氨酯硬泡保温层

2）屋顶与外墙交界处、屋顶开口部位四周的保温层，应采用宽度不小于 500mm 的水平防火隔离带。

屋顶与外墙交界处防火隔离带和屋顶开口部位防火隔离带的设置，分别见图 7-4、图 7-5。

7.2 防火隔离带施工要点

1. 基层合格后，防火隔离带间距、部位按设计要求进行设置。
2. 外墙（幕墙）防火隔离带施工要点

1）布胶

采用带有水泥复合层或界面砂浆的酚醛泡沫防火隔离带（板）时，在板面直接采用无机粘结剂满布胶；当采用毛面表皮（裸板）的防火隔离带（板）时，在酚醛泡沫保温板的两个板面上，先分别均匀涂刷界面剂，当界面剂水分挥发，且保持有一定黏度后，在板背面采用无机粘结剂满布胶。

2）粘贴

将防火隔离带（板）在基层的适当部位满粘，用锚栓附加固定。其施工顺序宜与墙体粘贴类保温板同步进行，或预先粘贴防火隔离带，后做保护层。

酚醛泡沫防火隔离带与相邻保温层的接缝应紧密，防火隔离带与相邻保温层间的缝隙应采用同质保温材料填塞紧密。

在接缝处先用胶粘剂和耐碱玻纤网格布做一层增强层，且跨越相邻保温层的宽度不应小于 150mm，再与相邻保温层一起同步做抗裂防护层。最终防火隔离带与其相邻保温层的防护层，应采用"三胶两布做法"。

施工后，在防火隔离带与保温层间不得有空隙，应达到严密，防止渗水或产生热桥。

在每个防火隔断处或门窗口，网格布及抹面砂浆层应折转至砖石或混凝土墙体处并固定，以保护一旦着火时控制蔓延。

3. 屋面防火隔离带施工要点

屋面酚醛泡沫板防火隔离带应与屋面保温层同厚度，切割成不小于 500mm 的足够宽度后，与屋顶保温材料同步施工，固定在基层。

4. 外墙、屋面和幕墙防火隔离带施工完成后及时做保护层，避开太阳紫外线长时间照射。

7.3 质量要求

1. 主控项目

1) 酚醛泡沫防火隔离带规格、燃烧性能应符合设计要求和相关标准的规定。

检验方法：观察、尺量检查；核查质量证明文件。

2) 防火隔离带的燃烧性能、导热系数、抗压强度或压缩强度应符合设计要求。

检验方法：核查质量证明文件，核查复检报告。

3) 防火隔离带的材质、厚度、高度、位置、交圈封闭、全面积粘贴应符合设计要求。

检验方法：观察、尺量检查；粘贴面积用手扳开板材和尺量检查；厚度用钢针插入法或钻芯法及尺量检查。

2. 一般项目

1) 防火隔离带与保温板间的接缝应严密，表面应平整；耐碱玻纤网格布的铺贴和搭接应符合设计和施工方案的要求。

检验方法：观察检查；核查隐蔽工程验收记录。

2) 防火隔离带与屋顶、外墙的接缝处及结构性热桥的保温、防水、排水处理应符合设计要求。

检验方法：对照设计和施工方案观察检查；核查隐蔽工程验收记录。

第8章 铝箔复合酚醛泡沫板空调风管安装

铝箔复合酚醛泡沫板,是由酚醛泡沫板与两面带有凹凸纹状的镀膜铝箔及夹层的酚醛泡沫组成。其生产方法为发泡、固化、贴铝箔在生产线上一次连续压制成型夹心板。

外覆镀膜铝箔材料为经高温固化成型的高分子膜,能有效抵御紫外线及气体的腐蚀,而且既能与铝箔结合牢固,又能与酚醛泡沫形成互穿网络共聚物,可保证铝箔复合酚醛泡沫板产品质量稳定。

酚醛泡沫通风管道系统的安装,是按设计规格、尺寸进行切割加工,再按通风管道具体要求,通过风管附件及法兰专用胶进行组装,制成自身支撑通风管道。

8.1 空调风管特性及应用范围

1. 酚醛泡沫空调通风管道性能、特点

1) 良好保温性能,环保节能

可有效起到保温隔热功耗,防止风管表面结露,避免冷凝水对室内装饰及相关设施的危害,同时获得很高的节能效应。

2) 气密性能极佳,送风质量高,清洁卫生

空调保温风管系统的专用法兰可保证极佳的气密性能,减少泄露。法兰用量少,使得线形摩擦损失极低,表面光滑的铝箔和极佳低漏风量,不但能保证输送风介质卫生,也可避免造成二次污染。不吸水的保护层也不产生积水、不滋生细菌、不传播疾病等危害。

3) 安装方便、节省工期

通风管道制作程序简单方便,制管保温一次完成,程序简捷、耗工量少,且安装速度快,施工效率是传统产品的几倍,节省人工成本。因安装工艺过程简单,减少繁琐操作过程、安装安全。

4) 运行吸音、隔音,远离噪声

因采用夹芯板结构,具有良好的隔音吸音功能,震动和回音被隔热材料吸收,因而最大限度地减少噪音,增加环境的舒适度。

5) 维修保养方便、使用寿命长

风管任何一端有意外损坏,均可随意进行切割粘接修补,使用寿命可达20年以上,是传统风管使用的3倍年限。

6) 质重轻,外形美观

风管板材重量是铁皮风管重量的10%,对支架、吊件等的承载要求大大降低,可有效减低建筑物负荷。

搬运、安装变得更加方便和高效,不仅节约安装费用与投资,更缩小了安装空间,且风管棱角清晰、美观大方。

7) 防火安全

风管板材本身燃烧等级达到 B1 级的同时，又复合铝箔，大大提高消防安全系数。

8) 抗压强度高

采用压制成型夹心板材的自身支撑通风管道，夹心板材经相互粘合后，再与相关配件组合，板材、管道有很高抗压强度。

9) 酚醛泡沫通风管道（简称酚醛泡沫风管）与玻纤风管、镀锌铁皮风管及玻璃钢风管之间性能比较，如表 8-1 所示。

几种通风管道性能比较　　　　　　　　　　　　　　　　　　表 8-1

性能	酚醛泡沫风管	玻纤风管	镀锌铁皮风管	玻璃钢风管	备注
保温	风管保温一体化，导热系数：≤0.035W/m·k	风管保温一体化，导热系数：≤0.038W/m·k	外加保温层，搭接处不严密，导热系数：≥0.05W/m·k	导热系数：≥0.05W/m·k	
防潮性能	吸水率≤2%，具有优异的防水性能	憎水率≤98%，但纤维间隙积水，不防水	因保温材料而改变	吸水率≤6.3%	
洁净卫生	无粉尘脱落，铝面层抑制细菌滋生，可用于超净化厂房及室外	不能用于超净化厂房、室外及潮湿区域	无粉尘脱落，不能用于室外	无粉尘脱落	
隔音、消音性能	不产生噪音，隔音、消音功能性能优越	不产生噪音且有消音功能	需加装消音器，消音弯（风）头等附件	需加装消音器，消音弯（风）头等部件	
漏风量	≤2%	≤4%	8%左右	6%～8%	
重量	4kg/m² （板厚 25mm）	4～6kg/m² （板厚 25mm）	14kg/m² （板厚 0.8mm）	23kg/m²	1500×320 规格计算，含连接件
系统综合阻力	粗糙度 0.24mm，无消音部件阻力	粗糙度 0.24mm，无消音部件阻力	粗糙度 0.15mm，另加消音部件阻力	8m/s 左右，风速风阻参照铁皮设计（粗糙度 0.20mm，加消声部件阻力）	
工期	20m/人/日	15m/人/日	≤10m/人/日	≤4m/人/日	从原料到成品
寿命	20 年以上	10 年	3～6 年锈蚀	6 年开始老化	
观感	良好	良好	一般	一般	
影响净高	无需加工空间，无法兰边，无消器所占空间	无需加工空间，无法兰边，无消器所占空间	需加工车间，上下各 5～10cm 有法兰边 2～3cm	有法兰边 2～3cm	
外层强度	较好	一般	一般	好	一般碰撞不损坏
破损修复	易修复	不易修复	不易修复	不易修复	

2. 酚醛泡沫通风管道应用范围

1) 适用于工业、民用建筑中各种空调通风工程安装的要求。

2) 适用于航天制造、食品加工、电子工业、医药业、购物中心、体育娱乐场馆、酒店等多个领域。

配合净化设备广泛应用微生物环境，包括制药、生物基因、医院洁净设备、食品饮料等行业。

3) 适用于电子仪表的半导体、集成电路、电子电器、精密仪器、从仪表。
4) 适用于航空、航天、光电、纺织和微型机械等。

3. 通风管道性能参数

通风管道性能参数见表 8-2。

风管性能参数 表 8-2

名　称	参　数	名　称	参　数
平均密度（kg/m3）	40～60	弯曲弹性模量（MPa）	≥77.0
单位重量（kg/m²）	1.34～1.85	隔声量（dB）	≥18.0
压缩强度（kPa）	150～200	粘结抗拉强度（N）	≥400
导热系数[W/(m·k)]	0.025～0.035	燃烧等级	B1级～A级
弯曲强度（MPa）	≥1.00	风管耐温范围（℃）	-60～150

8.2　空调风管制作安装要点

铝箔面硬质酚醛泡沫夹芯板空调风管道是在夹芯板基础上加工制作，其工艺过程主要用专用的刀具切割、直接粘粘、法兰连接组合而成。

1. 材料、附件及工具准备

1) 铝箔面硬质酚醛泡沫夹芯板质量要求

（1）外观：要求平整，板面无翘曲、表面清洁、无污迹、破洞、开裂，切口要平直、切面整齐。

（2）物理性能见表 8-3。

铝箔面硬质酚醛泡沫夹芯板物理性能指标 表 8-3

芯材热导率（W/m·k）	在 25℃±2℃温度条件下，芯材垫导率应不大于 0.035W/m·k
180°剥离强度	将铝箔从芯材上进行 180°剥离时，两个面的剥离强度均应不小于 0.15N/mm
压缩强度	≥0.15MPa
弯曲强度	≥0.11MPa
尺寸稳定性	长、宽、厚三个方向尺寸变化均应不大于 2%，且不应出现在面材与芯材分离现象
燃烧性能	B1级，其中烟密度应不大于 25
甲醛释放量	应达到 GB 18550 中的 E1 级，甲醛释放量应不大于 1.5mg/L

注：摘自《铝箔面硬质酚醛泡沫夹芯板》JC/T 1051—2007 产品标准。

2) 风管系统安装附件准备

各种法兰、工字型插条、号码、铝保护碟、快速固定胶粒，补偿角等。板材专用胶不仅将板材粘结牢固，而且胶膜具有阻燃性；专用法兰胶具有阻燃和膨胀双重效果，可保证板材和法兰的牢固粘结。

3) 风管制作专用工具准备

铝质压尺、手动压槽机、V形刀、双面 45°开料刀、直型开料刀和工具箱等。

2. 安装过程

1) 板材粘接前，所有需粘接的表面必须除尘去污，切割的坡口涂满粘接剂，并覆盖所有切口表面，折叠后即可组合成各种规格尺寸的风管。

2) 按尺寸要求在板材拼接时先用专用工上用双面45°开料刀切割成V形槽，V形槽上涂上胶水。

3) 风管粘合成型后，在外层铝箔接口处再贴上铝箔封条，内层铝口处涂上密封胶，成型后的风管两端涂上玻璃胶，所有接缝必须封闭严实，装上专用法兰即可现场安装。

8.3 安装质量要求

1. 酚醛泡沫夹芯板的导热系数、密度和吸水率，以及管道防火性能、断面尺寸及厚度必须达到设计要求。

2. 风管与部件、风管与土建风道及风管间的连接应紧密贴合，严密、无空隙、牢固。绝热层纵、横的接缝，应错开。

3. 板材所采用的专用连接构件，连接后板面平面度的允许偏差为5mm。采用法兰连接时，其连接应牢固，法兰平面度的允许偏差为2mm。

4. 风管采用插连接的接口应匹配、无松动。采用法兰连接时，不得产生热桥。支吊架安装符合设计要求。

5. 风管两端面应平行，无明显扭曲。

6. 矩形风管两条对角线长度之差不应大于3mm；圆形法兰任意正交两直径之差不应大于2mm。

7. 因铝箔复合夹芯板制作的风管重量轻，安装时一般只需在4m左右布置一个支架，便有足够的支撑力。

酚醛泡沫通风管道严密性及风管系统的严密性检验和漏风量等，各项指标均应符合设计要求或现行国家标准《通风与空调工程施工质量验收规范》GB 50243和《高层民用建筑设计防火规范》GB 50045里有关规定。

第9章 工程项目管理

9.1 工程质量管理

9.1.1 工程材料检验项目

所有进入施工现场的施工材料,均应按国家现行有关标准检验合格,并出具有效证明文件、检测报告和抽样复试。材料进场时应做检查验收,并经监理工程师核查确认,不合格产品严禁使用。

外保温系统材料抽样复试项目,应按规定总量的比例进行抽样复试,外保温系统主要组成材料复检项目见表9-1。

外保温系统主要组成材料复检项目　　　　　表9-1

组成材料		复检项目
酚醛泡沫复合防火隔离带、酚醛泡沫		防火等级
锚栓		单个锚栓抗拉承载力标准值
镀锌钢丝网		热锌层面密度
面砖		厚度、单位面积质量、吸水率
面砖粘结砂浆		拉伸粘结强度、压折比、压剪粘结强度
复合用轻体无机保温浆料		湿密度、干密度、压缩性能
酚醛泡沫钢丝网架板		酚醛泡沫板密度、酚醛泡沫钢丝网架板外观质量
胶粘剂、抹面胶浆、抗裂聚合物砂浆（抗裂剂）、界面砂浆（剂）		干燥状态原拉伸粘结强度、耐水拉伸粘结强度
耐碱玻纤网格布		公称单位面积质量、耐碱拉伸断裂强度,耐碱拉伸断裂强力保留率、抗腐蚀性能
腹丝		镀锌层厚度
酚醛泡沫	干挂板	密度、导热系数、尺寸稳定性、断裂延伸率
	喷涂型	密度、压缩性能、尺寸稳定性
	浇注型	密度、压缩性能、尺寸稳定性
	酚醛泡沫板	密度、抗拉强度、压缩性能;用于无网现浇系统时,加验界面砂浆喷刷质量
	酚醛泡沫饰面复合板	密度、抗拉强度、尺寸稳定性;用于无网现浇系统时,加验界面砂浆喷刷质量

注：胶粘剂、抹面胶浆、抗裂聚合物砂浆、界面砂浆（剂）制样后养护7d进行拉伸粘结强度检验。发生争议时,以养护28d为准。

9.1.2 工程出现质量缺陷及防治

1. 喷涂和浇注酚醛泡沫质量缺陷的原因及防治

酚醛泡沫喷涂和浇注施工中所出现质量缺陷时,涉及原料质量、发泡配方设计和环境温度等几种因素,以及施工者的操作技术水平和选用设备参数等方面因素。喷涂、浇注酚醛泡沫的质量缺陷及防治参见表9-2。

喷涂酚醛泡沫的质量缺陷及防治措施 表9-2

缺 陷	可能原因	防治措施
组分混合后,不发泡	① 发泡混合料的料温过低; ② 组分料配比偏差太大; ③ 组分料中加或漏加硬化剂、发泡剂; ④ 基层或环境温度过低; ⑤ 原料过期、失效、质量低劣	① 保证合适料温; ② 检查计量泵流量; ③ 保证硬化剂、发泡剂用量; ④ 达到适合发泡温度; ⑤ 调换合格料
泡体收缩	① 喷头混合物料不均匀; ② 环境温度过低,气体热胀冷缩变形; ③ 发泡剂选择或加入量不当; ④ 匀泡剂失效或少加或漏加匀泡剂	① 增大喷枪压力,并检查喷枪、设备; ② 保证施工现场温度; ③ 调整发泡剂并控制加入量; ④ 调整匀泡剂
泡体下垂、脱落	① 物料温度低,发泡慢。基层潮湿、有霜、有油污,灰尘过多,底层泡沫酥、脆、粉末状; ② 被喷基层和环境温度低; ③ 硬化剂用量不够,喷出料与发泡速度不同步; ④ 喷涂压力过低; ⑤ 物料与环境温度低,散热快,不符施工条件; ⑥ 泡沫固化过慢	① 保证喷涂物料的温度。基层必须洁净、干燥、牢固; ② 设法提高基层和环境温度,达到施工条件; ③ 提高发泡硬化剂用量; ④ 调整压力; ⑤ 若必须施工时,料加温,设法提高环境温度; ⑥ 适量提高硬化剂加入量
泡沫酥脆、强度低	① 原料不合格、配方不合理; ② 发泡配方中个别填料用量过多; ③ 发泡树脂或发泡配方未改性,韧性差	① 酚醛树脂或发泡配方应改性处理; ② 控制填料用量; ③ 调配方,加韧性改性
泡体表面波纹太大	① 喷涂机压力大; ② 喷枪与基层距离过近; ③ 前后喷涂间隔时间短	① 调好最佳机械压力; ② 控制喷枪与被喷基面距离; ③ 待前遍泡体固化后再喷后遍
泡孔粗大	① 匀泡剂失效或漏加; ② 硬化剂用量小; ③ 初始发泡温度高 ④ 料混合不均匀、不充分,物料组分比例波动或变化大	① 补加质量合格匀泡剂的用量; ② 适当增加硬化剂用量; ③ 控制适当初始温度; ④ 增加搅拌时间,检查投料配方是否出现误差,检查计量器具是否准确,混合物中有无外来物的污染
泡沫开裂或中心发焦	① 物料温度过高,热量不能短时间释放; ② 硬化剂加量过大,发泡过快; ③ 硬化剂加量过大,一次出料量过大,泡体过厚,热量不能短时间释放	① 物料降温; ② 降低硬化剂用量; ③ 分层喷涂,排出大热量
泡沫密度大	① 组合物料中发泡剂量少; ② 现场温度低; ③ 树脂储存期长,活性降低;含水量多	① 适量增加发泡剂; ② 应在适宜温度内施工; ③ 控制时间;降低含水量

续表

缺 陷	可能原因	防治措施
泡沫显酸性泡沫有裂痕	硬化剂用量过大： ① 浇注物料重量不足，没能浇满空腔，模具失去作用； ② 泡沫发泡不足，发泡剂用量低； ③ 硬化剂加入量过高	选用复合硬化剂，控制最佳用量： ① 适当提高物料浇注量，注意在模内物料流动方式、注射点位置； ② 补充发泡剂，检查是否达到标准泡沫的高度/密度； ③ 减少硬化剂用量
泡沫与基层、复合板（饰面板）粘结性差	① 基层或板面温度过低； ② 充模不足，不能保持与复合板、基层表面良好的粘结； ③ 基层、复合板有油污、潮气； ④ 硬泡固化太快	① 在基层、模板温度适合下再浇注； ② 增加填充量或检查物料是否发泡剂漏加或不足； ③ 粘结面应干净、干燥； ④ 降低硬化剂用量
靠近边缘处密度小	① 物料分布差或流动指数低，没充满边缘，出现空隙； ② 浇注料中硬化剂量多固化过快	① 控制好往返浇料速度，增加发泡混合物在边缘处沉积，达到饱满； ② 降低硬化剂用量，调整配方提高物料流动指数
泡沫烧芯	① 物料中硬化剂加量过大或发泡剂太少，泡沫中热量没有及时散发； ② 一次浇注量太大，泡沫中热量不能及时散发	① 降低硬化剂用量或增加发泡剂量； ② 应分次浇注，一次浇注不宜过厚
泡沫容重偏高	物料中发泡剂加量不足，造成发泡倍数低	补加发泡剂
泡沫间分层	分次浇注时，间隔时间过长，期间落入过多灰尘、污物	在任何情况下，都应保持基层，干净、干燥，施工温度适宜

2. 外保温系统质量缺陷的原因及防治

在外墙外保温面砖和涂料饰面系统中，主要由保温层、抗裂砂浆保护层和饰面层（面砖饰面、涂料饰面）构成，该系统为湿作业过程，涉及材料质量、系统组合、环境气候、操作等因素，其中面砖饰面出现质量缺陷多于涂料饰面。

在酚醛泡沫外墙外保温系统粘贴面砖，首先考虑面砖自重，另外粘贴面砖应考虑保温层材料的粘结强度是否满足要求。

抗裂防护层是保护系统中非常重要部分，发挥着承上启下的功效，它将密度小、强度低的保温层与面砖装饰层结合起来。

酚醛泡沫外墙外保温系统粘贴面砖与重质墙体基层不同，外保温系统由于内置密度小、强度低的保温材料，其形成的复合墙体往往呈现软质基底的特性，这种柔性基底-刚性面层结构所造成的体系的变化更大，面砖与抗裂防护层、外饰面层之间产生更大的温湿剪切应力，影响面砖与抗裂防护层、外饰面层之间的附着安全性。

常见面砖掉落通常是成片发生，且多在墙边缘和顶层建筑女儿墙沿屋面板的底部，以及墙面中间大面积空鼓部位，主要受温度影响而发生胀缩时，产生累加变形应力将边缘面层的面砖挤掉或中间部分挤成空鼓，特别当面砖粘接砂浆为刚性不能有效释放温度应力时，发生更普遍。主要是因为高水蒸气阻力形成的瓷砖背面的冷凝水即冻融循环造成。

由于外保温系统置于主体结构的外层，温度应力、雨水或水蒸气、风压、地震等外界作用力直接作用于其表面。需采取相应安全加固措施，使建筑物和保温系统本身保持必要的安全性，要针对材料的物理性能以及如何消除温度应力和水蒸气冷凝造成的冻胀，以及从构造设置措施上，防止饰面出现开裂、起鼓、渗漏、脱落等质量事故。

1) 保护层缺陷可能原因及防治措施参见表 9-3。

保护层缺陷可能原因及防治措施 表 9-3

缺陷	可能原因	防治措施
保护层开裂、渗漏	① 温度、干缩及冻融破坏。温度变化时，材料和构件出现变形，如果变形受到约束，就会产生温度应力。当温度应力大于墙体的抗拉强度时，就会出现开裂。 ② 设计不合理，如外饰面涂料选用平涂方法，而不选用复层涂料；分格缝和变形缝的设置和结构设计不合理。 ③ 外力如地基沉降不均匀引起的墙体变形、错位，造成墙体开裂，地震力等引起的机械破坏。 ④ 构成保护层的各层材料自身的柔性不匹配、相容性差。 使用了不合格或非耐碱性的玻纤网格布，由于断裂强度低、耐碱强度保持率低，造成短期或长期起不到有效分散应力的作用。 使用质量不合格的抹面胶泥，面层系统虽无裂纹，但本身抗渗性能较差，在持续的雨水作用下发生渗透。 酚醛泡沫施工后暴露时间过长而表面出现粉化，且未得到及时的处理进行保护层作业施工，因此降低结合强度；当酚醛泡沫施工后未得到足够熟化时即刻进行抹面施工时，保温层会对面层施加很大的应力，从保温层的不稳定，从而导致在板缝处出现裂纹。 ⑤ 在保温体系与未做保温的建筑结构部位的交接处（如阳台、雨罩、女儿墙、屋顶装饰造型等），两种体系的材料性能相差较大，温度变化使它们在界面之间产生缝隙。 ⑥ 使用质次价低不耐碱的玻纤网格布，在水泥的碱性作用下没有抗裂能力或铺设位置不适当等出现开裂	① 采用"逐层渐变、柔性抗裂、以抗为辅、以放为主"的技术路线，防止外墙外保温体系的开裂。外墙外保温体系的各构造层外层的柔性应高于内层，逐层渐变。如各构造层变形量设计可采用：基层混凝±0.02%（温差 20℃），保温隔热层 0.1%～0.3%，抗裂保护层 5%～7%，柔性腻子 10%～15%。 ② 饰面选用复层柔性涂料。抹面层使用的聚合物砂浆应具有抗裂防渗功能。合理设计分格缝和变形缝。 ③ 地基必须按相关规定经验收合格。 酚醛泡沫板、块状材料，板缝必须嵌填、密封饱满。 在保温板的适当间距宜设有排水潮气、水分构造。 尽量减少流向外墙上的雨。如可以通过各层设置屋檐、阳台等方式，减少流向墙上的降雨负荷。在高层住宅的最上层最好设置挑檐，挑檐下面设置滴水线或鹰嘴。 ④ 保护层的各层材料合格。 ⑤ 重视节点细部的防水处理。节点防水处理的基本原则是：酚醛泡沫板端头要粘贴翻包网格布；接缝采用适当的密封形式和密封膏。 ⑥ 必须使用质量合格的耐碱玻纤网格布

2) 酚醛泡沫施工缺陷可能原因及防治措施参见表 9-4。

酚醛泡沫施工缺陷可能原因及防治措施 表 9-4

缺陷	可能原因	防治措施
喷涂、浇注、酚醛泡沫板开裂、脱落	① 酚醛泡沫板未加锚栓锚固而沉降。 ② 酚醛泡沫作业在冰冻、过低温度或在湿度过大未涂刷防潮剂的基层上，因冰冻面或低温春暖化水成为隔离层或气体膨胀。 ③ 胶粘剂配次（如聚合物添加量太少）价低、粘结面积小、锚固质量差或配套使用界面剂的材料相容性不好，不能抵抗正负风压影响。 ④ 基层湿度大，酚醛泡沫板表面未喷界面剂或采用点框粘方式时，板框上胶粘剂未留设排气通道或基层未涂刷防潮底漆，受湿度影响。 ⑤ 基层强度太低或太脏，导致系统的粘结薄弱点在粘结砂浆层与基层的界面处。 ⑥ 粘贴板材使用久存的胶粘剂，导致与墙体基层的粘结强度过低	① 按设计要求锚栓规格、数量安装锚栓。 ② 基层湿度大应涂刷防湿底漆，保证基层干燥、环境温度符合施工条件。 ③ 必须保证配套使用材料质量，粘结面积、锚固质量符合施工规定。 ④ 粘酚醛泡沫板或喷涂施工时，基层湿度大应涂刷基层处理剂，或在板材四边框的胶粘剂留出一定宽度排气通道。酚醛泡沫板宜采用满粘法施工。 酚醛泡沫表面涂刷专用界面剂（砂浆）以保证有足够粘结强度。 ⑤ 粘贴板材的基层应牢固、平整、干燥和干净。 ⑥ 粘粘板材必须使用有效时间内的胶粘剂，超时、过期的严禁使用

3) 面砖饰面缺陷可能原因及防治措施参见表 9-5。

面砖饰面缺陷可能原因及防治措施　　　　表 9-5

缺　陷	可能原因	防治措施
面砖开裂、鼓起、脱落	① 材料的物理力学性能的差异，而复合夹芯墙体是温度变形应力。 ② 严寒和寒冷地区复合夹芯保温墙体面层开裂、脱落除受温度应力影响外，墙体内部冷凝水冻胀也会引起面层裂纹、脱落。 ③ 采用透气性不好的釉面砖；使用了不带槽的平板面砖不易粘贴牢固而脱落；使用了吸水率大的面砖，吸水后易遭受冻融破坏引起开裂、空鼓、脱落。 ④ 在玻纤网为增强材料的抗裂防护层上粘贴面砖，由于玻纤网孔小，与砂浆握裹不好，玻纤网会形成隔离层，引起面砖饰面层开裂、脱落。 ⑤ 使用了水泥砂浆或聚灰比达不到要求的聚合物砂浆粘贴面砖，砂浆柔韧性小满足不了柔性渐变释放应力的原则，面砖饰面层则易开裂、空鼓、脱落；使用了水泥砂浆或聚灰比达不到要求的聚合物砂浆进行面砖勾缝，砂浆柔韧性小无法释放面砖及砂浆本身由于温湿变化产生的变形应力，勾缝砂浆处也可能开裂，从而造成环境水或雨雪水渗漏，使面砖饰面层开裂、脱落；面砖勾缝与粘贴面砖所用的聚合物砂浆柔性不匹配，面砖粘结砂浆质量低劣；面砖的勾缝处出现开裂，雨水通过该处渗入保温系统。 ⑥ 冬天室内水分、水汽随同热一起从外墙的内表面通过墙体向室外迁移，由于粘贴饰面砖的砂浆和饰面砖的蒸汽渗透阻很大，湿迁移至饰面砖附近受阻，水、汽在负温区冻结、体积膨胀。并经数次冻融循环作用，造成饰面砖、保护层脱落。外墙外保温围护墙体内部冷凝冻胀致使面砖脱落。 ⑦ 设计施工未设面层抗裂变形缝，当面砖与酚醛泡沫保温层受温度影响时，在同样温度环境条件下，其变形及温度应力相差较大而造成面砖脱落	① 基层胶粘剂应用 42.5 级强度的普通硅酸盐水泥，严禁用矿渣硅酸盐水泥。酚醛泡沫板与基层采用点条（框）粘结，有效粘贴面积不得小于 40%；酚醛泡沫使用必须达到规定密度和足够的陈化时间；面砖宜用点粘，以提高面层的透气性能和分散面砖面层的温度应力，提高面层抗裂性能；瓷砖面层应设抗裂温度伸缩变形缝即分格缝，且间距不宜大于 7m；面砖面层的勾缝胶粘剂应具有柔韧性、透气性、且必须设温度变形缝和蒸汽渗透转移扩散的构造；面砖面层的勾缝胶浆应具有柔韧、透气性能，并应设置抗裂温度伸缩变形缝和留有部分面砖缝隙（不勾缝），使冷凝水蒸气能从不勾缝的"通道"有效转移出去。 ② 复合墙体必须进行内部的冷凝验算，如内部出现冷凝现象应做隔汽处理。 ③ 按设计要求选用面砖。 ④ 应在热镀锌钢丝为增强材料的抗裂防护层上粘贴面砖。 ⑤ 粘贴面砖、勾缝聚合物砂浆柔性砂浆性能必须按设计要求选用。 ⑥ 在保温构造设计中不应忽视墙体内部冷凝。严寒地区节能建筑外墙外保温饰面不宜粘贴面砖，多层、高层建筑不应粘贴面砖。 ⑦ 面层应设计抗裂变形缝，且面砖间勾缝宽度不应小于规定值；面砖饰面抹面层中的热镀锌钢丝网按规范施工外，面砖缝及面砖饰面与涂料饰面的交接处，必须达到有效合格密封
面（瓷）砖泛碱	使用不合格胶粘剂，或施工基层、环境湿度过大。水泥的水化产物氢氧化钙（$Ca(OH)_2$）溶解在沿孔壁的水膜中形成钙离子和氢氧离子。空气中的二氧化碳（CO_2）气体弥散在孔隙内并溶解在相同的水膜中，部分形成碳酸（H_2CO_3）。所有溶解在水中的氢氧化钙与碳酸发生中和反应，形成几乎不溶于水的碳酸钙（$CaCO_3$）沉淀	基层湿度不得过大，避开雨天和雨天后即刻施工。或必要时，宜在材料中加入抗泛碱剂

4) 涂料饰面缺陷可能原因及防治措施参见表 9-6。

3. 外墙渗漏可能原因及防治措施

参见表 9-7。

4. 屋面渗漏可能原因及防治措施

参见表 9-8。

涂料饰面缺陷可能原因及防治措施　　　　　　　　表 9-6

缺　陷	可能原因	防治措施
涂料饰面开裂、渗漏、脱落	① 采用了刚性腻子而造成腻子柔韧性不够，因而无法满足抗裂防护层的变形和开裂，导致出现饰面层开裂。 ② 雨水通过面层裂缝渗入后，削弱了腻子和基层的粘结强度，最终表现为饰面层开裂和脱层； 　采用了不耐水的腻子：由于腻子不耐水，当受到水经常浸渍后起泡而开裂； 　采用了不耐老化的涂料：由于该类涂料不耐老化，经过短时间则会开裂、起皮； 　采用了与腻子不匹配的涂料：在聚合物改性腻子上面使用了溶剂涂料，致使溶剂对腻子中的聚合物产生溶解作用而引起开裂、起皮； 　聚合物干混砂浆中的可再分散乳胶粉加量不足，砂浆韧性差，甚至直接用水泥砂浆，导致外保护层易开裂； 　外饰面层所用的涂料质量不合格，适应基层变形能力差，年久脱落，失去保护和装饰作用。饰面涂料透气性差，造成内部水蒸气扩散受阻，涂料饰面起泡。 ③ 酚醛硬泡板陈化时间短，用在墙体产生胀缩、翘曲变形，内应力集中拉裂抹面层； ④ 耐碱玻纤网格布长期外于潮湿高碱度环境中，其断裂强力明显降低。或选用抗拉强度低的玻纤网格布，导致大面积出现水平和垂直方向微细裂纹。 ⑤ 薄抹面层聚合物砂浆厚度过厚，因其横向拉应力超过玻纤网格布抗拉强度而导致抹面层开裂	① 涂料饰面应在有界面剂的酚醛泡沫板上抹抗裂砂浆，压贴耐碱玻纤网格布（耐碱强度保持率不小于90%），然后用聚合物水泥砂浆找平，必要时使用柔性腻子，涂料最好选用复层涂料或真石漆。 　抹面胶浆应具有柔韧、透气、防水和耐冻融性能。 ② 喷涂、模浇或粘贴酚醛泡沫板后，必须达到足够陈化时间后，再进行下步工序。 　设置保温层的湿转移"通道"将保温层的重量含湿量控制在规定的允许增量内，否则应设隔汽层。 ③ 应用泡沫板必须达到规定陈化（固化）时间后，方可进行后序施工。 ④ 必须使用质量合格的耐碱玻纤网格布以保持面层的抗裂性能。 ⑤ 严格控制抹面层聚合物砂浆规定厚度范围

外墙渗漏可能原因及防治措施　　　　　　　　表 9-7

缺陷	可能原因	防治措施
外墙渗漏	① 混凝土墙或填充墙存在微小裂缝，外墙承受较大风压，雨水在墙面流动缓慢，在风力作用下对墙面产生一定的渗透压力，遇到防水薄弱部位，雨水由外墙渗入室内。 ② 设计原因： 　高层住宅多采用框剪结构，外墙设计多为水泥空心砖结构，空心砖的构造使得灰缝难以饱满；外墙装饰采用陶瓷面砖时，面砖背面无法填实，防水效果较差；设计时采用铝合金推拉窗，高层建筑承受风压大，雨水会从推拉窗缝隙吹入室内；设计时未统一设置空调支架预埋件和排水孔。 ③ 施工原因： 　混凝土剪力墙养护难度较大，容易出现裂缝；混凝土施工时振捣不好，为渗漏造成隐患；砌筑填充墙时一次砌筑高度过高，砂浆硬化沉实时将灰缝拉裂，斜顶砖挤顶不紧；高层建筑结构施工误差使得外墙抹灰层厚薄不均，薄处覆盖效果差，厚处抹灰层易开裂，亦影响防水效果；门窗周围封堵不好；安装外墙固定管线时，破坏防水层；穿墙管道周边密封不严	① 外墙防水应有达到一定深度的专项设计，具体到填充墙砌法、抹灰具体要求、防水剂类型、用法、用量等。 ② 填充外墙砌筑时要严格监控，一次砌筑高度不得超过1.5m，以防砌筑砂浆硬化沉实拉裂灰缝，墙顶梁底必须用砖斜向砌，预留高度要调整好，确保斜顶砖挤紧砌实。 ③ 外墙抹灰前要认真检查墙面，填充墙与梁、柱交接处要钉钢丝网；抹灰必须分层进行，一次抹灰不得过厚。抹灰层断口要切齐，各层断口要错开，最外层抹灰层要加防水剂。 ④ 门、窗周围是外墙防水的薄弱环节，洞口预留不可过大或过小；如洞口预留位置有偏差应先调整洞口位置大小；门、窗周围要加掺膨胀剂和防水剂的水泥砂浆塞堵密实；门、窗洞口上檐要做好滴水线，下檐要做好排水坡度。 ⑤ 墙体施工留有很多小孔，如混凝土墙的穿墙螺栓孔、砖墙的脚手孔、套管的预留孔等。在外墙抹灰开始前，应专人负责、专门班组封堵孔洞。 　除尽渣后润湿，再用与原砌体相同的砖或砌块，用1:2水泥砂浆从里侧进行修补到墙厚的2/3，余下用细石混凝土在外墙面嵌填密实，与墙面齐平。脚手眼及其周边30mm范围抹聚合物水泥浆5mm厚，最后做外侧墙面的装饰层（防水层）。 ⑥ 腰线上部应做成不小于 5% 的向外排水坡，下部应做滴水，与墙面交角处应做成 $\phi 100mm$ 的圆角。凸线槽的线条上沿用聚合物水泥砂浆抹出向外的坡度，墙面的凹线槽可涂防水涂料，将凹槽中的缝隙封严

屋面渗漏可能原因及防治措施　　　　　　　　表 9-8

	可能原因	防治措施
屋面渗漏	① 固定收头的凹槽留设深度不符合要求，槽内没有向外留设坡度，在凹槽内固定收头时留设长度不够，胶粘不密实。 ② 女儿墙内没有留设木砖，用钉子固定防水卷材收头时，墙内的墙面产生裂缝。 ③ 凹槽封堵不密实，引起渗漏。 ④ 粘贴防水卷材时，女儿墙与屋面阴角处粘贴不实，处于空鼓状态，经过长时间天气的变化出现下坠现象，把女儿墙槽内的收头拉裂而出现渗漏。 ⑤ 设计原因： 　采用防水方案不合理； 　屋面坡度过小，排水不畅； 　排水孔过小，导致屋面积水不能尽快排出。 ⑥ 施工原因： 　屋面结构的支撑和模板拆除过早，以至结构产生裂缝； 　防水材料质量不合格； 　防水卷材层压边处理不好； 　涂刷防水层配料搅拌不匀，或涂刷不匀； 　泛水、落水口处理不好。 ⑦ 在喷涂 PF 时没有进行正确找坡，导致做保护层（或找平层、防水层、防护层）难以挽救所造成排水不畅或细部节点构造部位施工不规范造成。 ⑧ PF 上水泥砂浆未加增强纤维进行找平而开裂，或在找平层上未设分格缝。 ⑨ 非上人 PF 屋面防水层涂刷厚度不够过早失掉防水功能	① 女儿墙上要设计压顶滴水线，避免雨水顺墙面流渗到墙缝。 ② 在女儿墙上留时时，其深度和宽度应符合要求，凹槽向外应留有一定的坡度。 ③ 槽内要留设木砖，防止收头防水卷材直接钉在墙上产生裂缝而造成渗漏。 ④ 留设防水卷材收头要留有足够的长度。 ⑤ 粘贴防水卷材收头要密实。 ⑥ 没有埋设木砖时，可按照留设凹槽的尺寸加工一些经防腐处理的大头木塞固定防水卷材收头，大头木塞的间距为 200～300mm，既方便施工、节约材料，又防止墙体裂缝。 ⑦ 凹槽的封堵要用聚氨酯嵌缝膏或其他防水密封材料封闭，并用砂浆或砌块对防水卷材凹槽进行保护。 ⑧ 屋面结构施工尽量一次浇筑完成，防止产生裂缝。屋面结构的支撑和模板不可过早拆除，防止产生裂缝。 ⑨ 做好屋面结构养护。 ⑩ 在喷涂 PF 工序必须进行逐步找坡，最终达到设计要求的排水坡度。平屋面排水坡度不应小于 2%，天沟、檐沟的纵向坡度不应小于 1%；水泥砂浆找平料中加增强纤维，并在找平层设分隔缝，纵横缝的间距不宜大于 6m，缝内嵌填密封；非上人 PF 屋面防水屋面防护涂料必须选用耐紫外线的防护涂料
轻钢结构金属板屋面漏水	① 材料固有特性引发漏水： 　屋面金属板自身导热系数大，当环境温度发生较大变化时，造成彩钢板收缩变形产生较大位移，在接口部位极易产生渗漏隐患；钢结构体系中，结构自身在温度变化、受风载、雪载等外力的作用，易发生弹性变形，在彩钢板连接部位产生位移而造成漏水隐患；特殊部位所使用材料不同，热膨胀系数有极大差异，导致应力变化不同步，比如屋面采光带等部位，极其容易产生漏水；水分毛细渗透现象造成渗水。 ② 密封（防水）材料选用不当引发漏水： 　在连接部位密封施工质量欠缺，也可是所用密封胶选用不当或质量不合格，使用寿命短，粘结力差，在胶凝固后粘接强度低，追随性差、易老化，在结构发生变形时极易撕裂，造成漏水。 ③ 金属屋面的防水主要是金属和搭接板缝密封胶密封，在搭接缝处、伸出屋面的管道根部（或风机口、空调系统进出口）、天沟处、金属板与混凝土连接处、屋面采光带等，该类金属屋面不同于有柔性防水层的屋面，因结构或安装不当，往往经常出现渗水。 ④ 屋面使用单层彩色钢板、外墙钢板之间没有扣接，只有碰接或搭接，又未用密封膏密封防水。 ⑤ 有些窗口金属盖板的设置没有找坡，甚至倒泛水，金属盖板下方没有处理。 ⑥ 在外墙顶部，屋面没有形成挑檐，屋顶彩色钢板虽然沿墙面下伸 20～30cm，但彩色钢板和外墙涂料之间没有柔性密封，在负风压的作用下，水会进入保温层	① 合理进行结构设计，充分考虑建筑物所在区域气候特征，采用适合的屋面坡度、房屋结构。 ② 选用适合金属板屋面的防水材料，防水材料应具有较高的粘结强度、好的追随性、耐高温、能长年抵抗强烈紫外线及酸碱腐蚀，对板材无腐蚀。 ③ 采用优质粘结强高的自粘型密封粘结胶带（如以丁基橡胶和聚异丁烯为主要原料共混而成的无溶剂的自粘胶带）进行处理。 　在使用前，应将被粘物上的油、灰尘等污垢清除干净，控制基层含水率在≤10%。粘贴时对准应用部位且一次粘贴到位。单面防水胶带，应用于钢结构屋面防水修复工程

5. 阳台、窗户和雨篷漏水可能原因及防治措施（表9-9）

屋面渗漏可能原因及防治措施　　　　　　　　　　表9-9

	可能原因	防治措施
阳台和雨篷漏水	① 设计原因： 阳台的地面标高高于室内地面标高； 阳台地面排水坡度小于3%，阳台和雨篷倒坡。 ② 阳台、露台等排水坡度小于3%，并设有1%~2%的坡度坡向排水口。 ③ 阳台地面应做防水层，且在与楼层地面、外墙之间用密封材料封闭严密，阳台下表面边缘设置滴水线或滴水槽。 ④ 阳台栏杆、栏板与外墙交接处，应采用聚合物水泥砂浆和密封材料做好嵌填处理。 雨水管或排水管安装应牢固，封闭应严密。 ⑤ 阳台地面抹灰层应抹压密实，与墙面交接处的抹灰层应与基层牢固粘结，不得有空鼓、裂缝等缺陷	① 阳台、露台等排水坡度小于3%，并设有1%~2%的坡度坡向排水口。 ② 阳台地面应做防水层，且在与楼层地面、外墙之间用密封材料封闭严密，阳台下表面边缘设置滴水线或滴水槽。 ③ 阳台栏杆、栏板与外墙交接处，应采用聚合物水泥砂浆和密封材料做好嵌填处理。 雨水管或排水管安装应牢固，封闭应严密。 ④ 阳台地面抹灰层应抹压密实，与墙面交接处的抹灰层应与基层牢固粘结，不得有空鼓、裂缝等缺陷
窗户引起渗漏、裂缝	① 窗户制作加工时，尺寸不准和螺丝钉口拼缝不严，泄水孔堵塞而不能正常排水；接头未填密封膏封闭，引起窗体自身结构渗漏，凸窗尤其严重。 ② 外墙窗户周边窗框选用非耐候弹性密封膏，因温差变形或材料质量在窗框周边交接部位产生裂缝	① 窗户制作加工时拼缝严；接头填密封膏封闭。 ② 外墙窗户周边窗框选用耐候弹性密封膏

6. 其他原因引起缺陷可能原因及防治措施（表9-10）

其他原因引起缺陷可能原因及防治措施　　　　　　表9-10

缺陷	可能原因	防治措施
细部构造引起渗漏	① 建筑物的背风面能形成很强的负风压和气流旋涡，因此雨水可以在风力的作用下，沿墙向上爬升，而外墙外保温体系与基层墙体交接处没有任何柔性密封处理。 ② 窗户周边和墙体转折处没有铺设增强网格布以分散应力，由于应力集中而导致开裂渗漏。 ③ 外墙上有许多凸出外保护层的构件和设备如挑檐、雨棚、阳台、花槽、窗套等，这些构件没有设计滴水线或鹰嘴；门窗下口的保温层高于门窗泄水孔的高度，泄水孔内水直接进入保温层内。 ④ 外墙各种穿墙管道（如水电管、风管、空调管、排水管道等）与墙体交接部位未进行柔性密封，在管道周边产生渗漏；外表面有未密封的缝隙或排水管道的固定点处、表面有裂缝，雨水会渗入。 ⑤ 留设伸缩缝时，缝的宽度超过30mm、小于10mm，缝内未放置聚乙烯棒材等隔离材料、未填嵌密封膏，仅用金属压型板进行简单封闭，失去防水密封功能	① 外保温体系与基层墙体交接处用柔性密封处理。 ② 窗户周边和墙体转折处铺设增强网格布以分散应力防止开裂而出现渗漏。 ③ 在相关细部构造部位应设计滴水线、鹰嘴或泄水孔以便排出雨水。 ④ 在墙体交接部位和管道周边进行柔性密封。 ⑤ 伸缩缝放置聚乙烯棒材等隔离材料、填嵌密封膏密封
使用或维护不当引起渗漏	① 住户在外墙上开洞进行装修，开洞后绝大多数都不做密封处理，不仅会使开孔处漏水，而且影响孔洞以下的房屋漏水（因为外墙外保温体系互相连通，导致窜水）；住户对外部结构进行改造，严重损害了外墙外保温体系。 ② 有的落水口堵塞，未及时清除，造成排水不畅、积水，导致外保护层渗漏。 ③ 建筑物底层的外墙外保温体系，经常会受到一些外力（如汽车、搬运大型物件、铁器等）的非正常撞击而造成孔洞，这些孔洞不能得到及时修补	① 不宜开洞装修，不应损坏原保温体系。 ② 使用前按相关规定，应先进行排水系统验收。 ③ 在现场施工中应设有警示牌，发现有意外撞损部位应及时修补

续表

缺　陷	可能原因	防治措施
施工不当引起渗漏、开裂	① 在施工现场就地搅拌双组分聚合物砂浆，人工配料，配料不准；饰面砂浆抹面后，养护不好。 ② 网格布拼接处没搭接、干搭接或搭接宽度不够（该处防护层出现开裂）；网格布铺设位置有误，使网格布紧粘PF保温层上然后抗裂砂浆（或胶浆），造成网格布没有被完全包裹，或网格布外面有超过3mm厚的水泥砂浆；PF板粘贴不平整（在板缝处出现开裂）。 ③ 保护层施工时，太阳暴晒或高温天气未及时喷水养护，导致保护层失水过快。 ④ 窗框上的保护包装膜没有撕下，与水泥砂浆抹面层起隔离作用，即使用合适的密封膏塞缝处仍然漏水。塑钢窗框和墙体之间的空隙没有用聚氨酯发泡胶和弹性密封膏共同将其填实。窗台之间有空穴，由于涂胶不严或打胶处开裂，雨水直接进入这些空穴、渗入室内。窗框周围的缝隙，由于封堵不严、所用的密封材料不配套或已老化而导致渗漏。 ⑤ 施工工序组织不合理，交接责任不明确，后续的工序对前面的工序造成破坏，或工作上有遗漏。 ⑥ 装饰缝不平直，砂浆等残渣在缝内未清除，使雨水积聚在装饰缝内；饰面砖粘贴施工不严谨，为求快捷，常常在饰面砖周边抹灰后便进行粘贴，造成饰面砖空鼓不饱满，下雨时形成蓄水空腔。 ⑦ 面砖缝宽度过小、缝隙密封胶质量或密封质量不合格，雨水渗入发生冻胀而造成面砖脱落；使用高度或地区超出限用范围	① 专人负责计量配料，使用机械搅拌均匀、认真涂抹、养护。 ② 严格执行网格布搭接宽度、搭接位置及抹面层厚度；对需加强的部位有规范操作，如门窗洞口的四角处沿45°加铺玻纤网格布。 ③ 太阳暴晒或高温天气保护层施工时，及时喷水养护。 ④ 塑钢窗框和墙体之间的空隙用聚氨酯发泡胶和弹性密封膏共同将其填实。窗框上的保护膜撕下后再抹面层。对外露的金属件采取切实可行的除锈、密封措施，防止日后生锈破坏外保温层。 ⑤ 施工交接时，后续的工序不得对前面的工序造成破坏。 ⑥ 装饰缝施工必须先清除砂浆等残渣。 ⑦ 面砖缝必须达到规定宽度且密封严实；使用面砖高度或地区应在规定范围
外墙内表面在冬季结露（尤其内保温更易形成），大大降低了外墙的保温性能	在外围护墙体结构混凝土构造柱、圈梁、门窗洞口、阳台、空调机混凝土悬挑板和屋面女儿墙根部等部位产生的结构性热桥。 在新建墙体干燥过程中，或在冬季条件下，室内温度较高的水蒸气向室外迁移时经常出现结露、长霉变黑等现象。 外墙上的热桥处理不当：其内表面在冬季会结露、室内过于潮湿容易结露、室内温度过低会结露。 热桥结露使墙体受潮，PF保温层的保护层裂纹渗水浸湿保温层，且会不断扩大结露面积。 进入保温层的雨水进入粘结层的空腔中，没有排出的通道只能向墙内渗透。 PF保温装饰复合板采用粘贴（锚粘）法施工时未采用排气构造，使湿气向墙体渗透造成	在室内湿度较低，以及室内墙面隔湿状况良好时，可以避免由于墙内水蒸气湿迁移所产生的结露。 通过结露计算，可以得出在一定气候条件下（室内外空气温度及湿度）某种构造的墙体在不同层处的水蒸气渗透状况。当外保温系统长期保持高湿度房间的外墙时，特别要做好墙体的构造设计，避免墙内形成结露。当在外墙面已很难处理时，只好在外墙内侧出现热桥（结露）处涂抹无机膏浆类保温材料补救。在湿度大的地区或墙体，在PF保温装饰复合板中按适当间距安装排气孔，以便使墙内湿气自然排出

9.2　施　工　管　理

9.2.1　施工技术管理

1. 节能工程项目，施工前应认真编制施工组织设计或施工方案，且经批准后方可实施。

2. 施工组织设计包括内容如下：

(1) 工程概况；

(2) 工程项目综合进度计划;
(3) 重要实物量、劳动力计划;
(4) 主要施工方法和技术措施;成品保护措施;
(5) 安全消防技术措施;
(6) 计划各项经济技术指标;
(7) 明确建设、设计、施工三方面的协作配合关系;
(8) 总分包的工作范围。

3. 技术管理是企业管理的重要组成部分,技术管理水平的高低影响到企业综合管理水平,也是确保节能工程项目质量、进度和安全的必要途径。其内容包括:

(1) 图纸审核

在开工之前,审核图纸、熟悉图纸其目的是弄清楚设计意图、工程特点、材料要求等,以便从图中发现问题或疑问。

(2) 图纸会审

在技术人员自审的基础上,由技术部门(包括技术领导、施工工长、预算员、检查员)将在施工中可能出现和遇见的问题、施工矛盾或图纸中设计的内容不齐全、不符合国家现行相关标准和规范要求等进行汇总,并组织有关人员讨论提出的问题,对能实施的项目提出意见或建议交领导进行综合性考虑。

在会审图纸的基础上,将会审的建议和设计需要解决的问题,由设计、建设(或监理)、施工单位的有关人员参加,确定修改的方案,由三方办理一次性洽商。对问题较复杂、改动较大的问题应请设计人员另行出图并按规定程序审批后方可使用。对影响施工造价的应纳入施工预算。

参加会审的设计、建设、监理、施工单位负责人必须在图纸会审记录上签字并盖公章。

(3) 设计交底

在设计交底内容中,包括施工要点、节点构造等特殊部位的施工要求,以及使用新工艺、施工特点等内容,在施工前做详细掌握。接受交底各方代表签字。

(4) 施工交底

分项施工前应由施工工长组织并向参与施工的班组交底。这是企业基层实施技术质量指标的一项重要措施,也是施工工长一项十分重要的任务。

交底的方法步骤是:根据工程进度,按单位工程、分部工程、分项工程,细致交底。每次交底既要交技术、质量,又要交安全注意事项。

(5) 设计变更通知单

在工程中因某种特殊情况而发生变更设计时,为了保证设计变更的完整性,又便于查找,在工程交工时应详细填写设计变更通知单汇总目录和设计变更通知单。

设计变更通知单是经过设计、监理、建设单位审查同意后,发给施工和有关单位的重要文件,是竣工图编制的依据之一,是建设、施工双方结算的依据,其文字记录应清楚,时间应准确,责任人签署意见应简单明确。

(6) 洽商管理

建设单位、监理单位、施工单位在工程施工过程中,提出合理化建议,或由于条件、材料等诸多因素仍有可能再次变化。需对施工图进行修改时，由于专业的特殊性，一般专业洽商可由施工工长与设计、建设单位办理，应填写工程洽商记录，通知设计单位对施工图按程序进行修改。

涉及施工技术、工程造价、施工进度等方面问题时，提出方和设计单位应与其他相关各方协商取得一致意见后，可用工程洽商记录（技术核定联系单）的形式经各方签字后存档。但要注意洽商的严肃性。坚持做到：有变必洽，随变随洽。并应将洽商结果及时反映到竣工图上，洽商记录应编订成册，做好编号以备存档。

(7) 施工现场质量管理检查记录

施工现场质量管理检查记录应由施工单位填写，总监理工程师（建设单位项目负责人）进行检查，并做出结论。

检查内容包括：

① 现场质量管理制度：自检、交接检、专检制度，月底评比制度，质量与经济挂钩制度。
② 质量责任制：岗位责任制、施工技术质量安全交底制、挂牌制度。
③ 主要专业工程操作上岗证书核查制度。
④ 分包方资质与分包单位管理制度：审查分包资质及相应管理制度。
⑤ 施工图审查情况：施工图审查批次号、图纸会审记录及设计交底记录。
⑥ 施工组织设计、施工方案及审批：编制与审批程序和内容是否与施工相符。
⑦ 施工技术标准：施工图所包含各专业施工技术标准。
⑧ 工程质量检查检验制度：原材料检验制度、施工各阶段检验制度、工程抽检项目检验计划等。

施工现场质量管理检查记录应由施工单位填写，总监理工程师（建设单位项目负责人）进行检查，并做出结论。

(8) 施工日志

工长在施工中记录日志是对工作不足的分析和成功经验的总结，也是处理事务的备忘录和存档资料，施工日志应包括如下内容：

① 日期、气候温度；
② 当日、本人、班组的工作内容；
③ 各班组操作人员的变动情况；
④ 停工、待料或材料代用技术核定情况；
⑤ 施工质量发现的问题，实际处理的情况；
⑥ 检查技术、安全存在的问题与改正措施；
⑦ 施工会议的重要记事，技术交底、安全交底的情况；
⑧ 质量返工事故；
⑨ 安全事故等。

9.2.2 工程质量验收管理

工程质量反映节能工程施工的全过程，它包括隐蔽工程验收和最终整体工程验收。整体工程的施工和验收必须在隐蔽工程验收合格的基础上才可进行。

1. 工程质量验收应对合格过程和不合格处理过程做详细记录，是工程项目验收的重要依据,必须认真填写,以便在施工过程中和施工完后,对出现的施工质量问题作出准确的判断和处理。

2. 现场质量记录由施工单位按表内内容,由总监理工程师(建设单位项目负责人)进行检查,并作出检查结论。

3. 检验批质量验收记录由施工项目专业质量负责人填写,由监理工程师(建设单位项目专业技术负责人)组织专业质量检查员等进行验收。

4. 分部(子分部)工程质量验收记录,由总监理工程师(建设单位项目专业负责人)组织施工项目经理和有关勘察、设计单位项目负责人进行验收。

5. 工程验收

(1) 民用和公共节能建筑外围护墙体(屋面)采用酚醛泡沫外保温(防水)的工程,分项各检验批的质量检验应全部合格。

(2) 采用酚醛泡沫外保温和屋面防水工程,在工程验收时,应检查下列文件和记录,按表9-11要求进行。

工程验收文件和记录　　　　　　　　表9-11

序号	项目	文件和记录
1	设计图纸和变更文件	设计与施工执行标准、文件;设计图纸及会审记录、设计变更通知单和洽商记录
2	施工方案	施工方法、技术措施、质量保证措施记录
3	技术交底记录	施工操作要求及注意事项
4	材料质量证明文件	材料、部品及配件出厂合格证、产品质量检验(抽检复验)报告、进入施工现场的验收记录
5	中间检查记录	分项工程质量验收记录、各检验批隐蔽工程验收记录、施工检验记录、淋水和蓄水检验记录
6	施工日志	逐日施工情况
7	工程检验记录	抽样质量检验及观察检查
8	其他技术资料	事故处理报告、技术总结

9.3 安全技术管理

建筑工程性质相对复杂,它涉及多个工种技术作业,甚至有时是交叉作业,作为工程管理者、施工者必须严格执行有关建筑工程的安全制度。

9.3.1 施工安全管理

9.3.1.1 安全责任

1. 施工单位的安全责任

1) 施工单位负责依法对本单位的安全生产工作全面负责。施工单位应当建立健全安全生产责任制度和安全生产教育培训制度,对所承担的建筑工程进行定期和专项安全检查,并做好安全检查记录。

2）施工单位应设安全生产管理机构，配备专职安全生产管理人员。

3）施工单位应在施工现场出入口通道处、临时用电设施、脚手架、孔洞口等易出现安全事故的部位，设置明显的安全警示标志。

4）施工单位应当根据建设工程的特点、范围，对施工现场易发生事故的部位、环节进行监控，制定施工现场安全事故应急救援预案。

5）施工单位发生事故，应按国家有关伤亡事故报告和调查处理的决定，及时、如实地向负责安全生产监督管理的部门、建设行政主管部门或者其他有关部门报告。

6）发生安全事故后，施工单位应当采取措施防止事故扩大，保护事故现场。

2. 总承包单位的责任

1）实行施工总承包的建设工程，由总承包单位对施工现场的安全生产负总责。

2）总承包单位依法将建设工程分包给其他单位的，分包合同中应当明确各自的安全生产方的权力、义务。总承包单位和分包单位对分包工程的安全生产承担连带责任。

3）建设工程实行总承包的，如发生事故，由总承包单位负责上报事故。

4）分包单位应当服从总承包单位的安全生产管理，分包单位不服从管理导致生产安全事故的，由分包单位承担主要责任。

9.3.1.2 项目经理部人员安全职责

1. 项目经理安全职责

项目经理应当由取得相应执业资格的人员担任，对建设工程项目的安全施工负责，包括：

1）认真贯彻安全生产方针、政策、法规和各项规章制度，制定和执行安全生产管理办法，严格执行安全考核指标和安全生产奖惩办法，确保安全生产措施费用的有效使用，严格执行安全技术措施审批和施工安全技术措施交底制度；

2）建设工程施工前，施工单位负责项目管理的技术人员，应当对有关安全施工的技术要求向施工作业班组、作业人员做出详细说明，并由双方签字确认。施工中定期组织安全生产检查和分析，针对可能产生的安全隐患制定相应的预防措施；

3）当施工过程中发生安全事故时，项目经理必须及时、如实按安全事故处理的有关规定和程序及时上报和处理，并制定防止同类事故再次发生的措施。

2. 安全员的安全职责

1）对安全生产进行现场监督检查。发现安全事故隐患，应当及时向项目负责人和安全生产管理机构报告，对违章指挥、违章操作的，应当立即制止。

2）落实安全设施的设置。

3）对施工全过程的安全进行监督，纠正违章作业，配合有关部门排除安全隐患，组织安全教育和全员安全活动，监督检查劳保用品质量和正确使用。

3. 作业队长职责

1）向本工种作业人员进行安全技术措施交底，严格执行本工种安全技术操作规程，拒绝违章指挥。

2）组织实施安全技术措施。

3）作业前应对本次作业所使用的机具、设备、防护用具、设施及作业环境进行安全检查，消除安全隐患，检查安全标牌是否按规定设置，标识方法和内容是否正确完整。

4) 组织班组开展安全活动，对作业人员进行安全操作规程培训，提高作业人员的安全意识，召开上岗前安全生产会。

5) 每周应进行安全讲评。当发生重大或恶性工伤事故时，应保护现场，立即上报并参与事故调查处理。

4. 作业人员安全职责

1) 认真学习并严格执行安全技术操作规程，自觉遵守安全生产规章制度，执行安全技术交底和有关安全生产的规定，不违章作业。服从安全监督人员的指导，积极参加安全活动，爱护安全设施。

2) 作业人员有权对施工现场的作业条件、作业程序和作业方式中存在的安全问题提出批评、检举和控告，有权对不安全作业提出意见。有权拒绝违章指挥和强令冒险作业，在施工中发生危及人身安全紧急情况时，作业人员有权立即停止作业或者在采取必要的应急措施后撤离危险区域。

3) 作业人员应当遵守安全施工的强制性标准、规章制度和操作规程，正确使用安全防护用具、机械设备等。

4) 作业人员进入新的施工现场前，应当接受安全生产教育培训。未经教育培训或者培训不合格的人员，不得上岗作业。垂直运输机械作业人员，安装拆卸工、登高架设等特种作业人员，必须按照有关规定经过专门的安全作业培训，并取得特种作业操作资格证书后，方可上岗作业。

5) 作业人员应努力学习安全技术，提高自我保护意识和自我保护能力。

9.3.2 文明施工措施

9.3.2.1 现场安全措施

1. 新工人安全生产教育

凡从事外保温作业人员入场前必须进行安全生产教育，在操作中应经常进行安全技术教育，使新工人尽快掌握安全操作要求。

2. 进入施工现场

节能工程施工基本都是户外高空作业，施工现场应有安全网，进入施工现场必须戴好安全帽，登高空作业必须系安全带，并且必须使用合格的安全帽、安全带和架设可靠的安全网。

1) 安全帽

使用安全帽的质量应符合安全技术要求，耐冲击、耐穿透、耐低温。工人作业必须戴好安全帽。

2) 安全带

使用安全带的长度不超过 2m，佩穿防滑鞋。安全带时应高挂低用，将保险钩挂在大横杆上后方可施工。

防止摆动和碰撞安全带上安全绳的挂钩，应挂在牢固地方，不得挂在带有剪断性的物体上。在使用前对安全带质量认真检查，但对安全带上的各种部件不得任意拆掉，发现安全带中见有破损时严禁再用。

3）安全网

建筑安全网的形式及其作用可分为平网和立网两种。平网安装平面平行于水平面，主要用来承接人和物的坠落；立网安装平面垂直于水平面，主要用来阻止人和物的坠落。不得使用超期变质筋绳和安全网，安装的安全网确实达到有安全性。

3. 标准牌

施工现场应设有关安全生产内容的标示牌。

4. 登高作业

根据外保温工程具体结构、施工方式、工艺流程、安装成本和脚手架功能等各方面因素，确定最适用的脚手架，如：采用吊篮脚手架（简称吊篮）时，应将吊篮架子的悬挂点固定在建筑物顶部悬挑出来的结构上，通过设在每个吊篮上的简单提升机械和钢丝绳，使吊篮升降，以满足外装修施工的要求。

1）手动吊篮结构

（1）手动吊篮由支承设施（建筑物顶部悬挑梁或桁架）、吊篮绳（直径 13mm 以上钢丝绳）、安全钢丝绳、手板葫芦和吊篮架体组成如图 9-1 所示。

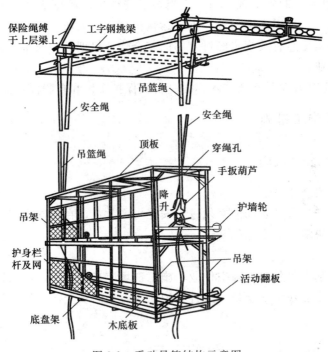

图 9-1 手动吊篮结构示意图

（2）支承设施要求：采用建筑物顶部的悬挑梁或桁架，必须按设计规定与建筑结构固定牢固，挑梁挑出长度应保证悬挂用篮的钢丝绳垂直地面。如挑出过长，应在其下面加斜撑。挑梁与吊篮吊绳连接端应有防止滑脱的保护装置，如图 9-2 所示。

（3）吊篮结构要求：吊篮按设计施工图纸规定制作，采用焊接连接，禁止采用钢管扣件连接方法组装。吊篮结构经载试验应能承受 2 倍均布额定荷载不少于 4 小时。吊篮的吊点不但采取加强措施，且吊点位置必须高于吊篮重心位置，防止人员操作时发生倾覆事故。

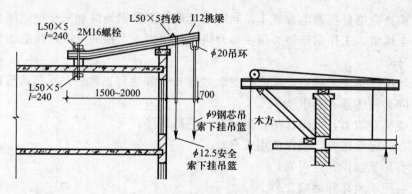

图 9-2 屋面悬挑结构示意图

吊篮内侧两端应装有可伸缩的护墙轮等装置,使吊篮与建筑物在工作状态时能靠紧,以减少架体晃动。

(4) 手动吊篮安装要求

在安装前,检验吊篮变形、开焊,以及悬梁的稳定性,确认合格后方可投入使用。

先在屋顶挑梁上挂好承重钢丝绳和安全绳,然后将承重钢丝绳穿过手扳葫芦的导绳孔向吊钩方向穿入、压紧,往复扳动前进手柄,即可使吊篮提升,往复扳动倒退手柄即可下落,但不可同时扳动上下手柄。

安全绳采用直径不小于 13mm 的钢丝绳通长到底布置,并与吊篮架体、挑梁连接;保险绳将挑梁与上层结构拉牢。

安全锁固定在吊篮架体上,同时套在保险钢丝绳上,在正常升降时,安全锁随吊篮架体沿保险钢丝绳升降,万一吊篮脱落,安全锁能自动将吊篮架体锁在保险钢丝上。

(5) 手动吊篮使用要求

吊篮升降到工作部位后,需与建筑物拉结牢固。吊蓝顶盖不得上人,散落杂物应随时清理。上下吊篮用挂梯应拴牢,倒绳卸掉吊篮内的材料。工作中不得向外抛投任何物件。

2) 电动吊篮

(1) 吊篮架体结构要求

吊篮宽度为 0.7m,标准吊篮长度为 2m、2.5m 及 3m。吊篮四周设有 1.2m 的护栏,靠墙面的一侧护栏杆可以升降。吊篮上还装有可沿建筑物墙面滚动的托轮,以减少吊篮晃动。为便于现移动,在吊篮底设有脚轮。吊篮顶部设有防护棚等。

吊篮提升机构:提升机构主要是电动葫芦,其由电动机、制动器、减速系统组成。

屋面支承系统:屋面支承设系统由挑梁、支架、脚轮、配重及配重架组成。

安全锁:载人作业的电动吊篮应备有独立的安全绳和安全锁。安全锁可在吊篮任一工作位置进行手动闭锁或手动松开,当下降速度超过额定工作速度 2.5 倍,安全锁便自动闭锁,停止吊篮下降,出现意外封锁可手动松开正常升降。

(2) 电动吊篮安装要求

安装屋面支承时,必须仔细检查各外连接件及紧固件达到牢固、悬挑梁的悬挑长度符合要求,配重码放位置以及配重数量符合说明书中有关规定。

屋面支承系统安装完毕,安装钢丝绳。安全钢丝绳在外侧,工作钢丝绳在里侧,两绳相距 150mm,钢丝绳应固定、卡紧。

吊篮经检查合格后接通电源试车。同时由上部将工作钢丝绳和安全钢丝绳分别插入提升机构及安全锁中。工作钢丝绳必须在提升机运行中插入。接通电源时注意相位，使吊篮按正确方向升降。

新购电动吊篮总装完成后，应进行空载运行 6~8h 达到正常后，再负荷运行。

吊篮升降必须注意下列事项：

具有足够提升能力，能确保吊篮搭（架）平稳升降；

要有可靠的保险措施，确保使用安全；

提升设备易于操作并且可靠；

提升设备便于装卸和运输。

3) 附壁升降脚手架

附壁升降脚手架（也叫爬升式脚手架，简称爬架）是指预先组装一定高度后，将其附在建筑物的外侧，利用自身提升设备，从下至上逐层提升，每施工完一层主体后，即可提升一层。当主体施工完毕，再从上至下逐层下降进行外保温施工，每完成外保温施工一层下降一层，直至完成全工程。

爬架有多种类型，如套管式附壁升降脚手架、挑梁式附壁升降脚手架、互爬式附壁升降脚手架、导轨式附壁升降脚手架。爬架不但适用于高层、超高层建筑工程施工，而且爬架还可携带施工所用的外模板。仅以套管式附壁升降脚手架为例做简要介绍。

套管式爬架适用剪力墙结构、框架结构及带阳台建筑。该架由脚手架系统和提升设备组成。

(1) 安装

安装前应根据工程特点进行脚手架布置设计，考虑脚手架高度、宽度、施工荷载等，还应具体绘制平、立面图以，以及安全操作等作为指导安装文件。

架子采用现场组装顺序为：地面加工组装升降框→检查建筑物预留点位置→吊装升降框就位→校正升降框并与建筑物固定→组装横杆→辅脚手板→组装栏杆、挂安全网。

组装应上下两预留连接点的中心线应在一条直线上，垂直度偏差应在 5mm 内，升降框吊装就位时，应先连接固定框，然后固定滑动框。

连接好后应对升降框进行校正，其与地面及建筑物的垂直度偏差均控制在 5mm 内。校正好后立即固定，并随即组装横杆和其他附属件。

(2) 使用要求

在爬架升降前应进行全面检查，当确认都符合要求，方可进行升降操作，检查应包括如下内容：

下一个预留连接点的位置、架子立杆的垂直度、吊钩及主要承力杆件等自身和连接焊缝的强度等是否符合要求；

所升降单元与周围的约束是否解除；

升降有无障碍；

架子上杂物是否清除；

提升设备是否处于良好状态等。

① 爬架升降操作

爬架升降操作应按步骤进行。先将葫芦挂在固定框上部横杆的吊钩上，其挂钩挂在滑动框的上吊钩上，并将葫芦张紧，然后松开滑动框同建筑物连接，在各提升点均匀同步地拉动葫芦，使滑动框同步上升。

当提升到位后，将滑动框建筑物固定，然后松开葫芦，将其摘下并挂至滑动框的下吊钩上，将其挂钩挂在固定框的下吊钩上，并将葫芦张紧，使其受力后，再松开固定框同建筑物连接，同样在各提升点均匀同步地拉动葫芦，使固定框同步上升。到位后将固定框同建筑物固定，至此即完成一次提升过程。如此循环作业，即可完成架子的爬升，架子爬升到位后，应及时同建筑物及周围爬升单元连接。爬架下降步骤与上升相同，只反向操作，即先下降固定框，再下降滑动框。

② 拆除

爬犁拆除时，先清理干净架上垃圾杂物后，然后按自上而下顺序逐步拆除，最后拆除升降框。

4) 脚手架使用安全要求

吊篮属于高空载人起重设备，吊篮操作人员必须身体健康，经过专业培训并取得上岗证。

(1) 工作前，应对吊蓝例行安全检查：

检查屋面支承系统钢结构、配重、钢丝绳及安全绳的技术状况，发现不合规定者，应立即纠正；

检查吊篮的机械设备及电气设备，应有可靠接地设施，且能到正常工作条件；

开动吊篮反复进行升降，检查升降机构、安全锁、限位器、制动器及电机的工作情况，确认各项都达到正常后方可进入正式运行。对吊篮中尘土、垃圾进行清扫。

(2) 操作人员必须遵守操作规程，戴安全帽、安全带。安全带应挂在保险绳上，不得挂在提升钢丝绳上，防止提升钢丝绳子断开失去作用。

(3) 单跨吊篮升级操作时两吊点应相互协调，保持平稳，当手扳葫芦有卡紧现象时，应停止升降，锁定安全锁检查原因，不得采用加长手柄的方法操作手扳葫芦；多跨同的升降时，应有同步装置控制各跨之间的同步。

(4) 吊篮升降过程中必须保证钢丝绳与地面垂直，不准斜拉。若吊篮需横向移位时，应将吊篮降至地面，调整悬挂点及钢丝绳位置后重新提升。

(5) 吊篮上携带的材料和施工机具必须安置妥当，不得使用吊篮倾斜和超载。

(6) 遇有雷雨或超过 5 级大风天时，不得使用吊篮。

(7) 吊篮停置于空中工作时，应将安全锁锁紧，需要移动时，再将安全锁放松。安全锁使用累计达到 1000h 必须进行定期检查和重新标定。

(8) 电动吊篮在运行中如发生异常响声和故障，必须立即停机检查，故障未经彻底排除，不得继续使用。

(9) 如必须采用吊篮进行电焊作业时，应对吊篮钢丝绳进行全面防护，以免钢丝绳受到损坏，更不得利用钢丝绳作为导体。

(10) 在吊篮下降着地之前，应在地面上垫好方木，以免损坏吊篮底部脚轮。

(11) 每日作业班后应注意检查并做好下列收尾工作：

吊篮内的建筑垃圾、杂物清扫干净。将吊篮悬挂于离地 3m 高处，撤去上下扶梯；

使吊篮与建筑物拉结，以防大风刮坏吊篮和墙面；

作业完毕后应将电源断开；

将多余的电缆线及钢丝绳存放在吊篮内。

（12）应用脚手架（吊篮）时，吊篮使用期间应指定专职安全检查人员和专职电工，负责安全技术检查和电气设备的维修检查。在工作过程中应设有专人监护，同时警视闲人匆接近或进入施工现场。

每完成一项工程后，均应由上述专职人员按有关技术标准对吊篮的各个部件进行全面大检查和保养维修。

严格脚手架质量及安装系统检查，发现脚手架有断裂严禁凑合使用。所搭设的脚手架必须稳定牢固、合理，防止倾斜、踏空。施工中的作业人员不准从各种脚手架爬上爬下，专业人员安装、拆卸时必须严格按相关规定进行操作。

除构造措施和实施措施外，应加强和完善脚手架的安全防护措施，便于上架人员安全进行作业、防止人员和物品从架上坠落、防护作业人员受到外来作用的伤害。

若在交叉作业情况下，在外保温施工区段的上方，必须用跳板加密目安全网进行全封闭，确保外架作业人员安全。

在外脚手架上的操作人员，严禁酒后上架施工。窗台边禁止站人和放置重物，以防松动脱落和造成事故。

（13）外架子上堆放材料不得过于集中，在同一跨度内不超过 2 人。严格控制脚手架施工荷载。

（14）不随意拆除、斩断脚手架软硬拉结，不拆除脚手架上的安全措施，经施工现场安全员允许后，才能拆除。

（15）高处作业所用工具、材料严禁投掷，上下立体交叉作业确有需要时，中间须设隔离设施。

（16）搭拆防护棚和安全设施，需设警戒区、有专人防护。

（17）分层施工的楼梯口和梯段边，必须安装临边防护栏杆：顶层楼梯口应随工程结构的进度，安装正式栏杆或者临时栏杆；梯段旁边亦应设置两道栏杆，作为临时护栏。

（18）电梯井口，根据具体情况设防护栏或固定栅门与工具式栅门，电梯井内每隔两层或最多 10m 设一道安全平网，也可以按当地习惯，在井口设固定的格栅或采取砌筑坚实的矮墙等措施。

5. 吊装材料

无论使用垂直式或其他任何方式运送材料时，必须上下配合，严禁野蛮、超载运输。作业人员禁止乘坐吊运模板、吊笼等非乘人的垂直运输设备上下。

吊装材料设施安装应牢固、安全、可靠。施工现场应有安全防护设施，杜绝高空坠落。经常检查电动机具、设备有无漏电现象，并应做好安全保护措施。

6. 防火、防毒措施

安全防火、防毒制度上墙，作业人应掌握灭火、防毒知识，掌握消防器材使用方法。消防器材安置在固定位置，干粉灭火器不得超过贮存期。

1）防火措施

（1）酚醛泡沫原料、板材进场后，应远离高温、火源。

电焊、切割等明火作业，绝不允许在与酚醛泡沫、脚手架上安全网接触部位进行，不得与保温施工交叉作业。所有焊接作业应在保温层施工前完成。

酚醛泡沫施工完成后，如必须有焊接、明火作业时，必须采取有效隔热防火措施，防止焊渣流淌或飞溅电焊火星引起安全网、酚醛泡沫等火灾事故，并备好足够现场用消防灭火器材，派专人严格监护。

幕墙的支撑和空调机设施的支撑物件，其电焊等工序，应在保温材料铺设前进行，确需在保温材料铺设后进行的，应在电焊部位的周围及底部铺设防火毯等防火措施。

（2）酚醛泡沫施工过程中或完成施工后，绝不许乱丢火种，严禁吸烟、乱扔未熄灭烟头。

（3）施工用照明等高温设备靠近可燃材料时，应采取可靠防火保护措施。

（4）电气线路不应穿过酚醛泡沫保温层，确需穿过时，应采取穿管等防火保护措施。

2）防毒措施

（1）酚醛泡沫原料一旦溅入皮肤上或眼内，应立即用清水冲洗，皮肤用肥皂水洗净即可。

（2）现场喷涂酚醛泡沫时，必须戴好必要劳保用品（如手套、护目镜、一次性无纺布类防护衣等）。

在喷涂设备操作前，要拧紧所有液体连接处。每天检查软管、吸料管和收头，发现已磨损或损坏的零部件要立刻更换，高压软管不得重新连接，应更换整根软管。

9.3.2.2 现场文明施工措施

1. 现场管理

1）工地现场设置大门和连续、密闭的临时围护设施，应牢固、安全、整齐。

2）严格按照相关文件规定的尺寸和规格制作各类工程标志标牌，如：施工总平面图、工程概况牌、文明施工管理牌、组织网络牌、安全记录牌、防火须知牌等。其中，工程概况牌设置在工地大门入口处，标明项目名称、规模、开竣工日期、施工许可证号、建设单位、设计单位、施工单位、监理单位和联系电话等。

3）施工区和生活、办公区有明确划分；责任区分片包干，岗位责任制健全，各项管理制度上墙，施工区内废料和垃圾及时清理。

4）场内道路平整、坚实、畅通，有完善排水系统。

2. 临时用电

1）施工区、生活区、办公区的配电线路架设和照明设备、灯具的安装、使用应符合规范要求；特殊施工部位的内外线路按规范要求采取特殊安全防护措施。

2）机电设备的设置必须符合有关安全规定，配电箱和开关箱选型、配置合理，各种手持式电动工具、移动式小型机械等配电系统和施工机具，必须采用可靠的接零或接地保护，配电箱和开关箱应设两极漏电保护。

电动机具电源线压接牢固，绝缘完好，无乱拉、乱接电线现象。所有机具使用前应派专人对电器设备定期检查，对所有不合规范的现象应立即整改，杜绝隐患，检查确认性能良好，不准"带病"使用。

3）电源开关使用要求

专业人员必须持证上岗，操作者必须戴绝缘手套进行操作。严禁非操作人员动用电器设施，停止作业时应立即切断电源。

3. 操作机械

1）操作机械设备时，严禁在开机时检修机具设备，不得随意在设备上放东西。

2）机械设备应有专人操作、维修、保养，电器设备绝缘良好，并接地。

3）在使用酚醛泡沫发泡设备前，必须认真阅读设备手册和掌握操作要领、注意事项（警告），严格按照设备的操作说明书进行操作。

4. 材料管理

工地材料、设备、库房等按平面图规定地点、位置设置；材料按类存放整齐按序摆放固定位置，有标识，管理制度、资料齐全并有台账。

料场、库房整齐，易燃物、防冻、防潮、避高温物品单独存放，并设有防火器材。运入各楼层的材料堆放整齐。

1）液料存放

原料应存放在室温下干燥、通风、阴凉处严格密封保存。

2）板材存放

板材在搬运时，防止损伤断裂、缺棱掉角，保证板材外形完整；防止堆压变形、划伤饰面。使用的板材，堆放整齐平稳，边用边运，不许乱扔。

3）配套部件、材料存放

热镀锌焊接钢丝网或耐碱玻纤网格布不得堆压变形、损坏；现场搅拌用粉料不得受潮。

5. 环境保护

施工期间废料按规定集中存放、回收、装袋运出，始终保持现场干净整洁、无垃圾和污物。

施工期间尽量减少噪声，按当地规定时间内工作，防止影响居民休息。

主要参考文献

[1] JGJ 144—2004 外墙外保温工程技术规程 [S].
[2] GB 50411—2007 建筑节能工程施工质量验收规范 [S].
[3] 2009 沪 J/T-144 酚醛板外墙外保温系统 [S].
[4] 上海雅达特种涂料有限公司. 雅达特种防火酚醛板外墙外保温系统 [R]. 辽宁省建设科技推广应用论证会资料，2010.
[5] 福建省工程建设地方标准. DBJ/T 13-126—2010. 酚醛保温板外墙外保温工程应用技术规程 [S].
[6] 辽宁沈阳美好新型建材（集团）有限公司. 酚醛泡沫保温系统论证（内部资料）.
[7] 辽宁营口象圆新材料工程技术有限公司. 酚醛泡沫（MPF）保温板应用论证（内部资料）.
[8] 北京莱恩斯高新技术有限公司. OPF 傲德防火保温板外墙外保温薄抹灰系统论证会资料汇编 [R]. 辽宁省建设科技推广应用论证会资料，2011.
[9] 韩喜林. 酚醛树脂泡沫的生产技术 [J]. 沈阳化工，1990（2）.
[10] 韩喜林. 改性酚醛树脂泡沫塑料的制备及应用 [J]. 沈阳化工，1991（3）.
[11] 韩喜林. 酚醛树脂泡沫的生产和改性 [J]. 辽宁化工，1991（6）.
[12] 韩喜林. 新型建筑绝热保温材料应用·设计·施工 [M]. 北京：中国建材工业出版社，2005.
[13] 韩喜林. 聚氨酯硬泡外墙外保温设计与施工详解 [M]. 北京：中国建筑工业出版社，2009.
[14] 韩喜林. 防水工程安全·操作·技术 [M]. 北京：中国建材工业出版社，2007.
[15] 韩喜林. 节能建筑设计与施工 [M]. 北京：中国建材工业出版社，2008.
[16] 韩喜林. 节能建筑设计图集 [M]. 北京：中国建材工业出版社，2010.
[17] 中国绝热隔音材料协会. 绝热材料与绝热工程实用手册 [M]. 北京：中国建材工业出版社，1998.